U0174979

地理信息服务网络及协同的理论与方法

吴华意　梁健源　张显源　靳凤营　等　著

科 学 出 版 社
北　京

内 容 简 介

将语义网络和服务网络引入地理信息服务领域，创建面向语义关联的地理信息服务网络，探索基于服务网络的地理信息服务协同，是发展智能化地理信息服务的新思路。本书在介绍研究地理信息服务网络与协同的研究背景、现状、相关理论与方法的基础上，详细阐述当前地理信息服务、地理信息服务组合、地理信息服务质量的技术体系；结合语义网技术，探索地理信息服务网络的构建思路以及实现地理信息服务协同的方法；通过开发的地理信息服务网络与协同原型系统，验证服务网络支持下的协同效果；最后对地理信息服务网络与协同面临的挑战与发展方向进行总结和展望。

本书可供从事遥感科学与技术、地理信息系统、地球空间信息等研究的学者以及工程人员参考，也可供从事相关专业研究的师生阅读使用。

图书在版编目（CIP）数据

地理信息服务网络及协同的理论与方法/吴华意等著. —北京：科学出版社，2024.6. —ISBN 978-7-03-078697-5

Ⅰ. P208

中国国家版本馆 CIP 数据核字第 2024RG4510 号

责任编辑：董 墨 赵 晶 / 责任校对：郝甜甜

责任印制：赵 博 / 封面设计：无极书装

科学出版社 出版

北京东黄城根北街 16 号

邮政编码: 100717

http://www.sciencep.com

北京市金木堂数码科技有限公司印刷

科学出版社发行　各地新华书店经销

*

2024 年 6 月第 一 版　开本：787 × 1092 1/16

2024 年11月第二次印刷　印张：15 1/2

字数：369 000

定价：128.00 元

（如有印装质量问题，我社负责调换）

第一作者简介

吴华意，二级教授，长江学者特聘教授，湖北省楚天特聘教授，博士生导师，武汉大学测绘遥感信息工程国家重点实验室副主任，国家百千万人才工程国家级有突出贡献中青年专家，享受国务院政府特殊津贴，获中共中央、国务院和中央军委颁发的庆祝中华人民共和国成立 70 周年纪念章；主要研究方向为分布式与高性能地理信息计算与地理信息服务、时空大数据关联分析与知识挖掘；获国家科技进步奖（创新团队）1 项、二等奖 3 项，获得测绘科技进步奖特等奖 1 项，湖北省自然科学奖一等奖 2 项。现任中国地理信息产业协会常务理事、副秘书长和理论与方法委员会主任，曾任联合国全球地理信息管理专家委员会学术与教育网络顾问；教育部创新团队主要成员、科技部创新群体骨干成员、2006 年度新世纪优秀人才；获得专利 12 项，软件著作权登记 8 项，专著 4 部，在国内外学术期刊和国际会议发表论文 290 余篇，其中 SCI/SSCI 收录 92 篇，EI 收录 132 篇。

前　言

随着大量的地理信息数据和服务在互联网上传播，传统的地理信息系统（geographic information system，GIS）逐渐转为基于网络的地理信息服务。地理信息服务具有共享性、复用性和无地域限制的特性，降低了其使用门槛，并促进了其跨地域和跨领域的应用。为增强其能力，研究者根据服务的协同和依赖等关系联合多个服务，构建地理信息服务组合模型。因此，如何有效地构建这种服务组合成为研究焦点。

自21世纪初，作者致力于地理信息服务及相关领域的研究，并见证了其发展历程。作者深刻意识到，地理信息服务之间存在复杂多样的关联关系，这些服务和关系形成了一个能够使用图结构表达的地理信息服务网络。基于地理信息服务实体的表达，构建动态可变、语义关联的地理信息服务网络，是组织地理信息服务、推动单一服务向智能协同服务转变、为地理信息服务创造协同计算环境的关键。基于此，作者决定结合自身在地理信息服务领域的实践和认知，撰写一本系统介绍地理信息服务网络及协同的理论与方法的著作。本书从地理信息服务的背景和现状出发，详细介绍地理信息服务相关技术、服务组合及服务质量体系，并结合语义网和服务网络技术，提供关于地理信息服务网络的构建方法，为读者呈现基于关联网络来实现地理信息服务协同的新视角。

本书的出版得到了国家自然科学基金重点项目“地理信息服务网络及协同的理论与方法”（编号：41930107）的资助。本书编写成稿离不开研究团队的辛勤付出，其中包括李锐教授、向隆刚教授、关雪峰教授、桂志鹏教授、郑杰博士后和董广胜博士后等老师的帮助和指导，以及梁健源、张显源、靳凤营、卿雅娴、刘朝辉、胡晓辉、姜屿涵等研究生的不懈努力。他们的知识和毅力为本书的完善奠定了坚实基础，在此表示感谢。同时还要感谢武汉大学及测绘遥感信息工程国家重点实验室为研究的开展和本书的出版提供的便利条件。

最后，衷心期望本书能够为地理信息服务的研究者和从业者提供有益的指导，同时也能激发更多人对该领域的兴趣和探索热情。由于时间和作者研究水平所限，书中难免存在疏漏和不足之处，敬请各位同行专家和读者们及时给予批评指正。

吴华意

2023年8月于武汉大学

目　　录

第1章　概　　述

随着第三次工业革命的兴起，特别是电子计算机技术的飞速发展，人们开始将地理信息与计算机相结合，形成地理信息系统（GIS），用以获取、处理、存储、管理、分析地理信息。互联网为GIS提供了一个信息交融、开放共享的平台环境，推动地理信息、地理知识及其需求急速发展。以互联网为媒介、以服务资源为载体的地理信息服务逐渐兴起，快速普及，成为使用地理信息的主流方式。

1.1　研 究 背 景

大数据时代逐步发展出第四科学范式，即数据密集型科学，以计算机模拟计算为主的研究方式逐渐向基于数据驱动的研究方式转变。相关行业人员发布了大量的地理信息服务资源，这些服务资源主要通过空间数据基础设施（spatial data infrastructure，SDI）或其他设备对外界提供标准化的服务，或以专业领域中公认的文件格式进行共享。在计算机集群、分布式、云计算等技术的支持下，算力得到了极大加强，研究人员面临的问题已经不再是缺少数据，而是如何组织、整合、处理、使用海量数据资源。

第四科学范式最大的转变之一即强调相关关系的网络协作（Hey et al.，2009；姜明智等，2018），基于网络服务的分布式协同计算已经成为天文学、生物医学等学科必不可少的基础研究环境，在天文发现、基因测序等复杂问题分析中起着举足轻重的作用。然而，在地理信息领域，由于地理信息数据量大而复杂、表达语义多样、结构化和非结构化格式混合、统一标准的覆盖率低，地理信息领域还基本未形成基于网络服务的分布式协同环境，导致地理信息服务“资源海量，集成困难；方法众多，组合乏力”。以应急管理、环境污染等问题为例，虽有大量在线相关的地理数据和空间处理服务可用，但由于不同服务间缺乏有效的协作机制，很难实现服务的即时和按需组合，以便协同解决问题。

网络与服务技术带来信息和方法的巨大穿透力，使得地理数据、信息和知识能够低成本端对端地传递给用户（Gong and Wu，2012；龚健雅等，2013）。为促进地理信息服务组合，需要有效的组织方式管理现有的地理信息服务。基于地理信息服务实体的表达，构建动态可变、语义关联的地理信息服务网络，是组织众多地理信息服务的可行方法。从网络中提取相应的服务以及服务关系，并整合服务相关的计算资源（服务器、云计算平台等）、人力资源（服务提供者、领域专家、服务使用者等）和其他资源，不同的服务和资源相互协作，最终实现地理信息服务的协同，如图1-1所示。然而，受限于地理信息服务表达语义多样、结构化和非结构化格式混合、统一标准的覆盖率低等问题，迄今为止，地理信息服务网络仍难以形成（Jin et al.，2022）。

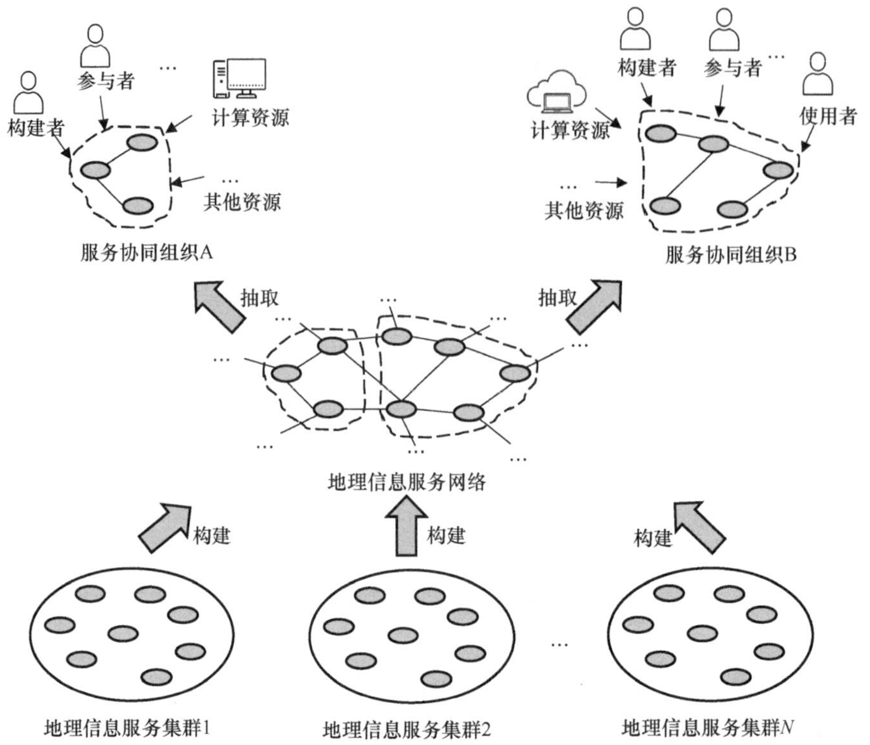

图 1-1　地理信息服务、地理信息服务网络与服务协同的相互关系

近年来，面向互联网的服务架构（王艳东等，2011）、服务计算（吴吉义等，2015）和服务协同（张建博等，2012；杨洁，2017）等技术日渐成熟。强调相关关系的网络协作（张静乐，2011）已在天文发现、基因测序等复杂问题分析中发挥作用。另外，服务实体表达能力大幅度增强，基于语义的服务表达已商业化应用，这些成果为地理信息服务协同的研究带来了新的机遇。

因此，本书将讨论近年来地理信息服务、地理信息服务网络、地理信息服务协同三个方面的相关成果，构成地理信息服务网络与协同的基础理论与技术方案，以探索实现地理信息服务网络与协同的方法。

1.2　地理信息服务

地理信息服务（geographic information service，GIService）是“地理信息”和“服务”的组合体。信息是对客观存在的反映，以数字、文字、符号、图形、图像、语言等介质作为载体，为对象、事件、事务等提供定性或定量的描述。地理信息（geographic information）则描述地理所蕴含和表达的地理含义，以及与地球表面空间位置直接或间接相关的事务或现象的信息，表示地表物体及环境所固有的数量、质量、环境、分布特征、联系和变化规律等特征。地理信息来源于地理数据（geographic data），地理数据是地理信息的载体，地理信息处理的实质就是对地理数据进行处理，从而获取有用的地理信息。类似的概念还包括空间信息（spatial information）、地理空间信息（geospatial information）等，这些概念与地理信息大致相同，主要是细节描述上略有偏差。例如，在空间信息的概念中，地理信息具有显著的空间分布性、多维性、时序性以及数据量大的特性，是空间信息的组成部分之一。本书主要使用地理信息这一定义，实际研究、文献资料中，亦使用空间信息或地理空间信息等概念。

从发展历程看，地理信息服务是地理信息系统（GIS）的延伸和必然趋势。首先，对地理信息的采集、存储、管理、分析和表现的需求促使GIS的诞生，且其随着计算机、图形操作系统等技术的发展而更新迭代。从早期的以系统为中心，单机、单用户模式的，仅支持地图的手扶跟踪数字化以及地图数据的拓扑编辑、分幅数据拼接等功能的第一代GIS，发展为面向多机、多用户，支持二次开发的第二代GIS。“信息高速公路”“国家空间数据基础设施”“数字地球”等计划的实施，使GIS技术的发展和利用被国家层面所重视，GIS技术逐渐成为一种全球、国家、地区和区域信息化及数字化的核心技术之一。在此基础上，通过在GIS中引入Internet技术、分布式技术，能极大地增强地理信息数据和服务的共享。此外，组件化技术逐渐改造完成，大量开源GIS开发工具使原本限于桌面端的GIS功能能够迁移到网络环境中对外提供相应功能。借助互联网的开放性和共享性，分布在互联网中的地理信息以服务的方式不断传播、复用，驱使GIS由专业应用系统蜕变为社会化、面向大众的地理信息服务，普及到大众的日常生活中。例如，Google公司的Google Map和Google Earth，我国的天地图系统、百度地图、高德地图等服务与卫星遥感、移动通信等相结合，成为大众认识世界、获取地理信息、出行导航的窗口。服务化的思想深入人心，实现了第二代GIS向以网络服务为核心的第三代GIS的转变。当前，地理信息服务数量和种类的不断增多，为新一代的GIS——第四代GIS的建设提出了新要求，强调从信息向知识的转变，要求不仅能够在网上提供共享的地理信息服务，而且能够挖掘服务与服务之间的关系，探索多源异构的服务高效集成的方式，实现地理信息服务协同使用。综上所述，地理信息服务的发展历程如图1-2所示。

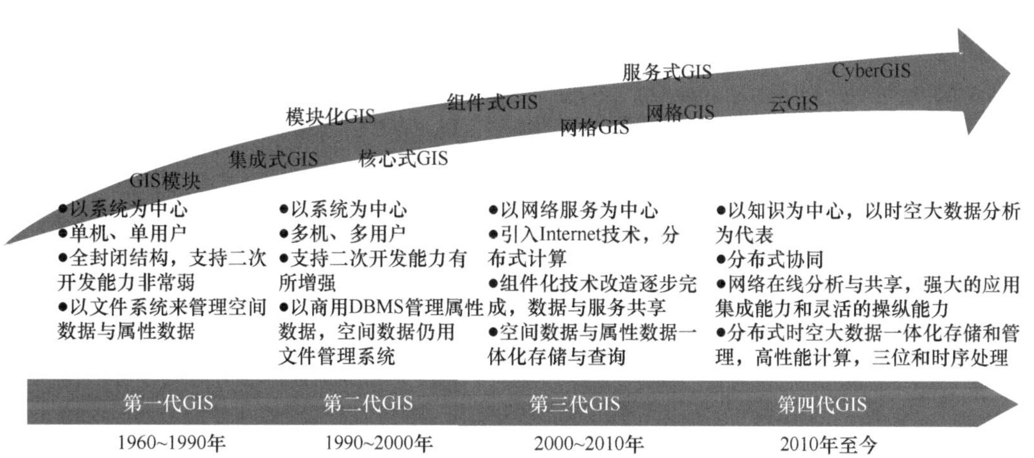

图1-2　地理信息服务的发展历程

地理信息服务有狭义和广义之分。狭义的地理信息服务从网络技术的角度进行描述，即地理信息服务是一类基于 Web 服务体系架构和标准，采用相关互联网技术，在网络环境下提供 GIS 数据、分析、可视化等功能的服务和应用，可实现网络间不同机器（不同平台）的互操作。在不同的应用场景和研究领域中，也有地理信息网络服务、地理空间信息服务等相关说法，这些概念表示的含义是基本相近的。广义的地理信息服务是一种应用范式，可描绘与地理空间信息活动相关的所有资源，倡导"一切皆服务"，即地理信息服务的数据和服务功能，面向用户需求的不同层面的资源，包括知识、算力、人力资源等，都是共享服务的一部分。本书使用"地理信息服务资源"一词，来同时描绘狭义和广义的地理信息服务。

当前，地理信息服务的特点是：资源众多、分布广泛。可以将其大致归纳为三种服务资源类型——数据服务、处理服务，以及其他资源，如图 1-3 所示。地理信息数据服务成果众多，大多集中在信息门户中。例如，全球地质一体化服务门户 OneGeology（Jackson，2007），美国政府的地理一站式网络门户 Geospatial One Stop（Goodchild et al.，2008），我国的国家地理信息公共服务平台天地图（蒋捷等，2017）等。地理信息处理服务则逐步发展了许多支持标准接口来发布处理功能的软件或在线服务，包括 52 North（Evangelidis et al.，2014）、GEOSS Clearinghouse（Liu et al.，2011）、ArcGIS 的处理服务工具（Foerster and Stoter，2006）、GeoSquare（Wu et al.，2015）等；还有一些标准化的软件接口、功能组件或模型资源也提供了地理信息处理服务功能，如基于 Google Cloud 的卫星影像数据可视化计算和分析处理平台 Google Earth Engine（Gorelick et al.，2017），以及一些由不同领域机构或专业组织发布的地学应用模型（Gan et al.，2020；Gichamo et al.，2020；Magno et al.，2018）。此外，自发地理信息（volunteered geographic information，

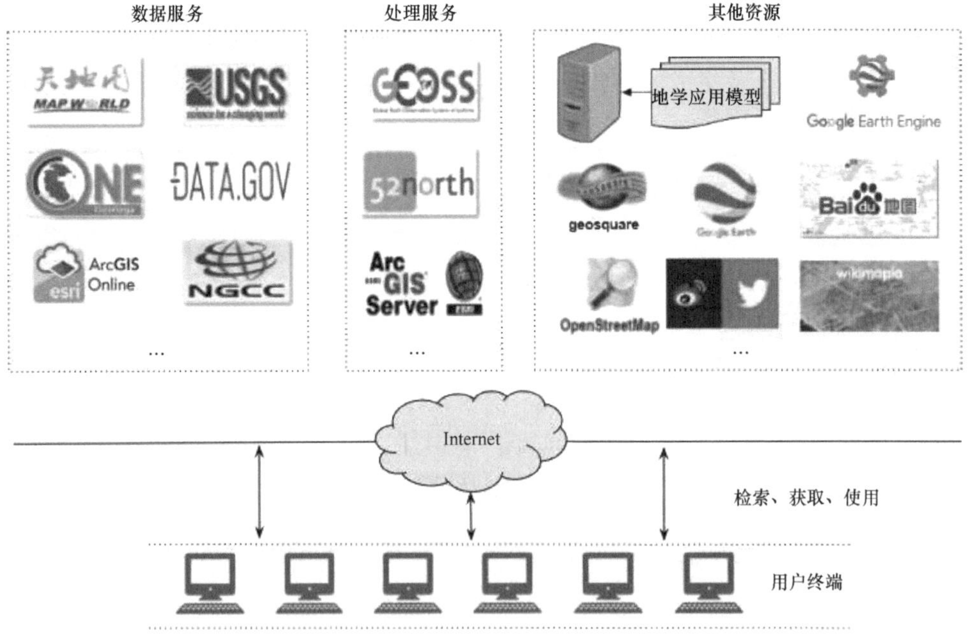

图 1-3 当前地理信息服务主要类型——数据服务、处理服务、其他资源

VGI）倡导收集由大众通过移动互联设备自发地贡献的地理空间信息，这些结构化或非结构化的资源成为地理信息服务的一大补充（Sui et al.，2012），包括 OpenStreetMap（OSM）、Wikimapia，以及包含地理信息标注（如时间、坐标、场景）的短视频、新闻报道、社交媒体（微博、推特）信息等。

在地理大数据的影响下，地理信息服务呈现出智能化、大众化、一体化的现状和发展趋势。智能化表明，地理信息服务需要满足更高层次的需求，结合其他信息科学技术（如语义挖掘、机器学习、深度学习）一体化的发展趋势。例如，在海量的、多源异构的数据服务中准确获取、实时分析挖掘，提炼出有用的信息和知识，最大地发挥服务价值。大众化指地理信息服务从行业应用领域进入公共大众生活的过程。如前文提到的，一方面，地图服务、位置服务、导航服务等使地理信息服务成为大众日常生活的一部分；另一方面，社会大众也成为地理信息服务的提供者，产生的众源地理数据[社交媒体数据、路网轨迹数据，以及兴趣点（point of interest，POI）等]作为地理信息服务的一部分，在轨迹挖掘、地物识别等领域发挥了重要的作用（Akhmad Nuzir and Julien Dewancker，2017；Johnson and Iizuka，2016；Levin et al.，2017；单杰等，2014）。一体化则是从集成的角度思考如何整合地理信息服务。尽管大多数地理信息服务能够在互联网进行共享，但受限于服务来源、服务发现能力、服务使用方式等限制因素，难以形成“合力”，这无疑严重制约地理信息服务价值的全面发挥。因此，地理信息服务需要实现一体化的需求，这并非简单地将服务集中到一个平台上，而是研究如何把多源异构的地理信息服务高度逻辑化、语义化、智能化进行关联，促进行业间的服务协同，减少重复建设工作，达到资源利用的最大化。

如何整合多源异构的地理信息服务资源，全方位满足地理信息服务智能化、大众化、一体化的需求，尚未形成权威性、指导性、标准化的成果，仍有较大的研究潜力。基于地理信息服务，构建地理信息服务网络，实现服务网络下的服务协同是本书提出的解决方案。

1.3 地理信息服务网络

网络（network）由节点和连线组成，描述了对象与对象之间的关联关系。在数学领域，网络被视为一种图（graph）结构。因此，服务网络是由服务为对象组成的图结构。

在地理信息领域，龚健雅、吴华意等率先提出了地理空间服务网络（geospatial service web，GSW）的概念（Gong et al.，2012；龚健雅等，2013）。多源异构、分布广泛的地理信息服务资源可以通过统一的架构来描述彼此之间的关联关系，将所有与服务有关的资源要素、规范、安全标准、服务组成等整理起来，如图 1-4 所示。GSW 描绘了地理信息服务网络的基本框架，并解释了构建地理信息服务网络的三个方面的必要性：①现有的 SDI 聚合了海量的地理信息数据资源，受限于不同门户的资源描述、检索方式、服务规范等方面的差异性，在广泛且无序的互联网环境中发现，特定服务仍需一定的时间成本，这也是地理信息服务产生“信息孤岛”的直接原因。②在许多复杂的地理空间决策方案中，用户需要更高性能、更智能的网络计算工具。主流信息技术的进步，包括高速网络访问，网络服务结构、高性能计算和云计算的发展，为地理信息服务平台将海量地理数据转换成有效的信息和知识提供了技术环境，有必要将相关技术进行整合。③地理信息服务具有复杂多样的关联关系，本质是一种网络结构。基于地理信息服务实体的表达，构建动态可变、语义关联的地理信息服务网络，是组织众多地理信息服务的可行方法。

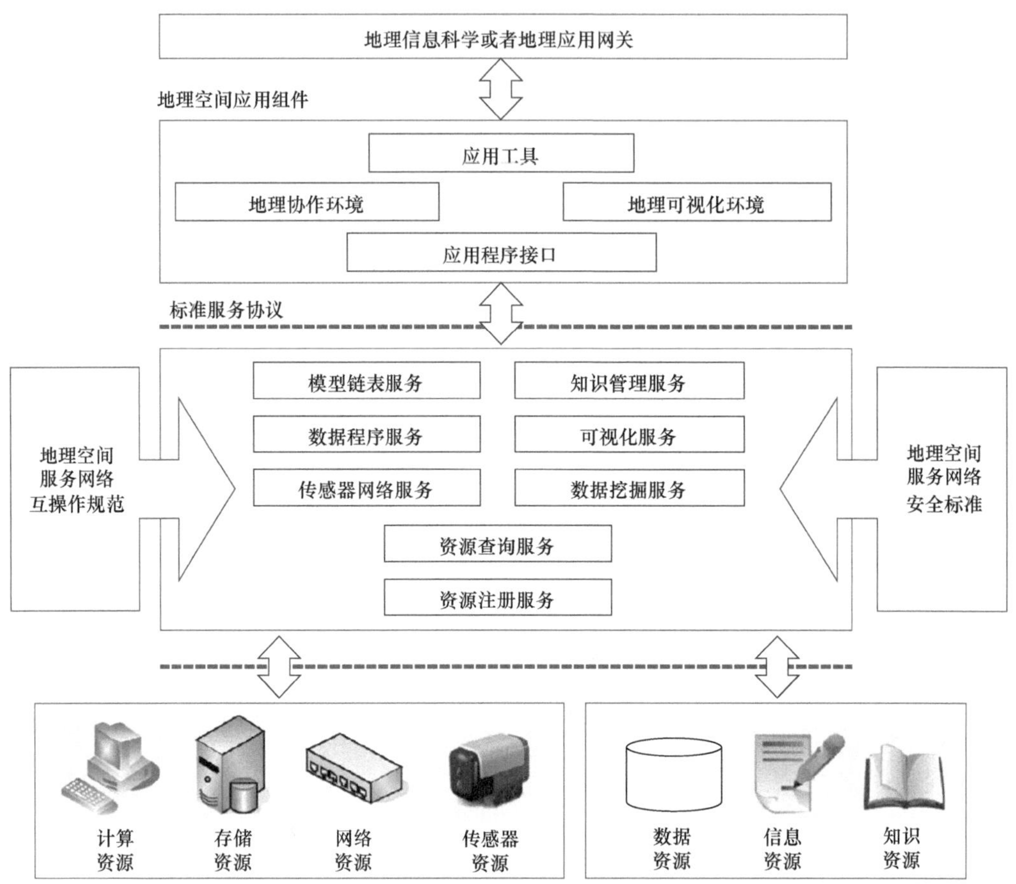

图 1-4　地理空间服务网络的逻辑结构

然而，地理空间服务网络重在阐述挖掘服务资源之间关联关系的重要性，地理空间服务网络框架仅仅是一个地理信息服务网络的概念设计，尚未对地理信息服务网络的具体形态进行探讨。因此，有必要研究构造与实现地理信息服务网络的具体方法。

本书认为，地理信息服务网络是由地理信息服务构建的图结构，其节点是地理信息服务资源，主要包括地理信息数据服务资源和处理服务资源的实例、属性等内容，并依据研究领域、应用场景决定边的关联关系定义，可以表示服务之间的输入输出关系、空间关系、时间关系、从属关系、逻辑关系等多元关系，形成单层网络、多层网络，甚至是超图（hypergraph）结构下的复杂网络（邢华桥，2018）。

地理信息服务网络可以将参考图结构相关的研究作为技术支撑，主要有知识图谱（knowledge graph，KG）技术和服务网络（service network，SN）技术。

知识图谱是语义网技术发展的最新产物。它是具有严格逻辑，不同概念、关系和大量实例的基于图结构的知识表示模型，其本质是一种揭示实体之间关系的语义网络（semantic network）。知识图谱将对非结构化、半结构化、结构化的数据进行提取，并将其有序地组织起来以图的方式储存，使用“实体—关系—实体”或“实体—关系—属性”表示实体与属性之间的关系，通过知识推理、知识融合、知识补全等技术深入挖掘图中的知识。知识图谱是一种理想的海量数据的组织方式，目前已经有了丰富的研究成果。例如，Google 通过收集多个来源的信息构建知识图谱来优化其检索质量，其语义网络包含超过 570 亿个对象、超过 18 亿个介绍，可用来理解搜索关键词的含义。地学领域的知识图谱也处于飞速发展阶段，用于从已有的地理数据、方法、文献成果等地理信息中吸取知识，解决地理信息、地理知识融合、语义理解、地理质量评价等关键问题，地学领域知识图谱的主要成果包括 World-KG（Dsouza et al.，2021）、GIS-KG（Du et al.，2021）、YAGO2geo（Karalis et al.，2019）等。另外，知识图谱的结构蕴含丰富的语义信息，即是一种有利于计算机理解的数据结构，同时具备高可读性和可视化表达能力，以打破不同行业、领域、从业人员对信息理解上的偏差和不同侧重面造成的知识壁垒。此外，知识图谱与自然语言处理（natural language processing，NLP）、深度学习（deep learning，DL）相结合，能够不断挖掘知识图谱中潜在的信息内涵，更新和整合其他来源的知识，提高知识图谱的动态性和拓展性。

服务网络这个概念产生在计算机领域中，其定义是“分散在 Internet 和现实中的各类服务（软件服务、人工服务、信息、资源）等按特定方式连接形成网络，彼此之间通过协同与互操作协议进行交互”（王忠杰等，2014）。任何客户可以向服务网络提出个性化需求，服务网络通过定制得到一个子网络来满足个体需求，这个子网络等价于传统的面向单一客户需求的服务组合方案。服务网络的基本对象是 Web 服务，一般来说，Web 服务主要使用可拓展标记语言（extensible markup language，XML），简单对象访问协议（simple object access protocol，SOAP），网络服务描述语言（web service description language，WSDL），统一描述、发现和集成（universal description discovery and integration，UDDI）等来定义、描述和发现。基于 Web 服务的服务网络是利用 UDDI 中可用 Web 服务所构成的社会化网络。在服务网络中，节点与节点之间的关系由专家预先定义，所有满足用户需求的服务或服务组合都被预先存储在服务网络之中，根据聚类分析（谢芳，2019）、社区探测（王莉和程学旗，2015）、超图计算（邢华桥，2018）等方法进行提取。服务网络将服务组合问题转换成图的路径搜索、子网提取问题，允许通过“查询”得到满足用户需求的服务。相比于知识图谱，服务网络的服务关系构建基于计算机领域的输入、输出、前提和效果（inputs，outputs，preconditions，effects，IOPEs）的服务语义的思想，对地理信息服务所携带的地理特征和隐含的语义描述存在局限性。

综上所述，知识图谱和服务网络的理论与方法为地理信息服务网络的构建提供了技术依据，将两个体系相结合是构建地理信息服务网络的研究重点。结合知识图谱和服务网络中的推理和分析方法，进一步形成了实现地理信息服务网络环境下服务协同的基础。

1.4 地理信息服务协同

服务协同（service collaboration）描绘了多个服务产生合力的结果。首先，地理信息服务协同的基础是地理信息服务组合，将发布在网络上的数量巨大但功能粒度较小的地理信息服务根据任务需求进行逻辑组合，形成地理信息服务链或服务模型，实现不同领域中地理信息服务的分布式共享与协同互操作，满足更高层次的应用需求，避免重复建设和资源浪费；其次，地理信息服务协同不仅包括服务之间的组合调用，还致力于促进不同领域、规范、层次下的不同地理信息服务资源，包括地理信息平台、服务、模型、算法、数据、服务参与者等形成一个高效互补、资源共享、知识互通的大环境。协同不仅关注信息的交互，也关注服务作用的过程、过程中不同对象之间相互协作，服务协同的结果是产生知识。

地理信息服务协同在于能够合理调度地理信息服务使用过程中相关的对象，既包括服务本身，也包括服务涉及的人力、算力等资源。下文举一个应用场景示例来更形象全面地理解服务协同：一个实时森林火灾监测与治理的场景包括多项子任务，具体包括调度传感器和摄像头对现场火情实时监控和定量测量、基于航拍和遥感影像进行分析、调度灾害评估和预测模型、规划火情抢险救援路线并对现场火情信息实时报道等。该任务的执行需要不同部门和人员通力协作。不同的子任务根据时效性和准确度的要求需要调度不同的模型和计算资源配置，如使用预备的深度学习模型精确快速地对现场返回的影像进行分类，评估受损情况，并将该情况反馈到下一个模型中辅助抢险救灾；各个传感器返回相关的火情数据，一方面可用于建模以预测火情走向，另一方面可与已有案例进行比对，根据历史经验制定出更完善的火情控制方案，并优化预测模型等。通常，主要依靠人工规划进行场景任务的分配和协作。可以看到，这些任务、处理资源、数据资源之间相互关联，自然而然生成了一个网络结构，如果能够挖掘该网络中的关联性，使机器能够感知和学习该场景，如根据历史经验自动地选择分析模型，根据深度学习模型需求自动配置合理的计算资源等，这样能够解放对专家经验和人工的依赖程度，促进不同服务资源的融合，提高应用场景下服务的智能化水平，即达到服务协同的目的。

当前，有关协同理论与方法的研究已有许多成果（Chen et al.，2019；姜波和张晓筱，2013；李德仁等，2014；葛小三等，2015），可以将其拓展到地理信息服务领域。然而，以地理信息服务网络作为支撑的服务协同研究较少，因此本书在论述服务协同有关成果的同时，根据这些成果提供的技术方法，探讨如何构建地理信息服务网络下的服务协同。

1.5 本书结构与内容

本书是关于“地理信息服务”“地理信息服务网络”“地理信息服务协同”的综述，探索构建地理信息服务网络，并实现服务协同的可行性。其中，地理信息服务是基础，包含地理信息服务技术体系和服务组合、服务质量等内容，与知识图谱、服务网络等理论与方法，共同组成地理信息服务协同的技术支撑。地理信息服务协同通过三个维度来衡量——过程协同、对象协同，以及计算协同。在此基础上，本书提出地理信息服务网络与协同平台的设计方案，并进行了实现，通过案例分析探讨了基于地理信息服务网络的服务协同方案的可行性与发展潜力，最后对其进行展望。本书组织结构示意图如图 1-5 所示。

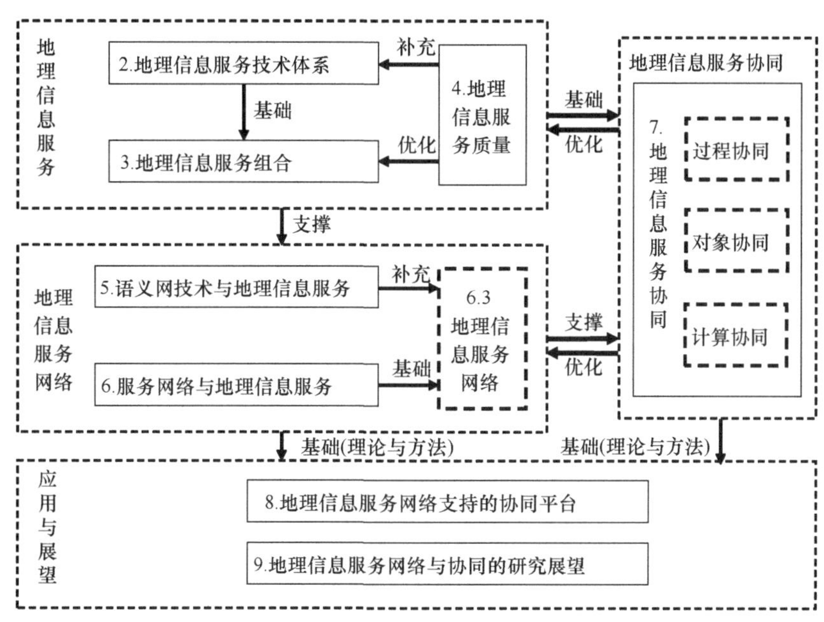

图 1-5 本书的组织结构

后续章节内容安排如下。

第 2 章：介绍地理信息服务的技术体系，其是进行地理信息服务研究的前提条件，包括标准化与服务化、服务注册与发现、服务集成、服务安全机制四个方面。

第 3 章：介绍地理信息服务组合，服务组合是地理信息服务自然而然的延展，以实现更复杂的应用需求，包含不同的服务组合方式、组合类型和工具，以及最常用的地理信息服务链的有关技术体系，在此基础上包括服务链的优化方法等内容，并通过服务匹配获取符合需求的地理信息服务。

第 4 章：介绍地理信息服务质量的理论与方法，并将其作为地理信息服务的补充，为地理信息服务提供额外的语义信息，以及为服务选择提供依据。在详细介绍地理信息服务质量内涵的基础上，本书从参考模型、要素模型、评价方法等方面介绍地理信息服务质量的技术体系，并将其拓展到服务链中，最后总结了当前地理信息服务质量的研究热点。

第 5 章：介绍语义网技术与地理信息服务，从知识图谱的发展历程出发，深入探讨了地理本体、地理关联数据、地理知识图谱的构建方法、逻辑结构、语义推理、应用现状等内容，揭示了基于知识图谱构建地理信息服务网络的技术储备。

第 6 章：介绍服务网络与地理信息服务，包括服务网络定义、构建方法、特征、分析方法，以及应用，进而探讨将知识图谱与服务网络技术融合，构建地理信息服务网络的概念模型与逻辑结构。

第 7 章：介绍地理信息服务协同，从地理信息服务协同定义出发，从不同维度展示服务协同的关键点，包括过程协同、对象协同，以及计算协同，为此展开不同协同维度的技术探讨。在此基础上，介绍不同的地理信息服务协同应用，给出不同特点的地理信息服务协同的具体实现。这一章为开发基于服务网络的地理信息服务协同平台指明了清晰的协同目标和设计思路。

第 8 章：探讨地理信息服务网络与协同平台的实现方法和技术要点，设计了构建地理信息服务网络与协同平台的架构、难点和关键技术，并基于现有在线协作网络平台 GeoSquare 进行二次开发，介绍实现地理信息服务网络与协同原型系统 GeoSquare+的技术要点。

第 9 章：地理信息服务网络与协同的研究展望。概括当前地理信息服务的发展现状，并结合当前地学领域和其他领域研究的热点，对地理信息服务网络及协同理论与方法在对地观测传感器网、智慧城市与数字孪生、云边端技术等应用场景下的发展分别进行展望。

第 2 章　地理信息服务的技术体系

随着互联网技术、地理信息科学的不断深入，地理信息服务发展至今已形成较为全面的技术体系，成为构建地理信息服务网络、进一步开展地理信息服务协同理论与方法研究的基础。本章介绍的地理信息服务技术体系包含如下内容：地理信息标准化与服务化、服务注册与发现、服务集成、服务安全机制。

2.1　地理信息标准化与服务化

正如互联网的成功离不开开放的标准支持，地理信息领域的发展壮大同样需要相应的标准规范。开放使得系统、程序以及数据不依赖某一个公司的产品，吸引了更多公司和组织参与；标准是解决矛盾、不一致的必然手段。标准化促进了 GIS 技术及其应用的快速发展，使 GIS 被广泛应用于各行各业，随之而来的是日益增长的用户对数据共享与对地理数据进行处理的互操作的需求，这些需求是传统 GIS 系统或者技术手段与构造模式都相对独立封闭的 WebGIS 系统难以满足的。地理信息服务将网络服务（web services）技术引入 GIS 领域，以服务化的方法将地理信息资源松散耦合地整合在一起，为数据共享与处理功能的互操作提供新的契机与技术支持。由此，传统的 GIS 技术由系统（system）向服务（service）发生转变。

2.1.1　地理信息领域的标准化

地理信息标准是国家空间信息基础设施的重要组成部分，推动了地理信息的规范和普及，是地理信息服务共享和互操作的基础。目前开放的具有代表性的标准化组织是开放地理空间信息联盟（Open Geospatial Consortium，OGC）和国际标准化组织下属的地理信息技术委员会（ISO/TC 211）。

1. OGC 地理信息标准规范

OGC 是一个由 340 多个公司、政府代理、大学机构等组成的国际行业联盟，成立于 1994 年，用以开发公众可以利用的接口和数据规范。OGC 制定了一系列规范，统称为 OpenGIS 规范，该规范使应用系统开发者可以在单一的环境和单一的工作流中，使用分布于网上的任何地理数据和地理处理。在 OpenGIS 的指导下，GIS 软件将能始终处于一种有组织、开放式的状态，具备很好的互操作性、可拓展性、公开性、可移植性、协同性等，真正成为服务于整个社会的产业，以及实现地理信息在全球范围内的共享与互操作。

OpenGIS 规范的理论基础主要是开放地理数据互操作规范模型，该模型独立于具体的分布平台、操作系统以及程序设计语言，对地理信息领域知识提供更高层次的抽象，包括开放地理数据模型（open geodata model，OGM）、信息群模型（information communities model，ICM）和开放服务模型（open services model，OSM）三个模型，分别阐述了地理数据、信息群以及地理服务三个方面的内容。

开放地理数据模型定义了一个概括的、公用的基本地理信息类型集合，该集合可以被应用于特定领域的地理数据建模。OpenGIS 将现实世界抽象成为要素（feature）和覆盖（coverage）两类基本对象，前者描述现实世界中的实体对象，后者描述现实世界中的现象。对于要素，将与空间坐标相关的属性抽取出来，称为几何体（geometry）。同时，OpenGIS 又定义了要素的时空参照系统、语义以及元数据来对要素进行描述，以便于共享和互操作。

信息群模型的主要任务是建立一种途径来解决信息团体或用户之间的数据共享问题，尽管他们并不熟悉对方的地理要素定义。信息群模型定义了一种转换模式，使得不同信息团体的“地理要素辞典”可以自动“翻译”。信息群是指共享数据的用户群，他们在特定的时间内使用相同的数字化地理信息术语和相同的空间要素语义，即在地理抽象、要素表示和元数据方面有相同的观点和约定。信息群既可以是数据的提供者，也可以是数据的使用者。

开放服务模型定义了一个服务的集合，该集合由一组互操作软件组件集组成，用于访问地理数据模型中定义的地理类型，提供了同一信息群内不同用户之间，或者不同信息群之间的地理数据共享能力。它的功能包括：①提供一种基于开放地理数据模型的数据类型来构建具体数据模型、查询数据以及共享数据；②提供一种定义和建立信息群以及它们之间联系的机制；③提供一种能够对开放地理数据模型定义的数据类型、用户定义的数据类型以及其他功能进行操作的手段。

OpenGIS 规范分为两大类：抽象规范（abstract specification）和一系列实现规范（implementation specification），涵盖了数据模型、接口标准和数据编码各个方面。其中，抽象规范为大多数 OGC 规范开发活动提供了概念基础。根据抽象规范构建和引用的开放接口和协议，实现不同品牌和不同类型空间处理系统之间的互操作，具体包括：

（1）将软件或系统的设计与现实世界相关联；

（2）正确地描述需求并掌握知识来达成共识；

（3）考虑系统的设计；

（4）在复杂多变的情况下选择设计方案；

（5）生产有用的产品；

（6）组织、寻找、筛选、检索、检验和编辑大型系统的信息；

（7）发掘多种经济可行的方案；

（8）控制复杂性。

抽象规范从不同的层次对地理信息的表示、发现、访问与处理给出了定义，截至 2021 年，包括概述在内的 21 个主题，如表 2-1 所示。

表 2-1　OpenGIS 抽象规范主题

主题编号	主题名称	主题概述	发布年份
主题 0	概述（overview）	OGC 抽象服务规范概述	2020
主题 1	要素与几何体（features and geometry）	描述了如何使用“特征模型”构建、创建、存储、查询和操作数据集和数据库中的地理信息	2020
主题 2	空间参考系统（referencing by coordinates corrigendum）	该规范内容与 ISO 19111 的最新版本（2019 年）相同，地理信息 - 坐标空间参考[ISO 19111：2019]	2021
主题 3	位置几何结构（locational geometry structures）	为广泛使用的 GIS 技术提供基本和抽象模型	1999
主题 4	存储功能与插值（stored functions and interpolation）	为支持“覆盖类型（主题六）”大规模使用而提供的基本和抽象模型	1999
主题 5	要素（features）	描述要素对象定义，即“要素是对现实世界现象的抽象”（ISO 19101）；任何与地球位置相关联的，它就是一个地理要素	2009
主题 6	覆盖几何与功能模板（schema for coverage geometry and functions）	定义了覆盖空间特征的概念模式。Coverage 支持从空间、时间或时空域到要素属性值的映射，其中要素属性类型对域内的所有地理位置都是通用的。覆盖域由坐标空间中的直接位置的集合组成，坐标空间可以根据多达三个空间维度以及时间维度来定义	2007
主题 7	地球影像（earth imagery case）	与 ISO 19101-2 工作草案 #3 相同	2004
主题 8	要素间关系（relationships between features）	介绍了现实世界中实体之间关系的抽象。使用主题 5 中介绍的要素之间的关系建模	1999
主题 9	数据质量（Data Quality）	定义了地理信息数据质量的概念模式，包括测量方法和数据质量评估指标。对应标准为 ISO 19157	2013
主题 10	要素集合（feature collections）	要素集合是一个抽象对象，由要素实例、它们的要素模式和坐标模式组成	1999
主题 11	元数据（metadata）	与 ISO 19115-1：2014 相同	2016
主题 12	OpenGIS 服务框架（the openGIS service architecture）	与 ISO 19119 相同	2001
主题 13	目录服务（catalog services）	涵盖地理空间信息访问服务	1999
主题 14	语义与信息团体（semantics and information communities）	旨在使诸如生态学家和土木工程师等团体能够在语义差异的情况下高效管理自己的地理数据集合的语义（或特征模式不匹配（mismatches），并从彼此的地理数据集合中获得最大利益，尽管存在语义差异	1999
主题 15	图像使用服务（image exploitation services）	描述支持使用图像和某些相关覆盖类型所需的图像开发服务的类别和分类	2000
主题 16	图像坐标转换服务（image coordinate transformation services）	涵盖图像坐标转换服务	2000
主题 17	基于位置的移动服务（location based mobile services）	基于位置的服务的抽象规范草案	2000
主题 18	地理空间数字版权管理参考模型（geospatial digital rights management reference model）	本文档是地理空间资源的数字版权管理（DRM）功能的参考模型。它与一般 DRM 市场相关联，因为地理空间资源必须尽可能与其他数字资源（如音乐、文本或服务）一样被处理	2007
主题 19	地理信息-线性参考（geographic information - linear referencing）	与 ISO IS 19148 定义相同	2012
主题 20	观测与量测（observations and measurements）	定义了观察的概念模式，以及在进行观察时采样所涉及的特征。这些为在不同科学和技术社区内部之间交换描述观察行为及其结果的信息提供了模型	2010

实现规范是抽象规范在应用领域中经过编码、接口定义与参数定义后的具体实现。目前，OGC 提供了一系列广泛使用的实现规范，包括网络地图服务（web map service，WMS）规范、网络要素服务（web feature service，WFS）规范、网络覆盖服务（web coverage service，WCS）规范、网络处理服务（web processing service，WPS）规范、网络目录服务（catalogue services for web，CSW）规范、地理标注语言（geography markup language，GML）规范、传感器观测服务（sensor observation service，SOS）规范等。这些服务规范使得遵循 OpenGIS 规范的厂商或组织开发的应用软件能够针对 Web 上不同类型的空间信息进行动态查询、存取、转换和综合等处理。

2. ISO/TC 211 地理信息标准规范

ISO/TC 211 是国际标准化组织（ISO）中专门负责制定地理信息标准的委员会，其主要成果为 ISO 19100 地理信息系列标准，目的是用现成的数字信息技术标准与地理方面的应用进行集成，建立地理信息参考模型和结构化参考模型。ISO/TC 211 主要围绕两个中心点展开：一个是地理数据集的标准化，另一个是地理信息服务的标准化。很多部门都积极参与了该标准的制定工作，包括国家级标准部门、OGC、国际专业组织（如 FIG、ICA）、联合国分支机构和地区级标准组织（DGIWG、ICAO）等。1998 年，OGC 与 ISO/TC 211 签署协议，建立了 A 类联络（class A liaison）关系，使得两个组织可以充分利用对方的成果。例如，OGC 合并 ISO/TC 211 的文档作为其抽象规范的一部分；OGC 提交实现规范到 ISO/TC 211，作为候选的标准。在 OGC 以及 ISO/TC 211 等标准化组织的推动下，有关空间数据模型、编码、接口等方面的众多规范被开发出来，极大地促进了地理信息领域内部的互操作以及地理信息领域与其他行业的集成与融合。

ISO 19100 地理信息系列标准的重点是为数据管理和数据交换定义地理信息的基本语义和结构，为数据处理定义地理信息服务的组件及其行为。ISO 19100 地理信息系列标准目前有 40 个标准，这些标准之间相互联系、相互引用，组成具有一定结构和功能的有机整体。例如，框架和参考模型组（WG1）制定的模型、方法、语言、过程、术语等综合性、基础性标准，为制定其他各项标准提出要求。又如，由于 ISO 19100 地理信息系列标准是通用的、基础性的，必须对其进行裁剪才能用于特定的应用领域；ISO 19109 地理信息系列标准定义了标准的不同部分如何用于特定的应用领域的模式，运用这些通用的处理规则，可以在不同的应用领域内或相互之间交换数据和系统。ISO 19100 地理信息系列标准主要内容如表 2-2 所示。

表 2-2 ISO 19100 地理信息系列标准

标准编号	标准名称	标准介绍
ISO 19101	参考模型	描述地理信息系统标准的使用环境、使用的基本原则和标准的改造框架，同时也定义该标准所有的概念和要素
ISO 19103	概念化模式语言（conceptual schema language）	概念架构语言。该标准使用户了解 UML、基本类型和对象 ISO/TC 211 标准中使用的约束语言
ISO 19107	空间模式（spatial schema）	定义对象空间特征的概念模式，主要从几何体和拓扑关系的角度来制定概念模式，为其他空间特征标准制定提供方便，同时可以帮助理解空间数据结构
ISO 19108	时间模式（temporal schema）	定义空间实体时间尺度特征的概念，地理信息并不局限于三维尺度，许多地理信息系统需要时间特征
ISO 19109	应用模式规则（rules for application schema）	定义创建和记录应用程序模式的规则，包括功能定义的原则

续表

标准编号	标准名称	标准介绍
ISO 19111	坐标空间参照系统（spatial referencing by coordinates）	定义坐标空间参照系统的概念化模式以及描述大地参照系统的指导，其中也包括一些国际上使用的参考系统
ISO 19115	元数据（metadata）	定义地理信息和服务的描述性信息的标准。该标准制定的目的是产生一个地理元数据的内容及有关标准。这些内容包括地理数据的现势性、精度、数据内容、属性内容、来源、覆盖地区以及对各类应用的适应性如何等
ISO 19119	服务（service）	识别和定义地理信息的服务接口以及与开放系统环境（open system environment）模型之间的关系
ISO 19123	覆盖几何与函数模式（schema for coverage geometry and functions）	定义覆盖几何和相关属性范围之间的关系
ISO 19128	Web 地图服务器接口（web map server interface）	定义一种服务，用于渲染从地理信息动态派生的空间参考数字图像地图，以显示在计算机屏幕上

2.1.2 地理信息服务的分类体系

地理信息服务是地理信息标准化体系的一个重要分支，在 OGC 抽象规范的主题 12 和 ISO/TC 211 地理信息标准的 ISO 19119 中都进行了详细描述。与此同时，其他地理信息标准对地理信息服务的分类起指导作用。例如，在 OGC 抽象规范中，主题 12 与主题 13、15、16、17 共同提供了地理信息服务相关内容，其他主题则大多侧重于地理信息的共享，成为服务构建的基础；在 ISO 19100 系列中，ISO 19107、ISO 19115 等标准着重定义了服务所处理的信息内容和服务之间所交换的信息内容。当服务累积到一定数量时，就需要构建一个服务分类体系，使功能相同或相似的服务能够实现“物以类聚”，本节主要涉及 OGC 地理信息服务分类体系和 ISO/TC 211 地理信息服务标准与分类——ISO 19119，并介绍了我国建立的 GB/T 地理信息服务标准与分类体系。

1. OGC 地理信息服务分类体系

OGC 抽象规范主题 12 描述了 OpenGIS 服务框架。该规范基于 ISO 的开放分布式处理参考模型（reference model of open distributed processing，RM-ODP），从企业视点、信息视点、工程视点以及技术视点等多个角度来阐述地理信息服务，为软件开发者提供一个框架，以便在开放的信息技术环境下开发一种能够使用和处理不同来源数据、具有通用计算接口的软件。

为更好地将地理信息服务拓展到网络环境中，使用 Web Services 作为技术支撑实现服务的互操作与重用，OGC 从 1999 年开始逐步设计、实施并建立了 OGC Web 服务通用标准（OGC Web service common implementation specification，OWS）服务框架，如图 2-1 所示。OWS 提供了一个与厂家无关的互操作框架，以 Web 服务的方式提供服务，使分布式地理信息服务能够通过 HTTP 以及 XML 相关技术进行交互，通过公共接口可以在 Web 范围内实现发现、访问、探索、集成和可视化各种在线数据、传感器信息和空间处理功能，实现服务层面的互操作。

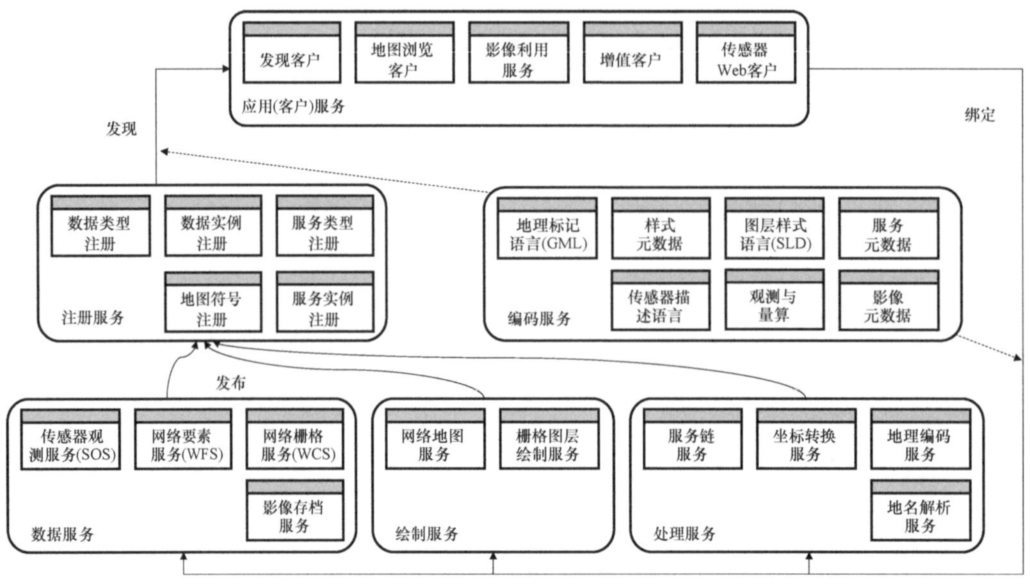

图 2-1　OWS 服务框架

从图 2-1 的 OWS 服务框架图可以看出，OGC 将地理信息服务分为以下六大类：

（1）应用（客户）服务（application client services）。应用服务提供了一个搜索服务、发现服务的视窗，能够按需查找地理空间服务和数据资源并访问，通过渲染图形、影像、文本等形式提供具象化的地理信息内容，支持用户终端的交互与互操作，促进地理信息知识的生成和传递。具有代表性的应用服务包括发现服务、地图浏览服务、增值服务、影像利用服务、传感器 Web 服务等。

（2）注册服务（registry services）。注册服务提供一个公共的机制来进行网络上资源的分类、注册、描述、搜索以及维护访问有关的网络资源（包括数据和服务）信息。注册服务用以发现、访问和管理空间数据与服务的公共信息模型和标准操作。用户通过查询注册的服务元数据信息来搜索所需的地理信息服务。

（3）编码服务（encoding services）。编码服务以 XML 为基础提供服务。主要编码包括地理标记语言（GML）、图层样式描述符（styled layer descriptor，SLD）、传感器描述语言（sensor model language，SensorML）等。

（4）数据服务（data services）。数据服务提供访问存放在数据库和数据仓库中的数据集合的功能，数据服务中的资源访问可以通过标识符、地址等命名进行引用。通过访问名字的唯一标识能够快速获取指定资源，因此数据服务常常与索引技术相关联，以加快资源定位的效率。数据服务基于公共的编码与接口能够在其他服务中引用，以实现互操作。OGC 制定的常用数据规范包括网络要素服务（WFS）、网络栅格服务（WCS）、传感器观测服务（SOS）等。

（5）绘制服务（portrayal services）。绘制服务提供支持空间信息可视化的各种特定功能。根据一个或多个输入生成相应的绘制输出，如制图符号化后的地图等。绘制服务可以同数据服务或处理服务等进行耦合、转换、合并或生成描绘输出。OGC 已制定的绘制服务主要包括网络地图服务（WMS）、栅格图层绘制服务（coverage portrayal service，CPS）。

（6）处理服务（processing services）。处理服务对地理空间数据进行处理，为应用提供各种增值服务。处理服务还可以构建服务链、工作流来实现复杂求解。主要处理服务包括服务链服务（chaining service）、坐标转换服务（coordinate transformation service）、地理编码服务（geocoder service）、地名解析服务（geoparser service）等。

OWS 涉及很多基本服务和数据的构建模块（构件），形成 OWS 抽象模型。这些构件可分为两类：数据型构件和操作型构件。通常情况下，操作型构件将在数据型构件的基础上完成相应操作（龚健雅等，2004）。

其中，数据型构件包括数据、元数据、名称、关联与容器。

（1）数据。数据是描述事物的信息，从简单到复杂，能够被创建、保存、操作、删除、浏览等。

（2）元数据。元数据是关于数据的数据，根据不同的语言环境可以表达不同的含义。资源（resource）或资源类型（resource types）的元数据可以被保存在目录或者注册中心中。如果目录或注册库中有很多不同资源类型的源数据记录，则可以通过这些元数据发现并利用相应的资源或者资源类型。

（3）名称。名称是一种标识。常用的命名模式包括 WWW 和统一资源定位符（URL）。当只有知道了能够使某个名称有效的环境，即命名空间，该名称才具备意义。一个数据项被存储到仓库中，并由数据服务访问，则该数据项可以被赋予一个有意义的名称，若该仓库自身也拥有一个名称，则两个名称联立起来将更有利于找到该数据项。

（4）关联。若两个信息元素之间有连接，则称两者之间建立了某种关联。关联可以是像 WWW 超链接这样的简单链接，也可以是由多个元素构成的复杂关联。关联链接的通常都是具有名称的元素。OGC 将面向空间的关联称为“geolinks”。

（5）容器。容器（container）是指数据集或者一个已编码且可传输的 Web 内容。容器包含名称空间、模式和协议。OGC 基于地理标记语言（GML）构建了两个相关的协议：LOF（location organizer folder，LOF）和 XIMA（XML for imagery and map annotation，XIMA）。

操作型构件包括客户服务、目录与注册服务、处理服务、数据服务。

（1）客户服务。客户服务是能够与用户，以及 OpenGIS 服务框架中的服务进行交互的应用程序构件，如阅读器或编辑器。它们能够提供底层数据和操作的视图，以及控制这些数据和操作的方法供用户使用。

（2）目录与注册服务。目录与注册服务能够提供对目录和数据库的访问，由一系列元数据和类型组成。目录包含数据集和服务实例的有关信息，而目录服务则提供一个相应的搜索操作，能够返回数据集或服务实例的元数据或名称。注册记录则包含类型（types）的有关信息，这些类型是由词汇定义的。注册服务也实现了一个搜索操作，能够返回类型的元数据或名称。

（3）处理服务。处理服务是一类应用服务构建模块，能够对空间数据进行某些操作并提供增值服务。这类服务通常有一个或多个输入，并对数据实施了增值性操作后产生相应输出。处理服务能够转换、合并或创建数据，既可以与数据服务紧密绑定，也可建立松散型的关联模式。

（4）数据服务。数据服务能够提供对 OWS 中数据，特别是空间数据的基本服务构建模块，实现对数据集的访问。通过数据服务插入的资源通常都会有一个名称，通过该名称，数据服务便能够找到该资源。数据服务通常利用索引来提高检索效率，快速找到相应数据项。

OWS 抽象模型如图 2-2 所示。

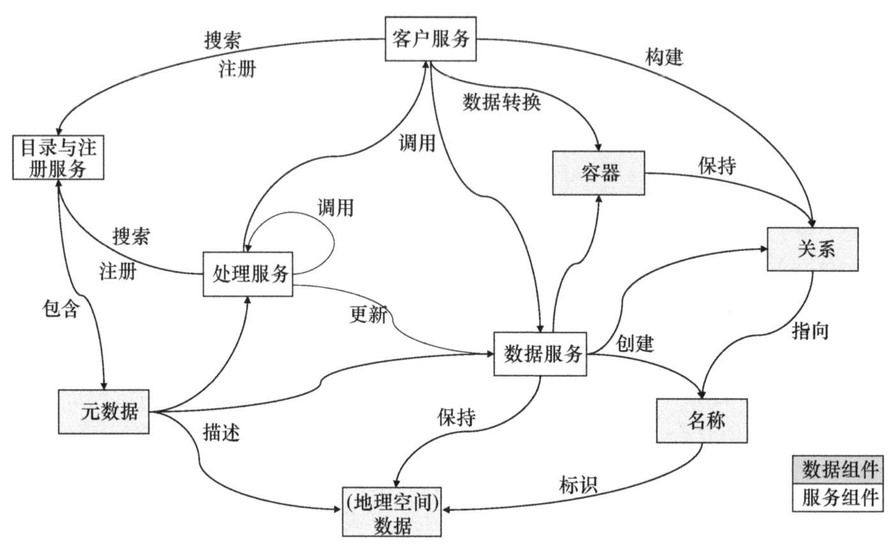

图 2-2　OWS 抽象模型

OWS 抽象模型清晰地展现了客户服务、目录与注册服务、数据服务、处理服务之间的关系，因此该模型也视为一个基本的地理信息服务分类体系。在 OWS 抽象模型中，客户服务使用目录与注册服务搜索想要的服务，包括元数据（处理服务元数据、数据服务元数据、地理空间数据元数据等），在此基础上向处理服务、数据服务提出调用请求。当调用完成后，处理服务、数据服务将数据返回到容器中，同时创建空间关系、名称、地图符号可视化等，将结果返回给客户服务。

OGC 地理信息服务分类体系针对地理信息共享和互操作的目标需求，覆盖了多个方面的地理信息服务，任何遵循接口标准的应用都可以与 OWS 服务框架定中定义的服务互操作，这对研究其他地理信息服务分类方法具有指导意义和参考价值。OWS 服务协议已经获得了众多 GIS 业界软件、服务提供商和开源组织的支持，如 ESRI 系列软件、QGIS、Google 地图、52 North 等都实现了基于 OWS 服务协议的互操作接口。

2. ISO/TC 211 地理信息服务标准与分类——ISO 19119

ISO/TC 211 的标准化活动有两个核心：一个是地理数据集的标准化，另一个则是地理信息服务的标准化。通过现有的信息技术标准化手段，指导服务领域的标准化活动，尽可能使现有数字信息技术与地理空间的应用能够有机集成。

为此，ISO 19119 规定了如何创建与平台无关的服务规范，以及如何派生符合该规范的特定于平台的服务规范，从平台的角度为地理服务的选择和规范提供了指导方针。为支持高效地发布服务以及服务发现，ISO 19119 根据服务生命周期、服务领域等建立了地理信息服务分类体系，包含各类服务的名称和内容。任何使用该标准的系统或应用都必须依据地理信息服务分类体系进行服务的组织，每个具体服务需要属于并只能属于一种类型，除非其能够完成多种类型服务的功能。

ISO 19119 定义了地理信息服务的六种类型：人机交互服务、信息管理服务、工作流服务、处理服务、通信服务以及系统管理服务，具体服务类型与描述见表 2-3 所示。

表 2-3　ISO 19119 地理信息服务标准与分类

服务	服务描述
人机交互服务	**服务定义：**管理用户界面、图形、多媒体等客户服务 **服务类型：**目录浏览服务；地理空间信息浏览服务（动画浏览服务、镶嵌浏览服务）、透视浏览服务；影像浏览服务；地理空间信息电子表格浏览服务；服务编辑服务；链定义编辑服务；工作流制定管理服务；地理要素编辑服务；地理要素符号编辑服务；要素综合编辑服务；地理数据–结构浏览服务
信息管理服务	**服务定义：**用于管理空间数据以及空间服务的元数据、概念模式和数据集的开发、操纵和存储的服务 **服务类型：**要素存储服务；地图访问服务；覆盖访问服务；覆盖访问服务——传感器；传感器描述服务；产品获取服务；要素类型服务；目录服务；注册服务；地名词典服务；订购处理服务；固定订购服务
工作流服务	**服务定义：**用于定义、调用、解释和控制服务链，并提供服务链的有效性检查，这是一类通用的 IT 服务，并不是特有的空间服务 **服务类型：**链定义服务；工作流判定服务；描述服务
处理服务	**服务定义：**在建立通用地理要素模型的基础上，用于实现空间数据（信息）处理 **服务类型：**包括空间处理服务、专题处理服务、时间处理服务和元数据处理服务 空间处理服务：坐标转换服务；坐标变换服务；覆盖/矢量转换服务；影像坐标变换服务；正射校正服务（校正服务、传感器几何标准服务、影像几何模型变换服务）空间子集服务；空间采样服务（倾斜校正服务、影像测量服务）；要素操纵服务；要素匹配服务；要素简化服务；路径规划服务；定位服务 专题处理服务：近似分析服务；地理参数计算服务；专题分类服务（要素简化服务、子集服务、空间统计服务）；变化探测服务；地理信息提取服务；空间分析服务；影像处理服务（低分辨率生产服务、影像操纵服务、影像理解服务、影像综合服务、多波段影像操纵服务、对象检测服务）；地理解析服务；地理编码服务 时间处理服务：时间参考系转换服务；时间子集服务；时间采样服务；时间邻域分析服务 元数据处理服务：数据统计计算服务；地理信息注释服务
通信服务	**服务定义：**在通信网络上对数据进行编码、传输以及格式转换的服务 **服务类型：**传输服务；地理信息压缩服务；地理信息格式转换服务；消息服务；远程文件服务；可执行程序管理服务
系统管理服务	**服务定义：**用于管理系统组件、应用程序、网络以及用户账户和用户访问权限，是一类通用的 IT 服务，并不是特有的空间服务 **服务类型：**授权和认证；支付方法；调度服务

ISO 19119 服务分类体系是一个较高层次的地理信息服务分类框架与指导原则，是基于分布式系统环境模型在地理信息领域的扩展。从分类的详细程度可以看出，地理空间的处理服务是地理信息服务的核心，其分类最为复杂。ISO 19119 分类体系中处理服务分类是依据各处理服务所支持数据的要素属性来定义的。各要素属性的定义和描述则完全遵循 ISO 19109。根据空间对象类之间主要存在的泛化/特化和关联关系，处理服务细分为空间处理服务、专题处理服务、时间处理服务和元数据处理服务四个子类，使服务提供者、消费者能够根据处理数据的类型大致判断出所关注的服务的类型。在每一个子类中，ISO 19119 将功能语义相近的服务划分到同一类中。该方法尽管在一定程度上

表达了服务语义信息，但同时可能局限了服务分类的能力。例如，要素匹配服务（从大量数据源中查看一个最适合表达某个具体现实中的实体、要素或要素的部分）被划分到空间处理服务中，但显然，仅根据空间属性是无法充分辨别要素的，还需要结合要素的时间属性和专题属性进行辨别。

3. GB/T 地理信息服务标准与分类体系

中华人民共和国国家标准，简称国标（GB），由在国际标准化组织（ISO）和国际电工委员会（IEC）代表中华人民共和国的会员机构——国家标准化管理委员会发布。GB/T 是推荐性国家标准的代号。为满足数字中国地理空间框架与地理信息公共服务平台建设的急需，规范地理信息数据产品及应用服务，促进地理信息资源的互联互通和高效开发应用，我国地理信息标准化技术委员会发布并于 2011 年 3 月 1 日起实施了 6 项国家标准，分别是《地理信息 分类与编码规则》（GB/T 25529—2010）、《地理信息 数据产品规范》（GB/T 25528—2010）、《地理信息 服务》（GB/T 25530—2010）、《地理信息 万维网地图服务接口》（GB/T 25597—2010）、《地理信息 目录服务规范》（GB/Z 25598—2010）、《地理信息 注册服务规范》（GB/Z 25599—2010）。

《地理信息 分类与编码规则》（GB/T 25529—2010）是一项通过对多源地理要素及其属性进行统一分类组织和编码，支持跨部门、跨领域、多源、多时相、多尺度地理信息整合与管理的基础性标准，规定了地理信息分类与编码规则，以及地理要素类的高位分类与代码。该标准为推荐性国家标准，适用于对多源地理信息进行统一分类组织和编码，可支持建立区域综合性地理信息系统的要素目录，用以实现不同专业地理空间数据的一体化组织、建库、存储以及保证数据交换的一致性。

《地理信息 数据产品规范》（GB/T 25528—2010）等同采用国际标准 ISO 19131，定义和描述了数据产品规范的通用结构和内容，规定了数据产品规范的要求，详细阐述了数据产品规范范围、数据产品标识、数据内容和结构、参照系、数据质量、数据获取、数据维护、图示表达、数据产品交付等内容、要求，并通过 UML 模型表示相应的数据定义。该标准为推荐性国家标准，用于指导数据产品规范的编制。

《地理信息 服务》（GB/T 25530—2010）等同采用国际标准 ISO 19119，标识和定义了用于地理信息服务接口的体系结构模式，并定义了该体系结构模式与开放式系统环境（OSE）模型之间的关系，提供了地理信息服务分类及地理信息服务的一系列实例，描述了如何创建与平台无关的服务规范，以及如何派生出和该规范一致的平台相关的服务规范。该标准是推荐性国家标准，分别从平台无关和平台相关两个角度，为选择与规范地理信息服务提供了指南，为开发者提供了软件开发框架。

《地理信息 万维网地图服务接口》（GB/T 25597—2010）修改采用了国际标准 ISO 19128，规定了从服务器获取地图所需要进行的各种操作，包括获取地图的描述信息（GetCapabilities）、获取地图（GetMap）以及查询地图上要素信息（GetFeatureInfo）等操作，规范了基于地理信息动态生成具有空间参照的地图的服务行为。该标准是推荐性国家标准，适用于获取图片格式的地图数据，但不适用于获取矢量格式的地理要素数据以及影像和 DEM 等覆盖数据。

《地理信息 目录服务规范》（GB/Z 25598—2010）属于国家标准化指导性技术文件，其规定了地理信息资源目录体系的技术实现要求，适用于规划和建立地理信息目录服务系统。地理信息目录服务包含公共接口、发现接口和管理接口三类主要接口，其主要作用在于形成一个“物理分布、逻辑集中”的目录服务体系，以整合分布在各地和各种系统的共享地理信息资源，并形成完整的地理信息资源目录体系，为共享地理信息的利用和交换建立良好的基础。

《地理信息 注册服务规范》（GB/Z 25599—2010）属于国家标准化指导性技术文件，其给出了地理信息注册服务的模型和基于目录服务的参考实现，为实现地理信息注册服务提供了技术依据。地理信息注册服务用于各种地理信息服务资源的注册，再通过资源发布、发现以及访问机制，实现地理信息资源的共享，从而使对地理信息有需求的用户可以检索到各种相关服务资源，访问和集成这些已注册的各种信息资源，形成面向各种专题的具体应用，促进服务资源的多方使用。

2.1.3　地理信息服务规范融合与拓展

为使不同地理信息服务互操作规范化，促进地理信息服务共享，学术界对相关地理信息服务规范进行了研究。通过对不同类型服务的语义信息描述能力、服务消息传递能力、协议兼容性等方面进行探索，将不同服务规范进行融合与拓展，增强地理信息服务表达以及互操作性能力。

地理信息服务规范的融合是将不同标准化规范相互结合，以提升协议表达的维度和能力。例如，Closa 等（2017）将 W3C PROV 与地理信息服务规范相结合，来增强服务中对来源信息的描述，从属性、要素和数据集三个层次提高地理空间来源信息的完整性。Zhang 等（2020）进一步提出 OGC WPS 与 W3C PROV 相结合的标准化模型，基于 XML 实现对地理处理工作流生成的数据产品的跟踪和复现，提高了工作流系统的透明性。根据工作流使用的流程和数据等基本的来源信息，以及它们的使用或生成关系，用户可以很容易地确定每个步骤中使用的是哪种数据或参数，然后对数据产品的质量进行判断，有助于工作流的重用与复现工作。此外，Yue P 等（2015）提出 OGC WPS 与 OpenMI 结合起来在 Web 上共享环境模型的方法。OpenMI 是一种支持在运行时交换建模组件之间的数据的通用接口模型，适用于执行有多个阶段模拟过程和时间步长的模型。将 OpenMI 与 OGC WPS 结合能提升工作流模型的集成能力，使模型运行过程中能够交换信息，提高地理信息服务的实时消息传递能力。

另外，地理信息服务规范的融合还可以通过对其标准协议接口的整合，增强服务规范的兼容性。例如，面对不同地理信息服务标准规范接口的技术细节复杂、方法各异的问题，Sun 等（2019）提出简单服务通用接口（simple universal interface for services，SUIS），包括将不同标准和格式的地理信息服务的标准接口语义信息解析与语义对齐，将标准协议的共有信息统一描述，如操作名称、参数名称、数据类型、格式、模式、值选项、特殊标记、协议头和异常代码等，提供一体化的、对用户友好的统一地理信息服务标准接口等内容，如图 2-3 所示。

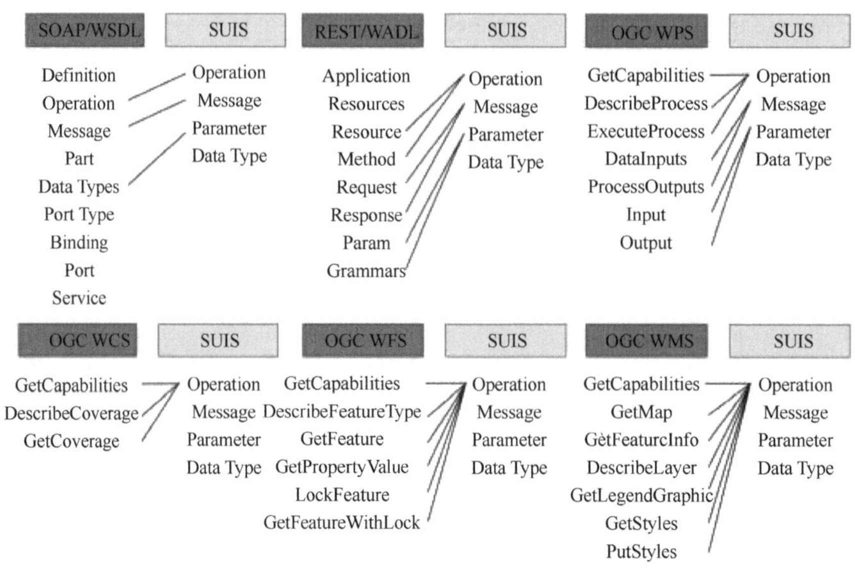

图 2-3　简单服务通用接口（SUIS）的标准接口整合示意（Sun et al.，2019）

基于现有的标准规范，建立地理信息标准化描述模型，指导地理信息服务的生成与构建，是一种地理信息服务规范拓展的方式。该方法有两方面特点：一是拓展的地理信息服务标准化描述模型能够与常用的 OGC 服务规范等相兼容；二是该模型通常与一些大型地理信息服务网络平台的构建相互关联，因此依据这些模型构建的软件系统具有更高便捷性和更灵活的表达能力。针对技术和跨学科环境以及建模者的数据结构设计导致的数据异构性问题，南京师范大学 GIS 团队提出通用数据交换模型（universal data exchange model，UDX），从数据结构、内容和格式等方面对异构的地理信息数据统一描述，并设计了模型数据处理方法库，对各种数据处理方法进行归纳和组织，指导地理数据转向地理信息服务的表达（Yue S et al.，2015）；在此基础上，使用面向服务的模型描述封装（model description language document，MDL）策略来细化地理信息服务的表达，从服务属性、服务行为和服务运行三方面描述服务的元数据、行为、运行需求，并提供标准化的描述接口、模型执行接口和模型部署接口，从而更方便建模者重用、共享和部署地理信息服务（Yue et al.，2016）。如图 2-4 所示。通用数据交换模型（UDX）和模型描述封装（MDL）策略共同形成地学建模与模拟平台 OpenGMS 的构建基础，能够与 OGC 相关协议相互转换，使平台具备与其他服务资源的合作能力，该平台在本书第 7 章进行介绍。

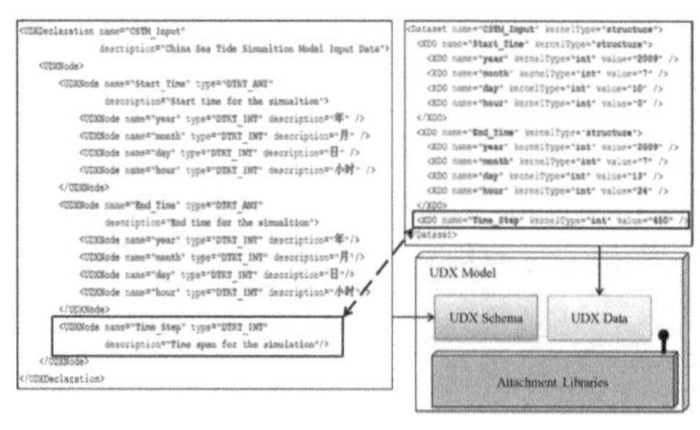

(a)

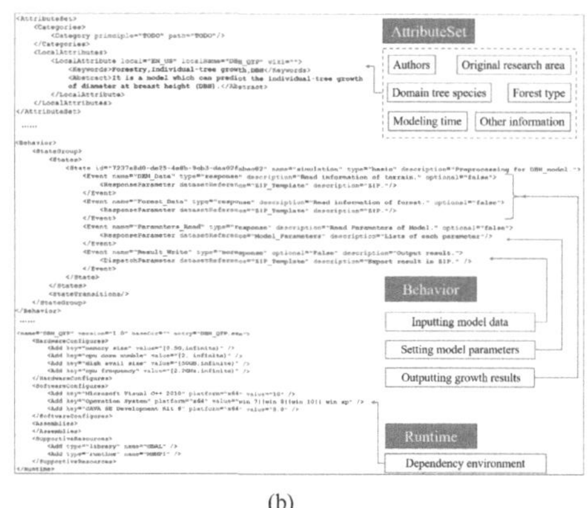

(b)

图 2-4　UDX 模型（a）（Yue S et al.，2015）及 MDL 模型（b）（Yue et al.，2016）

2.2　地理信息服务注册与发现

当地理信息服务进行标准化的工作并发布到互联网后，需要通过服务注册将其统一收集成可用服务集合，通过服务发现机制，服务能够被快速获取与使用。地理信息服务注册与发现技术是连接服务提供者与服务使用者的桥梁。服务提供者通过将服务发布到服务注册中心作为代理分享给受众群体，服务使用者能根据注册中心提供的服务信息了解服务的地址、服务内容、服务能力、服务效果、服务质量等内容，来判断是否满足个人需求，同时服务注册中心也是不同服务提供者发现合作伙伴、构建服务生态圈的重要场所。

2.2.1　UDDI 与 ebRIM 模型

传统的地理信息服务主要依赖于 Web Service 技术。Web Service 的核心技术包括 HTTP、XML、WSDL、SOAP 和 UDDI/ebRIM。其中，UDDI 和 ebRIM 是两个主流服务注册模型。

1. UDDI 简介

UDDI 是一套基于 Web 的、分布式的、为 Web 服务提供信息注册中心的实现标准规范，同时也包含一组使企业能将自身提供的 Web 服务注册以使得别的企业能够发现访问协议的实现标准。UDDI 标准定义了 Web 服务的发布与发现的方法。

UDDI 标准包括 SOAP 消息的 XML Schema 和 UDDI 规范 API 的描述。它们两者一起建立了基础的信息模型和交互框架，具有发布各种 Web 服务描述信息的能力。UDDI 利用 SOAP 消息机制来发布、编辑、浏览以及查找注册信息，采用 XML 格式来封装各种不同类型的数据，并且发送到注册中心或者由注册中心来返回需要的数据。UDDI XML Schema 定义了五个主要信息组件，它们是技术人员在需要使用合作伙伴所提供的 Web 服务时必须了解的技术信息，包括商业实体、商业服务、绑定模块、服务调用规范，以及出版者关联，五个组件之间的关系如图 2-5 所示。

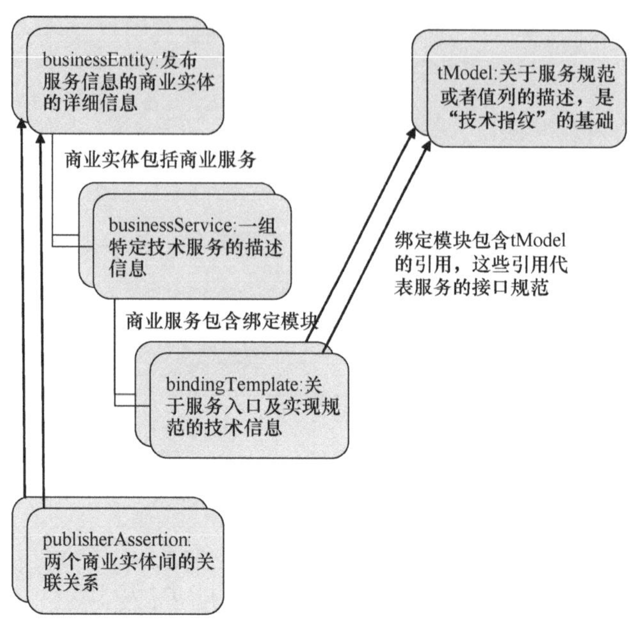

图 2-5 UDDI 主要数据结构图

（1）商业实体（businessEntity）。businessEntity 可以代表一个商业组织（如公司、集体）或者部门（如销售部门），也可以代表非商业组织，如高校、学院等，并提供了它们的描述信息，包括商业实体的名称和一些关键性的标识、该实体是属于哪个具体工业分类之类的分类信息，以及联络方法（包括 Email、电话、URL）等信息。所有“businessEntity”中的信息支持“黄页”分类法。每个商业实体信息结构包含一个或多个业务服务。

（2）商业服务（businessService）。businessService 代表单个服务或者可以不同方式调用的多个操作，属于某一个 businessEntity。businessService 可以有多种语言的叙述与名称。businessService 的分类由内部 CategaryBag 元素指出。每一个 businessService 包含零个或多个 bindingTemplate，如果包含一个或者多个绑定模块，表示服务具有一种或者多种调用方式。

（3）绑定模块（bindingTemplate）。bindingTemplate 代表一个部署的服务实现，明确了该服务的接入（访问）终端点。绑定信息包含有关如何调用服务的说明，具体包括 Web 应用服务的地址、应用服务器和调用服务前必须调用的附加应用服务等。

（4）服务调用规范（tModel）。tModel 是 UDDI 中最为灵活的组件，用来描述 UDDI 的技术信息，包括服务遵循的规范、行为、概念、分类甚至共享的设计等。tModel 包含指向实际元数据（或者说明文档、规范）的指针，每个服务可以有一个或多个 tModel 来帮助描述服务的特性。因此，服务的能力如功能、输入、输出等可以使用相应的 tModel 来记录。

（5）出版者关联（publisherAssertion）。publisherAssertion 代表两个 businessEntity 之间的一种关联。

支持 Web Services 的注册是 UDDI 的主要目的。Web Services 体系中涉及三个角色：服务提供者、服务请求者、服务代理。服务提供者就是 Web 服务的拥有者，为其他服务和用户提供自己已有的功能；Web 服务请求者就是 Web 服务功能的使用者，它利用 SOAP 消息向 Web 服务提供者发送请求以获得服务；服务代理一般通过 UDDI 来实现，通过服务注册中心把一个 Web 服务请求者与合适的 Web 服务提供者联系在一起，起到中介和管理的作用。三个角色通过发布、发现、绑定三个动作进行交互。其中，发布是为了让用户或其他服务知道某个 Web 服务的存在和相关信息；发现是为了找到合适的 Web 服务；绑定则是在提供者与请求者之间建立某种联系。在实际应用中，角色之间很可能有交叉：一个 Web 服务既可以是 Web 服务提供者，也可以是 Web 服务请求者，或者二者兼而有之，如图 2-6 所示。

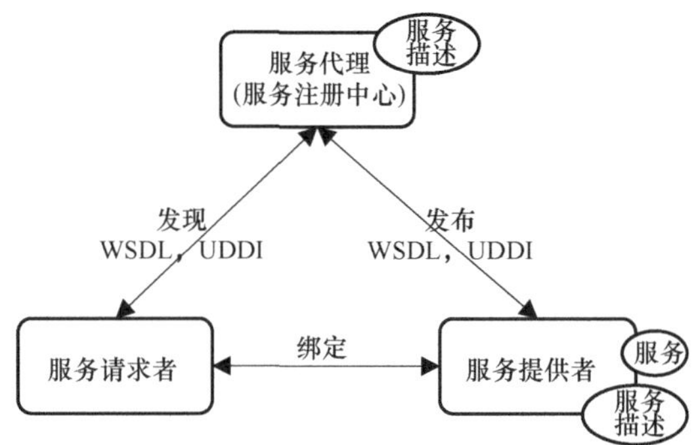

图 2-6　Web Services 服务提供者、服务请求者，以及服务代理的关系示意图

从构成系统的组成成分看，UDDI 模型包括三类组件：

（1）客户。UDDI 注册器的使用者，一般是代替人类用户的软件代理。

（2）注册器节点。用于组成 UDDI 注册器，通常有一个或者多个。多个注册器可以形成一个逻辑上的单个注册器。注册器节点之间通过某种机制保证键值的唯一性与数据内容的同步。注册器节点之间具有多种形式的关系，如层次型、对等型、混合型。

（3）分类服务器。通常有一个或多个，UDDI 规范规定所有的注册服务必须实现三类分类系统，分别是北美工业分类系统（North American industry classification system，NAICA）、通用标准产品和服务分类法（universal standard products and services classification，UNSPSC）、国际标准的地理区域分类法 ISO 3166。然而，仅仅通过这三个分类系统远远不能满足实际应用的需要，如面对语义丰富、内容复杂的地理信息服务有关的应用要求。因此，UDDI 规范定义了第三方分类的机制，允许注册器的客户使用第三方提供的分类系统来发现、发布内容信息。分类服务器提供了第三方分类系统的数据，它对外提供验证分类数据的服务。

为了保障所有组件间交互信息的开放性与标准性，UDDI 为上述各类组件制定标准的接口规范，如表 2-4 所示，主要分为如下四类：①由 UDDI 节点提供的客户可以调用的接口；②由客户实现的 UDDI 节点可以调用的接口；③由 UDDI 节点提供的由另外的 UDDI 节点调用的接口；④由分类服务器提供的 UDDI 注册器可以调用的接口。

表 2-4　UDDI 接口规范

类型	接口名称	描述
由 UDDI 节点提供的客户可以调用的接口	UDDI_Inquiry_PortType	提供了查询与发现的功能，包括获取结果标识与详细信息的发现和获取的操作
	UDDI_Publication_PortType	提供了出版、更新、删除注册内容的操作
	UDDI_Security_PortType	提供了获取与删除认证令牌的操作
	UDDI_CustodyTransfer_PortType	提供了改变与迁移注册内容拥有权的方法
	UDDI_Subscription_PortType	为用户提供了订购信息的操作方法，通过这些方法，用户可以得到注册内容变化的消息
由客户实现的 UDDI 节点可以调用的接口	UDDI_SubscriptionListener_PortType	如果客户对注册器中某些实体的变化感兴趣，客户可以调用该接口，订购相应的事件
由 UDDI 节点提供的由另外的 UDDI 节点调用的接口	UDDI_Replication_PortType	该接口的操作使得节点间可以相互复制数据
由分类服务器提供的 UDDI 注册器可以调用的接口	UDDI_ValueSetCaching_PortType	仅包含一个操作：get_allValidValues，通过该方法，注册器可以获取分类服务器包含的所有分类数据
	UDDI_ValueSetValidation_PortType	仅包含一个操作：validate_values，这个操作可以验证分类系统数据的正确性

2. ebRIM 模型简介

ebRIM（electronic business registry information model）标准定义了可以注册到注册器的元数据与内容类型以及它们之间的关系。ebRIM 模型基于 ISO 11179 系列元数据注册标准，提供了一套全面的机制来管理服务和数据的元数据，因此更为通用灵活。ebRIM 模型如图 2-7 所示。

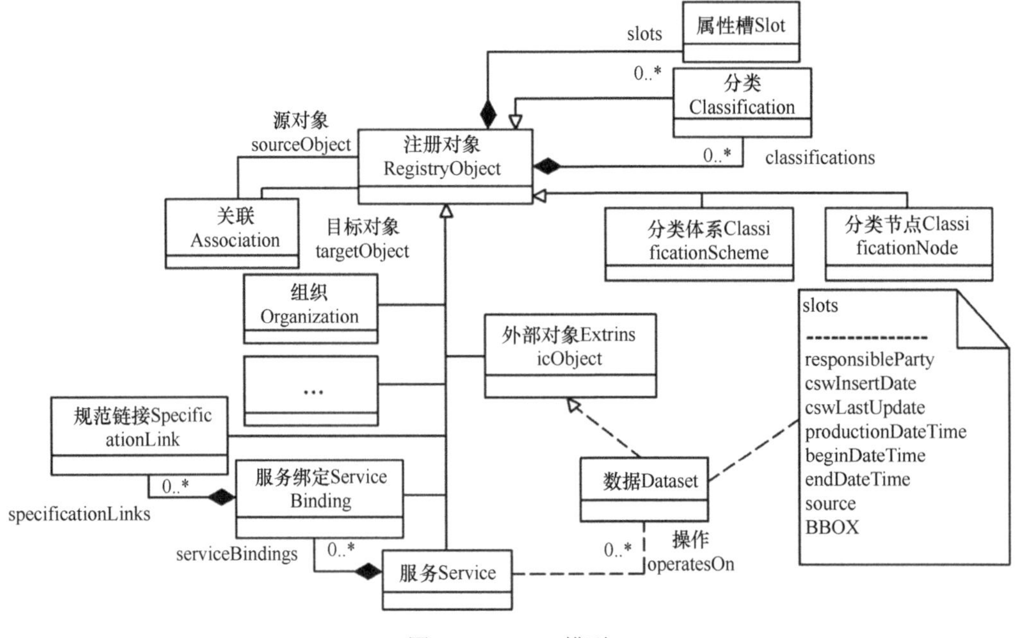

图 2-7　ebRIM 模型

在 ebRIM 模型中，注册对象 RegistryObject 是大多数类的超类。它作为基础父类提供了注册对象最基本的元数据，同时它也提供了方法去获取相关对象，这些对象为注册对象提供了额外元数据信息。Slot 实例为 RegistryObject 实例提供了动态添加属性的方式。Association 实例作为抽象类别 RegistryObject 的实例记录了信息登记模型中对象之间多对多的关系。一个具体的 Association 实例通过 sourceObject 与 targetObject 属性标识代表一个源 RegistryObject 与目标 RegistryObject 之间的关联。每个 Association 有一个属性 associationType 表明该 Association 的类型。associationType 属性的值关联到规范 AssociationType ClassificationScheme 的一个 ClassificationNode 实例。

每个 ClassificationScheme 实例也是 RegistryEntry 的实例，它提供了一种结构化的方式对 RegistryObject 实例进行分类或组织。ClassificationScheme 的结构可以定义在目录注册模型内，也可以定义在目录注册模型外，因此相应的有两类 ClassificationScheme——内部（internal）ClassificationScheme 和外部（external）ClassificationScheme。ClassificationNode 实例也是 RegistryObject 的实例，它用来定义 internal ClassificationScheme 的树状结构。该树状结构中每个节点是一个 ClassificationNode，根节点是 ClassificationScheme。通过 ClassificationNode 定义的分类树可以定义分类模式或者本体。

Classification 实例也是 RegistryObject 的实例。它可以用来对其他 RegistryObject 的实例进行分类。通过 Classification 实例，RegistryObject 实例可以被分类成多个 ClassificationScheme 实例中的类别值。从这个意义上，一个 Classification 实例也可以理解为 Association 的一种特殊形式。由于 ClassificationScheme 是内部的或者外部的，所以 Classification 也可以是内部的或者外部的。一个内部的 Classification 通过属性指向“ClassificationNode”的全局标志符（ID），而一个外部的 Classification 通过指定 external ClassificationScheme 中节点的唯一标识值间接表达了分类所属的节点。

服务元数据类型包含 Service、ServiceBinding 与 SpecificationLink，用于注册管理服务元数据，包括网络服务（web services）以及其他类型的服务。Service 类型用于描述服务的基本元数据信息。一个 Service 实例可能包含一个或多个 ServiceBinding 实例，用于描述该 Service 实例所提供的多个访问接口。一个 ServiceBinding 实例可能包含一个或多个 SpecificationLink 实例，用于描述如何通过该访问接口对服务进行访问的相关文档。

ebRIM 提供了通用、标准的元数据类型，使得网络目录服务可以描述管理通用资源信息元数据，同时提供了标准扩展方式以适应应用的需求。这些标准方式包括：

（1）通过继承已有的 ebRIM 类来引入新的元数据类别到 ebRIM 的树状类结构中，如生成新的 ExtrinsicObject 类型，如图 2-7 中虚线部分新的类 Dataset；

（2）对 ebRIM 类别增加属性“Slot”，如图 2-7 中虚线部分类 Dataset 对应的 slots；

（3）通过增加 Classification 定义新的分类；

（4）定义新的 Association，如图 2-7 中虚线部分新的关联 operationsOn。

相对于 UDDI，ebRIM 最大的不同就在于其不仅提供了保存元数据的目录，而且还可以支持任意数字内容的存储。且通过上文描述可以看出，ebRIM 模型是可扩展的，可以使用基于类型扩展的特性定义新的信息模型。它不仅支持对一般 Web Services 信息的管理，还为其他领域信息的管理提供了坚实的基础。因此，对于地理信息服务的发布与搜索，ebRIM 比 UDDI 具有更高的可行性。OGC 已经实现并推荐基于 ebRIM 的网络目录服务（CSW）实现规范。该规范介绍了如何利用 ebRIM 来发布和查询空间信息。空间数据和服务的元数据信息注册在目录服务中。

2.2.2　OGC 目录服务实现规范

网络目录服务（catalog service for web，CSW）实现规范是 OGC 制定的一套地理空间信息目录服务的标准协议框架，用来协助用户在已有的 Web 服务中搜索、发现及注册空间数据和服务元数据的网络目录服务协议。目前，尽管 OGC 已经发布了 CSW 3.0 规范，但 CSW 2.0 仍然是使用最为广泛的网络目录服务规范，因此本书以 CSW 2.0 为例进行介绍。CSW 采用 ebRIM 3.0 作为其目录服务的元数据存储模型，保证其存储模型的灵活性、开放性，ebRIM 相关内容可参考 2.2.1 节内容。基于 ebRIM 模型，CSW 规定了目录服务的接口、绑定的协议以及框架结构，如图 2-8 所示。

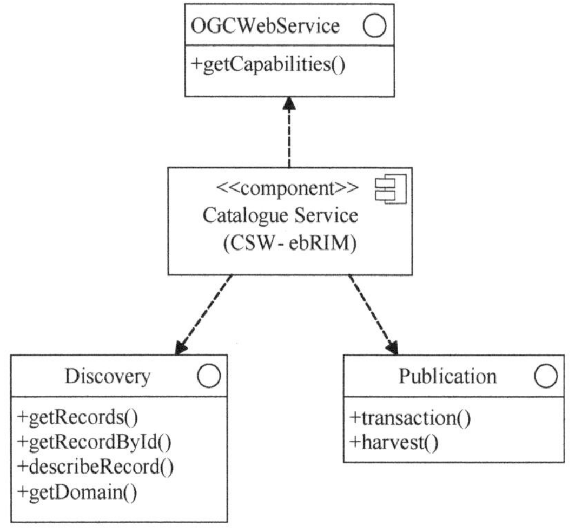

图 2-8　CSW 服务接口

CSW 制定了 OGCWebService、Discovery、Publication 三类接口集，包含 7 个对服务器访问的操作接口，分别是 getCapabilities、describeRecord、getDomain、getRecords、getRecordById、harvest 以及 transaction。其中，getCapabilities、describeRecord、getRecords、getRecordById 为 CWS 的必需操作，其余为可选操作。表 2-5 给出上述 7 个操作的描述、HTTP 通信/首选方式和数据信息编码类型等信息。

根据图 2-8 中 CSW 的服务接口描述，可将 7 个服务操作接口分成 3 类——基本服务操作（OGCWebService）、查询操作（Discovery），以及管理操作（Publication）。

1. OGCWebService 接口集

OGCWebService 接口集是所有 OGC 服务的通用接口，可提供一个基本服务操作 getCapabilities。CSW 的 getCapabilities 操作能够让用户在运行时动态获取 CSW 的元数

表 2-5　OGC 网络目录服务 CSW 操作

操作名称	描述	HTTP 方法	数据信息编码类型
getCapabilities	必需操作。支持 OWS 规范的服务必须实现的操作，允许用户获取该服务的元数据文档	Get（Post）	KVP（XML）
describeRecord	必需操作。允许用户发现目录服务中索引资源类型的元数据，也就是说该操作是将服务的信息模板描述给用户	Post（Get）	XML（KVP）
getRecords	必需操作。包含搜索与呈现两个操作	Post（Get）	XML（KVP）
getRecordById	必需操作。仅包含“Parent”动作，要求此前必须已经执行了一次搜索以获取结果记录中条目的标志 ID，然后根据该 ID 进一步获取详细信息	Get（Post）	KVP（XML）
getDomain	可选操作。允许用户获取某一元数据属性的值域，可用于填充用户界面下拉列表的值	Post（Get）	XML（KVP）
harvest	可选操作。该目录修改方式是一种“pull”方式，它主动从其他资源处获取数据，与 transaction 操作相反。仅包含 Insert 和 Update 两个动作，CSW 服务自动解析指向元数据的 URI 引用，然后访问相关的资源，获取数据并进行处理，最后放入目录中对这些资源编目，CSW 服务可以周期性地自动调用该操作	Post	XML（KVP）
transaction	可选操作。类似于关系数据库中的事务性操作，包含 Insert/Delete/Update 三个动作，该目录修改方式是一种“push”方式，即第三者主动目录服务器提交更新，只支持 XML 请求	Post	XML

据信息。一个成功的 getCapabilities 包含 ServiceIdentification、ServiceProvider、OperationsMetadata 以及 Filter_Capabilities 四个部分。ServiceIdentification 包含服务名称、关键字、版本号等元数据信息；ServiceProvider 描述了服务提供者名称、地址、机构等信息；OperationsMetadata 包含服务接口的元数据以及每个操作的访问地址、方法、参数等；Filter_Capabilities 包含该服务支持的过滤功能。

2. Discovery 接口

Discovery 接口包括 describeRecord、getRecords、getRecordById、getDomain 四个接口，供客户端从中获得 CSW 的元数据信息模型以及从 CSW 中搜索信息。

describeRecord 操作使得客户端可以在运行时动态获取网络目录服务所采取的元数据信息模型，了解元数据模型中每一种类型的详细定义。

getRecords 操作是 CSW 最主要的操作，基于标准 HTTP 协议的“请求–响应”模式，将搜索与呈现两种操作融合在一起，客户端在 getRecords 操作的请求中指定搜索的目标源数据类型、条件以及返回格式，对 CSW 进行查询。

getRecordById 是资源搜索通用模型中的呈现操作，基于唯一标识（identifier），用于从 CSW 获取指定的元数据记录。

getDomain 操作允许客户端获取运行时的关于元数据记录或请求参数的值范围信息，该范围通常比元数据中元素的数据类型所定义的取值范围要小。

3. Publication 接口

Publication 接口包括 harvest 与 transaction，用于对服务中信息的增加、修改或删除。

harvest 操作支持同步（synchronous）和异步（asynchronous）两种策略。当客户端采取同步策略时，目标 CSW 收到请求后立即开始处理并在结束时返回结果给客户端，在此期间客户端维持等待状态；当客户端采取异步策略时，目标 CSW 在收到请求后返回客户端确认消息，客户端收到确认消息后停止等待状态，CSW 可以安排时间处理请求，并在处理完成后按照事先在 harvest 请求中指定的方式通知客户端。因此，当大量地理信息服务需要被注册到目标 CSW 中时，应当采取异步策略调用 harvest 操作以避免长时间等待。

transaction 操作与 harvest 操作类似，可用来描述有关元数据实例的数据操作，包括插入元数据、更新元数据、删除元数据。当事务执行完毕，CSW 服务将返回一个 XML 文档，用于表示事务的完成状态，如果要支持 transaction 操作，需要在概要文档中进行声明。

地理信息服务注册从服务提供者的角度出发，阐述了将服务发布到互联网上进行共享的技术方法，主要包括相关模型（UDDI、ebRIM）的制定以及规范（OGC CSW）的实现。但对于服务使用者而言，从众多服务寻找合适的服务满足业务需求往往是更为关注的目标，即地理信息服务的发现与检索。

2.2.3 地理信息服务发现

地理信息服务发现是指从海量的网络资源中筛选出其中的地理信息服务（陈能成等，2009）。相比于网页、视频等传统网络资源，地理信息服务具有明显的领域特征、服务资源分散且异构、用户规模小、使用频率较低等特点，由于通用搜索引擎检索的方式通常基于关键字匹配，这使得地理信息服务的发现存在很大的困难。为此，需要对散布在网络中的地理信息服务资源进行汇总，辅助服务的快速发现。根据服务发现方法的能动性，现有服务发现方法总体上可以分为被动获取和主动抓取两种方式（杨泽龙，2020）。

被动获取是指服务的发现被动地依赖于用户的提交、注册等活动来实现。这需要依赖于支持服务注册和提交等功能的网站。例如，GeoSquare 平台支持用户通过在线的图形用户界面对其服务进行手动注册（Wu et al.，2015）。上文中的注册中心模式是被动获取的主要技术。具体来说，注册中心模式通过建立一个分类编目的注册中心数据库，将地理信息服务元数据分类注册到数据库中，便于服务使用者发现服务。被动获取的弊端在于，传统注册中心重在注册模型的设计，而对服务注册和更新机制的设计没有考虑，极大地阻碍其应用的推广（Shen et al.，2012）。由于很难构建一个统一的、公众都认可的注册中心，绝大部分存放在大学、机构和企业自己维护的服务器中的地理信息服务没有注册到目录服务器中，少量注册的地理信息服务也难以及时更新其元数据，不可避免地带来失效问题（Hu et al.，2016；Shen et al.，2012）；另外，注册中心仅仅建立了地理信息服务的粗粒度分类标准，所构建的只是一棵粗分类树，并没有分析和利用地理信息服务在数据和操作上的复杂关联关系，无法依据关联关系来进行复杂查询和优化检索结果，更难以利用地理信息服务的关联关系来推理深层次隐式信息。从这个角度看，构建地理信息服务网络是解决该问题的潜在方法。

主动抓取则通过开发专业的计算机程序主动地从互联网中筛选网络服务资源，是当前地理信息服务发现的主要方式。地理信息服务主动抓取的主要实现技术是网络爬虫。网络爬虫（web crawler）也称网页蜘蛛、网络机器人等，是一种按照一定的规则，自动地抓取万维网信息的程序或者脚本。其工作原理如图 2-9 所示，通过半自动或全自动的方法或模型对输入的 URL 进行解析、过滤、存储、迭代等操作，获取特定的搜索内容。根据系统架构和实现技术，其大致可以分为以下几种类型：通用网络爬虫（general purpose web crawler）、聚焦网络爬虫（focused web crawler）、增量式网络爬虫（incremental web crawler）、深层网络爬虫（deep web crawler）等。实际的网络爬虫系统通常是几种爬虫技术相结合实现的。出于对商业竞争、数据版权、网络安全等方面的考虑，在使用网络爬虫时，除了技术方面的考虑，也需要关注道德、法律等方面的因素。

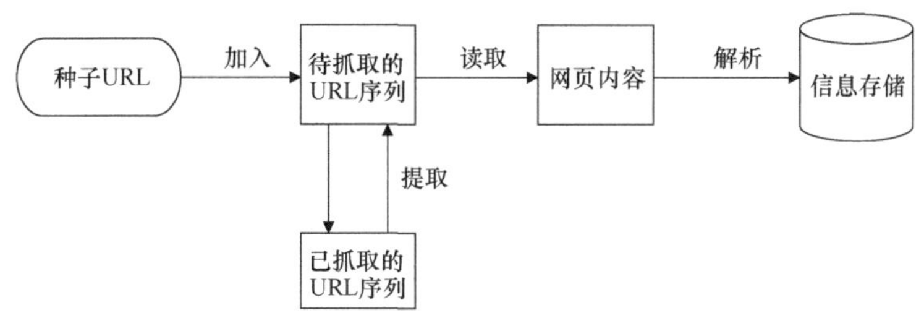

图 2-9　网络爬虫工作原理

地理信息服务主动爬取的难点在于如何全面、准确、高效地从互联网中发现散落的服务资源，这也是当前地理信息服务研究的热点之一。为此，Li 等（2010）提出分析网络链接的结构等指标为其赋予不同的优先级，根据链接优先级的高低确定资源访问的顺序，同时提出利用多线程并行技术提高处理效率；沈平等（2015）通过计算网页内容和链接文本以及主题的相关度舍弃无关链接，同时对可能的链接的优先级进行排序，以提高地理信息地图服务的发现效率；钱建国和马占武（2017）提出将“经验爬虫”应用到地图服务的发现过程中；在此基础上，Li 等（2016）进一步将被动的用户输入与主动爬取进行结合，利用用户的知识丰富潜在的服务资源的来源信息。

2.2.4　地理信息服务检索

地理信息服务的检索是对满足用户指定条件的服务进行查找并返回查找结果，是在有限范围内的服务集合里进行精确的查找，其目的是快速、准确、全面地返回用户真正需要的服务资源。根据检索的条件，地理信息服务资源的检索可以分为元数据文本匹配与基于图像内容检索两种方式（李牧闲，2020），二者均可辅助用户快速地发现感兴趣的服务资源。

基于元数据文本匹配的检索方式，利用元数据文本中结构化的信息进行检索，通过匹配用户输入的检索词与资源元数据中标题、描述、提供者等字段实现检索。该检索方式建立在基于关键词检索的基础上，容易被用户理解，因此被广泛应用于 Data.gov、NASA IDN 和 GEO DAB 等主流地理信息服务平台的服务检索中。然而，元数据规范、描述语言及著录习惯存在差异且检索词运用具有不确定性，文本字段匹配无法反映用户在语义层面的需求，导致检索错误或不全（Gui et al.，2013a）。针对这个问题，Li 等（2011）及郑亮和李德仁（2011）利用语义本体库对基于关键词的检索过程进行辅助优化；Gui

等（2013）在利用语义辅助的同时，进一步将服务质量引入检索中以优化检索结果；考虑到元数据字段可能存在缺失或“图文不符”的问题，一些学者利用多模态信息增强元数据以提升匹配质量，如 Hu 等（2016）和秦昆等（2019）通过捕捉用户反馈地图的特征，对基于关键词的地图检索结果进行过滤和排序。

基于图像内容的检索方式主要用于数据服务（如影像、专题图等）的检索中，通过计算样例图与待检索图像的视觉相似度，即“以图搜图”的方式实现资源发现，该方式已广泛用于电子商务中商品的检索和推荐。基于图像内容检索的方法可以改善元数据文本无法全面描述资源内容的问题，从视觉特征层面辅助资源匹配（Hu et al.，2016；Yun et al.，2018）。此外，还可以通过优化资源缩略图质量（成晓强等，2017）、信息可视化方案及人机交互机制（Gui et al.，2013）改善用户体验，提升检索效率。然而，不论是基于元数据文本匹配还是图像内容的检索方式以及其优化策略，仍然缺乏对用户需求的主动理解，存在需求与检索条件之间的不匹配，即“意图鸿沟”问题（Xie，2008）。为此，桂志鹏等（2023）提出一种顾及地理语义的图像检索意图形式化表达与识别方法，通过地理本体约束“意图—子意图—维度分量”模型的构建，实现检索需求的语义化描述；并将意图识别视为组合优化问题，基于最小描述长度准则、顾及地理概念从属关系的样本随机合并策略及贪心搜索算法实现最优意图识别，提升各类地理信息资源检索的服务品质。

2.3　地理信息服务集成

随着时间的推移，地理信息服务也在不断发展壮大，服务化的思想深入人心。多源异构且数量众多的地理信息服务在规范、类型、能力、服务质量等方面体现出巨大差异性，而广泛的应用场景又需要不同类型的地理信息服务共同支撑，即通过地理信息服务组合形成合力。为此，需要研究地理信息服务集成方法，整合跨地域、跨平台、与语言和数据库无关的地理信息服务，实现服务互操作，进一步挖掘地理信息服务内涵。

2.3.1　地理信息服务集成概述

地理信息服务集成是将分散的地理信息资源进行聚合，形成一个逻辑上的有机整体，在服务集成的基础上进行互操作，使不同环境（包括系统环境、网络环境、技术环境等）下的服务能够彼此交互、共享信息。前者强调对象的统一，后者强调对象的交互。

地理信息服务的集成对象主要是多源异构的地理空间数据和数据处理功能，数据和功能服务化后即数据服务和处理服务。集成方法可概括为三种：一是数据格式转换的方法；二是基于直接访问的方法；三是基于公共接口规范的互操作方法。其中，前两种方法主要用于数据的集成，而第三种方法既可用于数据服务的集成，同时也可以用于对处理服务相关功能的集成。

数据格式转换的方法就是把其他格式的数据经过专门的数据转换程序变成统一的数据格式。数据是 GIS 系统的基本组成，大量 GIS 数据通过 SDI 在互联网中发布，形成数据服务资源，因此，数据格式转换也属于地理信息服务集成的方法之一。通常，数据格式转换的方法分为外部交换文件方式和空间数据交换标准方式。外部文件交换方式是为各个系统定义数据交换文件格式，一般为 ASCII 码文件，如 ArcInfo 的 E00、MapInfo 的 MID 等，各个系统根据是否能读取数据交换文件格式决定转换次数，因此两个系统之间一般要经过 2～3 次转换。该过程容易造成内容的丢失。为了更方便地交换数据，同时减少数据交换信息的损失，许多国家和组织建立了空间数据交换标准方式，力求制定统一遵守且全面的一系列规则，如美国的空间数据转换标准（spatial data transformation standard，SDTS）和我国的 CNSDTF（BT/T 17798—2007）。在空间数据交换标准的指导下，可以避免大量的编程工作，且转换次数仅需要两次。然而，数据交换标准仍很难概括所有空间对象的描述方法，也没有提供数据集中和分布式处理的解决方案，所有数据仍是通过格式转换的方式进入不同系统，存在效率问题和同步问题。

基于直接访问的集成方法是在数据库层面进行的数据集成，该模式通过 API 接口函数直接读取 GIS 数据库中的数据。不同的 GIS 空间数据库的读写方法一般是不同的，需要为每个数据库编写不同的接口函数，该方法工作量较大。为解决该问题，软件厂商根据数据具有的通性，定义包含各个属性的元数据文件，并基于面向对象的思想，抽取出 GIS 空间数据的抽象基类和统一的读写接口。各个厂商通过继承、封装和多态性完成子类的动态链接库（类似于 ODBC 中数据库系统的驱动程序），实现开发者“拿来就用”的高效使用。

在互联网技术的发展以及共享与互操作思想的指导下，基于公共接口规范的互操作，特别是基于 Web 服务的互操作方法成为当前地理信息服务集成的主流。该模式基于 OpenGIS 的思想，致力于建立一个无边界、分布的地理信息服务互操作环境。OpenGIS 提供了一套开放标准和接口，使不同的系统能够读写对方的内部数据或调用其处理功能，屏蔽了应用软件底层的实现技术。在 Web 服务技术体系的支持下，基于公共接口规范的地理信息服务通过网络发布。因此，它允许各种在线的地理信息数据服务和处理服务能够在单一的环境和工作流中无缝集成，实现与厂商无关的服务发现、处理、分析、互操作等。目前，基于 Web 服务的互操作规范主要由 OGC 和 ISO/TC 211 制定，包括分别用于地图、矢量数据和栅格数据处理的 WMS、WFS、WCS，以及地理处理服务 WPS 等。此外，对于数据服务而言，OGC 还推出了 GML，用于空间数据的传输与转换。

2.3.2　地理信息服务集成内容

地理信息服务集成主要研究对数据服务和处理服务的整合。首先，在这个过程中，地理信息服务集成涉及不同的服务分布式方式，研究这些方式有利于针对现有服务的特点和现状，指导集成工作的展开；其次，地理信息服务集成在逻辑上构建层次与分类体系，将多源异构的地理信息服务分门别类地管理，使其统一有序；再次，地理信息服务集成还包括其他信息技术的结合，特别是与云服务、高性能计算的结合；最后，构建“一站式”的地理信息服务平台，使服务能够同时面向专业人员和大众并处理各项任务。

1. 地理信息服务分布式方式

地理信息服务通常建立在客户端/服务器（C/S）和浏览器/服务器（B/S），或者由

C/S 和 B/S 混合形成的分布式架构上。随着互联网技术的发展，运行在网络上的分布式系统逐渐成为地理信息服务应用的主要提供者，内容包括地理信息数据/处理服务的发布、GIS 外设设备的共享、复杂 GIS 模型的并行计算等。

在分布式网络 GIS 系统中，不同的软件、硬件及数据库组成系统的服务端和客户端，按照数据和应用功能的分布分成 5 种方式——全集中式、数据集中式、功能集中式、全分布式、函数库分布式，如图 2-10 所示。①全集中式：将软件、数据库、数据库管理

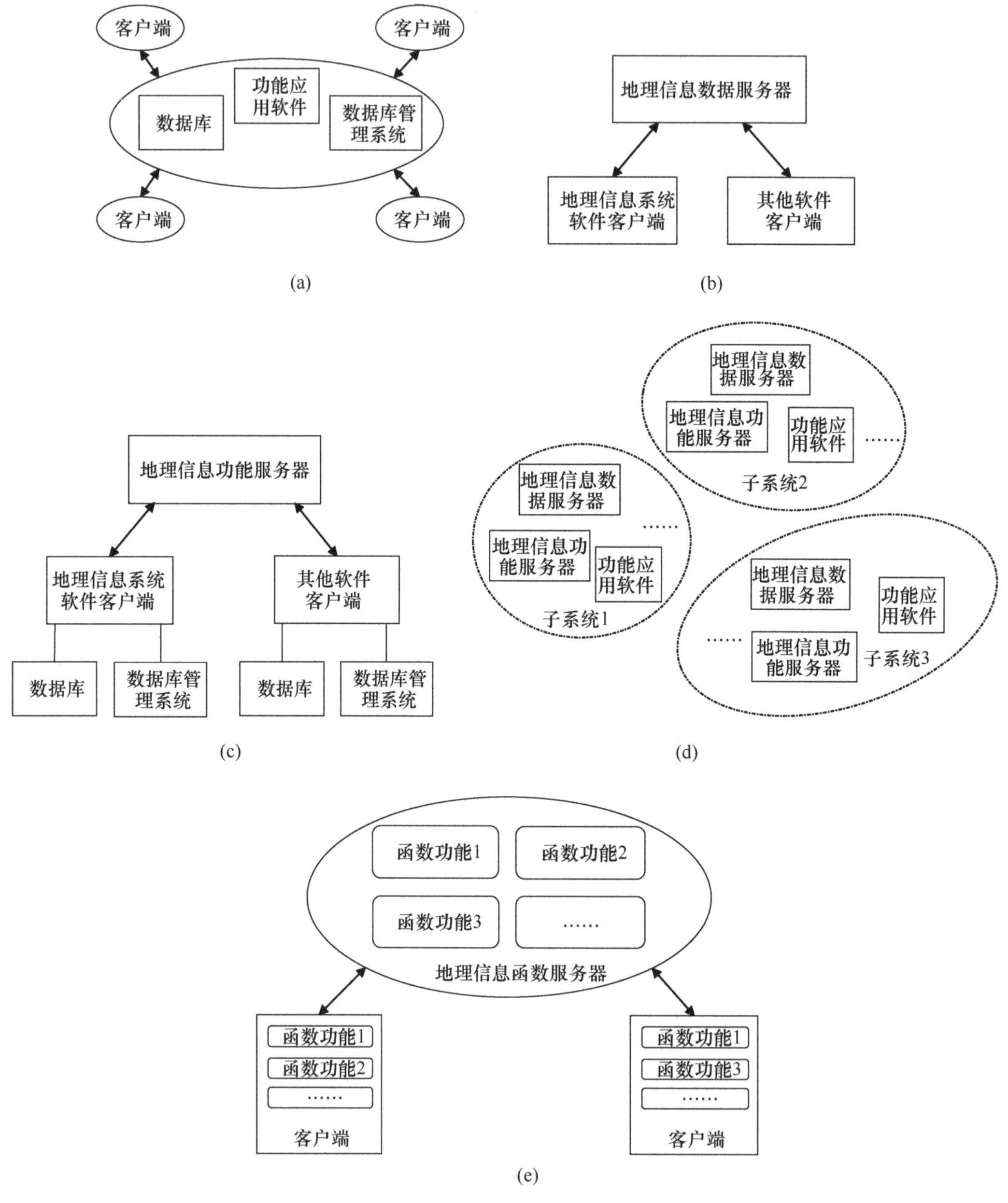

图 2-10　地理信息服务分布式方式示意图

（a）全集中式；（b）数据集中式；（c）功能集中式；（d）全分布式；（e）函数库分布式

系统全部集中在中央服务器上，完全负责或主要负责所有数据的处理和运算；客户系统只负责用户界面功能，即获得用户指令并传递给服务器，显示查询结果，提供系统的辅助功能。在 Web 环境下，用户界面的功能由浏览器执行。②数据集中式：分别设置专门集中的数据存储和管理服务，网络的其他部分成为数据用户，它们一般都是带有一定功能的地理信息系统软件。该方式需要功能完备和高性能的数据服务器提供支持，以便管理空间数据。③功能集中式：与数据集中式相反，功能集中式将绝大部分功能集中在一个或几个容量大、性能高的服务器上，由它们负责所有分析和处理，数据则分散到客户端存储和管理。由于大多 GIS 应用中，数据量一般比较大，采用这种方式会增加网络的传输量，从而降低整个系统的性能。④全分布式：数据和功能都分散到多个服务器，以网络上分散分布的地理信息数据及其相关操作为研究对象，全分布式的各个子系统都拥有各自的数据库、系统功能和其他应用软件，在网络中同时扮演客户端和服务器。实现全分布式的地理信息服务集成，往往需要基于已有的系统进行二次开发，使它们能够相互协作。⑤函数库分布式：将优化的函数功能存储到服务器上，通过网络按用户要求动态合成应用软件，并使其在客户机上运行。

2. 地理信息服务层次与分类体系

在地理信息服务集成的过程中，将不同的数据和处理数据的功能按照一定规则归类到不同层次和标签之下，即建立地理信息服务层次与分类体系，保证地理信息服务逻辑上的统一性和有序性。地理信息服务层次与分类体系包括：基于地理属性的层次与分类、基于服务专题的层次与分类，以及对于处理服务而言，还可以基于服务功能来构建层次与分类体系。

1）基于地理属性的层次与分类

基于地理属性的层次与分类主要面向地理信息的数据服务。地理空间数据是对地球表面位置信息的描述，其自然而然带有的地理语义特征可以作为层次划分与分类的依据。一般而言，地理信息数据服务的语义特征可以通过查看其元数据以及解析服务资源本身获得，一般将其归纳为三大类：空间特征、时间特征和专题特征，其中专题特征较为复杂，因此下文将其单独作为一种服务层次与分类方法。

地理信息服务的空间特征包含地理位置信息、空间参考信息、其他信息（如分辨率、比例尺）等。地理位置信息是最基本的空间信息，既可以是投影坐标系下的经纬度信息描述，也可以是地理名词的描述，如“湖北省”。空间参考信息即投影信息，该项在很多数据中不是必需的；在此基础上，分辨率、比例尺等信息则从图像与现实的映射关系对数据服务的内容进行描绘。除此之外，对于不同的数据类型，空间特征还可作进一步细分，如对于矢量数据，空间特征还包括空间几何概念，即根据几何形态将数据服务划分为点、线、面、体等。

地理信息服务的时间特征包括用来描绘数据采集、存储、处理、生产等的时间或时间范围，从内容上可划分为三种类型——事件时间、数据库时间、数据时间。事件时间是数据服务对应的地学事件发生或存在的时间；数据库时间则表示该事件在库中被记录、更新或删除的时间；数据时间则是数据形成服务的时间。

2）基于服务专题的层次与分类

基于服务专题的层次与分类利用服务的专题信息来构建层次与分类体系。专题信息是指空间现象或空间目标的属性特征，如土地坡度、坡向、土地覆盖变化、交通流量、降水、气温等，它既可以描述数据服务的内容，同时也可以描述处理服务的功能，有时一个服务可以同时拥有多个专题属性。地理信息服务的专题信息特征通常是其元数据的标签的必要说明，若说明缺失或不明确，可以通过专家知识或其他方法进行拓展和补充（杨泽龙，2020）。

地理信息服务专题的关键词通常是专题信息的概括，直观简要地概括该服务的内容，是服务专题层次与分类体系建立的依据。由于地理信息服务覆盖的专题范围都非常广，且不同的领域的研究机构偏好，侧重面、应用场景不同，因此有许多不同的专题分类体系。国际上比较具有代表性的专题与分类体系包括：美国国家航空航天局（NASA）建立的全球变化主目录（global change master directory，GCMD）、欧洲空间信息基础设施（INSPIRE）主题分类体系、GEO 建立的基于社会受益领域（societal benefit areas，SBAs）的主题分类体系等。同时，我国多家数据共享平台也提出了不同的层次与分类体系，如国家地球系统科学数据共享平台、中国气象科学数据共享服务网等。这些专题分类体系提供了层次化的专题分类，用于指导地理信息服务的统一管理。这些层次与分类体系如表 2-6 所示。

表 2-6 地理信息服务层次与分类体系简介与示例（一级类）

层次与分类体系	描述	一级类
GEO 社会受益领域分类体系	根据空间数据应用和辅助决策发生的领域确定服务的主题，分为 9 个一级类	农业（agriculture）、生物多样性（biodiversity）、气候（climate）、灾害（disaster）、生态（ecosystem）、能源（energy）、健康（health）、水（water）、天气（weather）
NASA 全球变化主目录	构建“类别>主题>术语>变量>详细变量”的五层结构，并借助社区力量为不同领域构建和维护相应的关键词集合，分为 14 个一级类	农业（agriculture）、大气圈（atomosphere）、生物分类（biological classification）、生物圈（biosphere）、气候因子（climate indicators）、冷冻圈（cryosphere）、人文尺度（human dimensions）、陆地表层（land surface）、海洋（oceans）、古气候（paleoclimate）、固体地球（solid earth）、光谱/工程（spectral/engineering）、日地相互作用（sun-earth interactions）、陆地水圈（terrestrial hydrosphere）
国家地球系统科学数据共享平台	用于指导国家地球系统科学数据的共享，分为 11 个一级类	大气圈、陆地表层、陆地水圈、冰冻圈、自然资源、海洋、极地、固体地球、古环境、日地空间环境与天文、遥感数据

3）基于服务功能的层次与分类

不同人群对空间数据的分析功能需求不同，产生了多样的处理服务，可以通过一个目录树的形式进行归纳。基于服务功能的层次与分类体系多种多样，常用 GIS 系统，如 ArcGIS、QGIS、GRASS 等都为其工具箱建立了各自的功能目录树。本书以基于二维/三维地理空间数据分析功能分类为例，将这些空间分析的服务功能分为 6 个类别：查询、空间度量、表面分析、几何分析、统计分析、遥感分析，如图 2-11 所示。

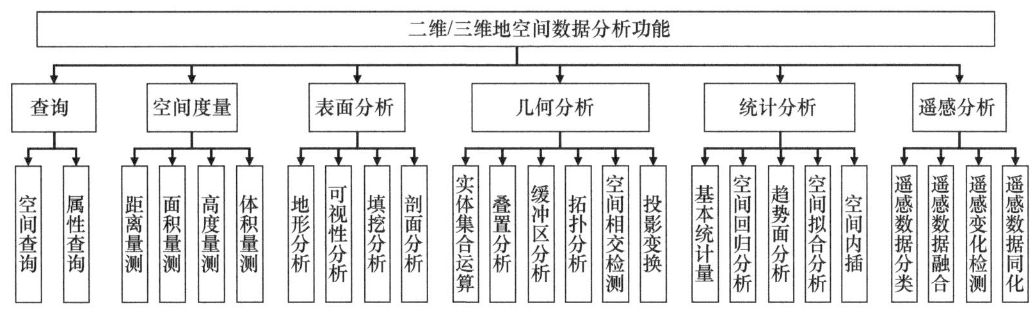

图 2-11　二维/三维地理空间数据分析功能分类

其中，查询是二维矢量数据、三维数据模型、栅格数据、遥感影像等多种类型的空间与属性查询；空间度量提供距离和面积的量测，对于三维数据，还包括高度、体积的量测；表面分析是对地形、可视性、填挖、剖面等分析方法的概括；几何分析则涵盖了 GIS 最常用的方法集合，组成目录树结构中最为庞大的子树部分；统计分析既包括基本的统计量分析方法，也包括地理信息独有的空间回归分析、趋势面分析、空间拟合分析、空间内插等内容；遥感分析则是一类专门针对遥感图像设计的功能与方法，包括数据分类、数据融合、变化检测、数据同化等内容。这 6 个功能类别构成了目录树的基本结构，具体功能（处理服务）可以进一步细分到不同的功能类别中，进一步形成子类集合。

除此之外，还可以将不同的地理信息服务层次与分类体系相互结合。例如，将基于功能的分类方式与基于服务专题的方式相结合，根据专题下服务功能的调用次序、从属关系、依赖关系等形成新的分类体系，来指导地理信息服务的集成。

3. 地理信息服务与云服务服务的集成

大数据时代下，特别是云计算（cloud computing）服务的发展给地理信息服务的发展带来了新的机遇与挑战。将地理信息服务与云计算服务集成起来，以顺应信息技术的发展趋势，提高地理信息服务的服务水平。

云计算服务是指将大量用网络连接的计算资源统一管理和调度，构建一个资源池向用户按需服务的服务供给模型。云计算带来了对地理信息存储、计算、服务模式的改变。在云计算技术的支持下，用户可以把各种资源（如地理数据、应用软件、硬件设备）都放在云计算平台进行统一管理；地理信息的存储方式从单一的大型主机存储转为大量廉价计算机搭建的分布式集群平台存储，可通过空间大数据引擎实现 PB 级以上数据量的一体化管理与计算，提供更高效的地理分析、处理服务。用户可以实现随时、随地按需使用服务资源，而不需要知道这些资源来自何处。此外，云计算服务是可控的、安全的，每个地理信息应用部署都与物理平台无关，通过虚拟平台进行管理，并对地理信息应用进行扩展、迁移和备份等各种操作。

大规模的地理分析、处理服务需求对地理计算提出更高要求。为此，需要将云计算与高性能计算（high performance computing，HPC）技术融合。高性能计算通过构建高性能集群，设计并行算法，将一个大的普通问题按一定规则切分为许多子问题，经过处理合并为原问题的最终结果，从而缩短处理时间。在这个过程中，各节点是协同工作的，在处理中根据需要进行数据交换，各节点处理结果是最终结果的一部分。

地理信息服务与云计算服务集成是将地理信息服务平台的建设与云计算服务结合起来，充分发挥云计算服务的高效率、高性能、可拓展性等能力，最终建立“一站式”的地理信息服务平台，实现海量地理大数据的集中管理和服务处理，满足地理信息服务大众化、智能化、一体化的发展趋势。具体而言，地理信息服务与云计算服务集成需要整合云计算平台的三层架构，即基础设施即服务（infrastructure as a service，IaaS）、平台即服务（platform as a service，PaaS）、软件即服务（software as a service，SaaS），并构建大数据资源中心，形成数据即服务（data as a service，DaaS），结合其他信息技术，在安全保障体系和标准规范体系的支持下，最终形成地理信息服务云平台，如图 2-12 所示。

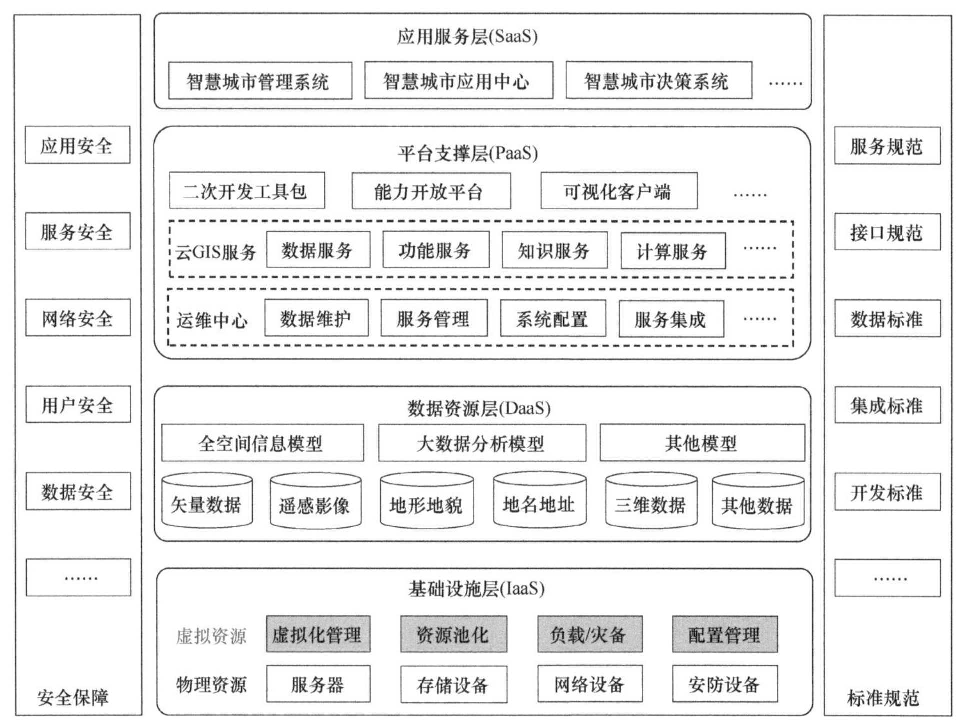

图 2-12　云计算下的地理信息服务云平台框架

2.3.3　地理信息服务集成框架

地理信息服务集成框架用于指导集成过程的展开。根据地理信息服务集成的特点和规模大小，主要有三种架构：单体架构、SOA 架构，以及微服务架构。

1. 单体架构

单体架构（monolith）将所有的功能模块打包在一个项目中并放在 Web 容器中运行，通过负载均衡实现多个服务（项目）实例的调用，如图 2-13 所示。

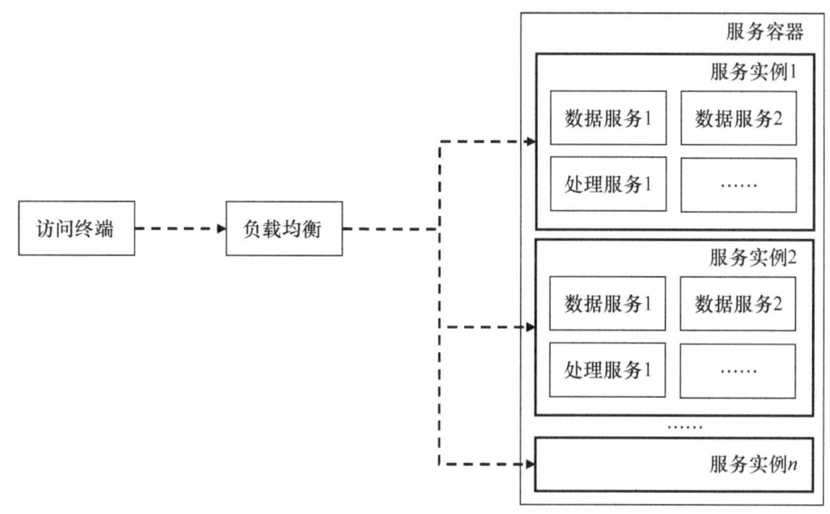

图 2-13　单体架构示意图

单体架构一般应用于 Web 服务应用程序发展的早期。该架构有很多好处，所有服务都是为开发单个应用设计的，容易测试，在本地就可以启动完整的系统，容易部署，可直接打包为一个完整的包，拷贝到 Web 容器的某个目录下即可运行，如将 Java 应用程序打包成 war 包添加到 Tomcat 中即可运行。

然而，随着应用的规模组件增大，单体架构应用会显得特别笨重，要修改一个地方就要将整个应用全部部署，具有重构成本高、更新困难，且伸缩性差等缺点，并且所有开发人员都拥有全量代码，在安全管控上存在很大风险。面对当下复杂多变的业务逻辑和应用需求，开发者逐渐将目光转向更为灵活方便的 SOA 架构。

2. SOA 架构

面向服务的架构（service-oriented architecture，SOA）是一种设计模式，根据万维网联盟（World Wide Web Consortium，W3C）对 SOA 的定义：SOA 是一系列可被调用的组件。简单描述就是：它是一种架构模式和组件模型，具有粗粒度和松耦合的特性，是可通过定义好业务服务的接口进行通信的一种技术。面向服务架构的技术演进最初是从中间件公共对象请求代理体系结构（common object request broker architecture，CORBA）开始的，到 2000 年后网络服务的通用协议、描述语言、传输标准和发布标准等出现，面向服务架构开始了新的发展。如今的大数据、云计算、软件即服务（SaaS）这些概念和思想的发展也丰富和扩展了面向服务架构的内涵和技术。

SOA 架构的核心思想是“接口与实现分离”，是粗粒度、松耦合的服务架构，能够在兼顾现有配置与管理状况的条件下，实现分散异构信息资源体系无缝整合。“服务”是 SOA 架构的基本单元，通过定义良好的接口和契约联系起来，接口是采用中立的方式和协议进行定义的，独立于实现服务的硬件平台、操作系统和编程语言，服务之间通过网络调用，相互依赖，可以根据需求通过网络对服务进行分布式部署、组合和使用。SOA 架构将 XML、SOAP、UDDI、WSDL、Web Services、ESB、Rules 等作为技术基础提供即插即用的服务集成环境，其组件包括企业服务总线（enterprise service bus，ESB）、集成服务环境（integrated services environment，ISE）、业务流程（business process）、业务监控与管理、信息门户（portal）等，如图 2-14 所示。

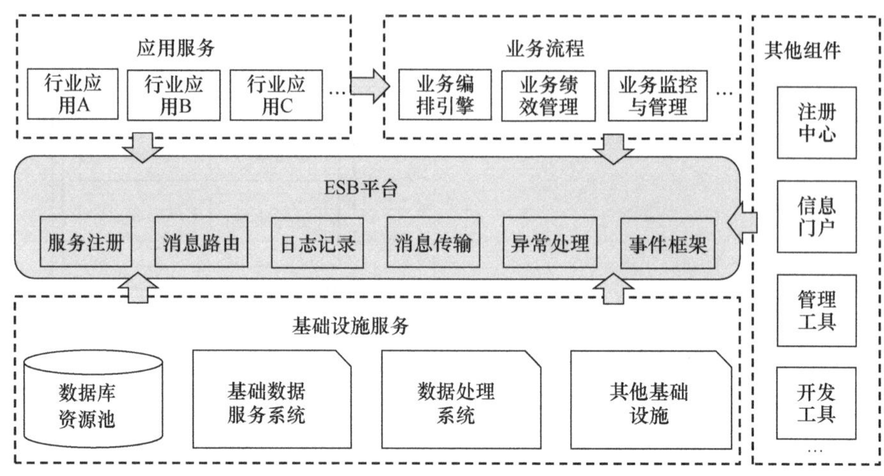

图 2-14　SOA 架构

ESB 是 SOA 的核心组件，包含消息中间件的全部功能和异步消息处理机制，能够将应用程序与服务解耦，将现有的系统构建成一个全新的松耦合的异构的分布式系统；业务流程通过业务流程执行语言（business process execution language，BPEL）及其编排引擎，以及业务绩效管理（business performance management，BPM），提供基于业务流程的组合构建与流程重用；业务监控与管理用于集中管理和监控 Web 服务操作（访问、日志、负载均衡等）并提供配套的安全规则，给服务提供验证和授权策略，提供服务监控能力和服务规范化；其他组件还包括用于发现和管理服务生命周期的服务注册中心、提供对外展示的信息门户等。

SOA 架构主要具有三个特点：①从系统集成的角度看，SOA 基于 ESB 组件和其他技术规范、服务管理规范等，解决企业系统间的通信问题，将原先散乱、无规划的系统间的网状结构，梳理成规整、可治理的系统间星形结构；②从功能的角度看，SOA 把业务逻辑抽象成可复用、可组装的服务，通过服务的编排实现业务的快速再生，使原先固有的业务功能转变为通用的业务服务，实现业务逻辑的快速复用；③从业务的角度看，将企业职能抽象成可复用、可组装的服务，把原先职能化的企业架构转变为服务化的企业架构，提升对外服务能力。

在地理信息领域，大多数地理信息服务一开始面向较为单一的用户群体，其内部逻辑、数据都是完整有效的，但难以对外提供共享的接口，同时也具有多源异构的特点，这些服务基于单体架构实现并发布。基于 SOA 架构能够在保证原有服务不受影响的情况下包装相关数据与功能，避免服务的二次开发。在使用服务时，使用者不需要关注服务的提供者、实现技术或原来的技术结构。因此，SOA 架构成为地理信息服务集成最为常用的技术框架之一。

3. 微服务架构

微服务（micro service）架构是松散耦合的分布式架构框架。它提倡将单一应用程序划分成一组小的服务，服务之间互相协调、互相配合，为用户提供最终价值。每个服务运行在独立的进程中，服务与服务间采用轻量级的通信机制互相沟通（通常是基于 HTTP 协议的 RESTful API）。每个服务都围绕着具体业务进行构建，并且能够被独立地部署到生产环境、类生产环境等，包括单个或多个服务器。微服务架构下单个业务系统会拆分为多个细粒度、独立运行的程序（服务），“细粒度”的尺度根据经验和业务开发制定。

基于微服务架构设计的系统架构主要包括 API 网关、服务注册中心、日志中心、容器服务、微服务集群、其他服务等模块，如图 2-15 所示。

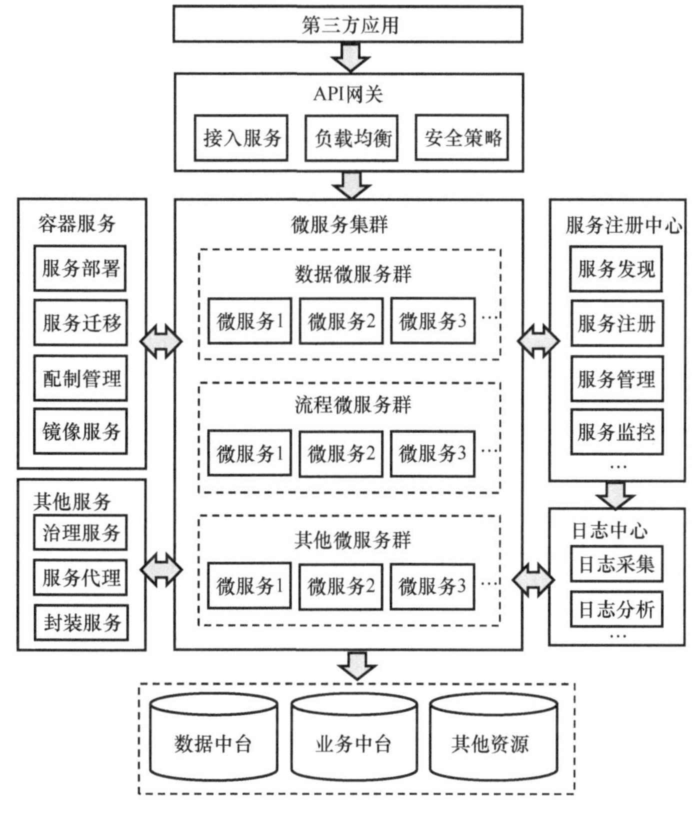

图 2-15　微服务架构体系

API 网关。从功能与职责上看，API 网关和 ESB 有许多相似之处。API 网关提供统一服务入口，封装了系统内部架构，为每个客户端提供一个定制的接口，所有的客户端请求通过网关访问后台服务，是外部系统（客户端）与内部系统（微服务）之间的边界。同时，出于可靠性和高并发访问等因素考虑，API 网关可能还具有其他职责，如安全认证、负载均衡、缓存、限流和容错等功能。

服务注册中心。其用于服务的注册和发现，以及对各个微服务的健康状态进行监控和管理。常见的微服务注册中心遵循 CAP 原则，即在一个分布式系统中，一致性

（consistency）、可用性（availability）、分区容错性（partition tolerance）最多实现两点，常用的服务注册中心有 Eureka（AP）、Zookeeper（CP）、Consul（CP）等框架。

日志中心。在运维层面、业务层面、安全层面协助微服务架构的维护和治理，微服务中的日志中心需要顾及不同微服务组件监控指标存在的差异性、日志追踪与分析的复杂性，提供对日志类数据的一站式采集、存储、分析、展现等工作。

容器服务。为满足微服务快速部署、规模柔性伸缩、可迁移、快速恢复等需求，将容器技术（如 Docker）与微服务集成形成容器服务。例如，传统的部署方式需要在每台服务器上安装运行环境，若服务器数量庞大，在每台服务器上安装运行环境工作量巨大，一旦运行环境发生改变，就不得不重新安装，时间成本巨大。而使用容器技术微服务能以镜像的形式运行在容器中，且每个容器中可以运行多个微服务，极大地降低服务的部署难度与成本。因此，尽管容器服务并非微服务架构的必需选项，但由于极佳的结合性，容器（服务）往往作为微服务的宿主存在于微服务架构中，容器化微服务也是云原生应用的重要基础。

微服务集群。其由大量实现细粒度业务逻辑的地理信息服务实例构成，并通过注册中心注入框架中。主要有两种地理信息微服务类型，分别是由业务逻辑封装而成的地理信息微服务，或地理信息微服务代理，其中地理信息微服务代理通常基于边车模式实现，该方法通过在资源侧增加一个服务代理，在不改变资源本身内容和结构的情况下将其注册成为微服务单元，因此其适用于集成现有的地理信息服务资源。

SOA 架构与微服务架构的区别与联系如下：微服务是基于 SOA 架构的思想发展出来的产物，是一种细粒度的 SOA 实现方式，但两者架构风格和方法不同，在思想上又有相似之处。因此，微服务架构常常拿来与 SOA 作比较：从两者的发展背景看，SOA 的出现主要解决了企业信息化过程中各个子系统相互隔离的问题。通过 SOA 可以将“子系统服务化”，各个系统基于 ESB 整合在一起。因此，在实践中 SOA 中的服务往往是粗粒度的；而微服务则是在互联网高速发展与大数据、云计算的背景下，在敏捷开发、持续交付等理念下的产物，强调“业务需要彻底的组件化和服务化”，服务的尺寸通常不会太大，是细粒度、轻量级的服务。总之，微服务架构并不是 SOA 架构的替代品，两个架构各有特点，应根据应用场景的实际情况、业务规模、应用需求等选择合适的架构。SOA 架构和微服务架构的主要对比如表 2-7 所示。

表 2-7　SOA 架构与微服务架构的比较

	SOA 架构	微服务架构
服务架构	企业服务总线 ESB，集中式的服务架构	无集中式总线，松散的服务架构
互操作性	支持多种异构协议的使用	通常使用相同轻量级协议，如 RESTful 或 Thrift API 等
管理与治理	着重中央管理；使用共同的治理和标准，确保应用能相互操作	着重分散管理；较为松散的治理方式，更关注团队协作和快速拓展开发能力
系统组成	由多个子系统组成，服务一般为粗粒度	由很多个组件组成，服务为细粒度
服务耦合性	一般是松耦合	总是松耦合
数据管理	全局数据模型，共享数据库	每个服务都有自己的数据模型或数据库
应用部署	相互依赖，部署复杂；容器的使用不太受欢迎	独立部署，互不影响；容器应用效果好，支持快速部署与服务迁移等

续表

	SOA 架构	微服务架构
主要优点	（1）数据统一，共享数据库，使服务接口使用数据模型统一的数据，确保数据一致性； （2）灵活性较高，缩短产品和服务的上线时间，降低了开发与改变流程的成本； （3）系统由子系统组成，系统易于重构	（1）部署简单，每个服务承担少数职责，波及范围小； （2）易于扩展，某一项服务的性能达到瓶颈，只需增加该服务的节点数即可，其他服务不改变； （3）降低资源的耦合性，服务独立，数据源唯一； （4）易于维护，每个微服务的职责单一，复杂性降低，不会牵一发而动全身
主要缺点	（1）技术不匹配，在某些情况下并不能轻松对操作平台进行重新打包，原因是业务功能结构需求不匹配； （2）系统间交互需要使用远程通信 ，一定程度上降低了响应速度	（1）系统整体延迟增加，原来的函数调用改为服务调用； （2）每项服务都需要单独部署，运维、测试成本增加； （3）前期服务的定义和拆分需要较大工作量

地理信息服务集成架构的选择与服务规模、服务内容、服务的集中和分散程度，以及具体的应用场景有关。以智慧城市中的地理信息服务集成场景为例，该场景涉及多个部门的几十上百个已有的应用系统，需要对这些应用系统实行“关、停、并、转”的清理整合，以满足资源一体化全方位全过程的管理要求，形成互联互通的自然资源一体化应用体系。面对数据类型和数据量的不断增加，传统 GIS 系统易出现存储效率低、并发访问能力弱、难以横向扩展等瓶颈问题。因此，提出云计算服务与地理信息服务集成的解决方案，全面提高存储水平和计算能力。然而，多个云服务环境会带来新的问题，如多个云服务之间如何形成跨云协同，如何将由数据向算力迁移的模式变为算力向数据迁移的模式，以高效使用云服务的存储能力和计算能力？

在这个背景下，Wang 等（2019）提出基于 Docker 容器技术的微服务架构解决方案，如图 2-16 所示。具体来说，基于 Docker 容器进行微服务概念模型设计、开发和部署服务，可以将 GIS 资源部署为云计算模块，实现多云集成与统一管理。Docker 容器还缩短了系统部署时间，简化了数据中心之间的迁移过程。

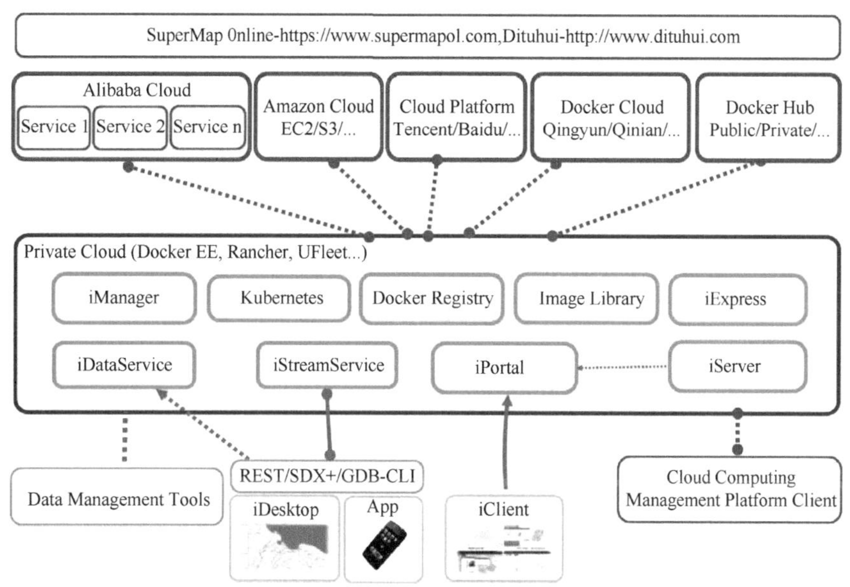

图 2-16　Docker 技术与微服务框架下的地理信息服务集成（Wang et al.，2019）

可以看到，基于 Docker 容器技术的微服务架构融合了多个、多类型的云服务基础设施，可以将地理空间数据完全集成到云计算基础设施中，这为实现跨云协同提供了基础。在云计算服务的环境下，它还可以提供定制化的地理空间数据管理服务、空间分析服务、数据可视化服务、API 接口服务等功能，满足下游多用户的应用需求。

2.3.4　地理信息服务集成挑战

地理信息服务集成将多源异构、类型丰富且规模庞大的地理信息服务在逻辑上或物理上有机集中起来，实现服务的共享与互操作。尽管如此，地理信息服务集成仍然面临一些问题，阻碍了地理信息服务进一步发挥作用。

如前文所言，地理信息服务集成过程往往通过建立层次与分类体系，将地理信息服务实现逻辑上的服务集成。尽管该过程利用了地理信息服务中的语义信息，但不同的服务与服务之间，包括数据服务、处理服务之间的语义关联未能够充分挖掘。例如，在一些应用场景中，不同专题之间是有关联的，这些关联同时影响到数据的选取。虽然服务框架定义了服务组合模块，将多个原子服务进行组合来完成复杂的业务需求，但由于缺乏服务之间的语义关联，如何进行服务组合将依赖大量的专家知识或历史经验，即该过程是一个耗费人力参与的过程。随着地理信息服务的增多，服务如何选择与组合问题将变得越发严峻。在这个背景下，一方面需要发挥人的主观能动性，即依靠专家经验；另一方面，地理信息服务集成的内涵需要拓展，即通过进一步描述服务与服务之间的关联关系，实现地理信息服务集成环境下服务自动化与智能化的使用。自动化是指减少对专家知识的依赖，由计算机自动识别用户意图并推荐多个服务进行组合来满足业务需求的能力；智能化则是自动化程度的进一步提升，表示计算机在巨大的求解空间中获取答案的能力和效率，此处的求解空间则是服务集成环境中的海量服务以及服务之间的关系，智能化体现了计算机对服务及其关系的认知水平。此外，地理信息服务集成不仅需要考虑对数据、处理服务的集成，计算资源，知识资源，以及参与人员等人力资源等也同样应作为服务整合到地理信息服务集成的框架中，以便在地学任务的求解过程中不同资源之间的相互协作。

为此，研究者的下一个任务点在于：如何拓展地理信息服务集成的内涵？本书提出地理信息服务网络的思路，基于语义网、服务网络相关技术构建地理信息服务网络，结合服务组合相关思想，形成支持多维度地理信息服务协同的策略，并作为地理信息服务集成的补充，进一步满足地理信息服务自动化、智能化的服务集成需求。

2.4　地理信息服务安全机制

地理信息服务作为网络服务的一种，在享受服务带来的互操作性等便利的同时，也需要面对网络安全的问题，防止敏感的、保密的数据或私人的服务资源被泄露出去。安全性是地理信息服务能够持续长期运行成功的关键，为了使地理信息服务充分发挥其潜能，必须处理好服务的安全风险。

2.4.1　地理信息服务的网络安全原则

网络安全这个概念，自互联网发展以来在不断补充完善。通常来说，网络安全是指网络系统的硬件、软件及其系统中的数据受到保护，不因偶然的或者恶意的原因而遭受到破坏、更改、泄露，系统连续可靠正常运行，网络服务不中断。例如，对于网上购物的用户，网络安全需要保证他的支付信息和密码不被泄露，商户能够收到真实的用户的订单信息和支付款项，而非伪造的账号密码或订单信息。因此，网络安全的本质就是保护传输中的数据被合法使用，可以通过机密性（confidentiality）、完整性（integrity）、可用性（availability）来表示网络安全的基本原则，简称 CIA 三元组。

机密性：指只有授权用户可以获取信息。

完整性：指信息在输入和传输的过程中，不被非法授权修改和破坏。

可用性：指保证合法用户对信息和资源的使用不会被不正当拒绝。

除此之外，还有由认证（authentication）、授权（authorization）、审计（audit）组成的“黄金法则”以及其他补充的网络安全原则。

认证：确定相关实体所宣称的身份的有效性的过程。

授权：根据系统的某种环境设置确定是否允许某个已被证实身份的实体访问受保护资源的过程。

审计：记录系统的所有操作，其详细程度需足以再现事件，当发现异常操作时，使用这些操作作为证据。

不可否认性：在某个通信或者事务处理过程结束后，防止任何参与者否认其在该过程中所充当的角色。

地理信息服务安全问题涉及安全政策、组织机构、硬件设备、软件应用等（姚鹤岭，2005）。有关 Web 的安全技术已是研究较多的话题，很难面面俱到地去讨论每个部分的安全性，因此应该把重点放在最有可能的安全问题上（Dempsey and Bruce，2002）。基于地理信息服务安全需求分析安全技术以及网络安全原则，宋宜全和杨荔阳（2009）提出地理信息服务安全框架，包括数字证书、访问控制、版权管理三个模块，满足地理信息服务的认证与授权、服务可访问性、消息的完整性和保密性等安全需求，如图 2-17 所示。

2.4.2　地理信息服务的安全原理与技术

根据地理信息服务的安全框架，服务安全涉及加密与数字签名、身份认证与授权、版权管理（添加与认证）等关键步骤。鉴于地理信息服务通常建立在标准 Web 协议标准之上，因此，适用于互联网的安全技术同样适用于地理信息服务。

1. 加密与数字签名

加密就是对明文数据按某种特殊算法（数据编码技术）进行处理，使其成为不可读的“密文”。数据加密可分为两类方法：对称/非对称加密和哈希加密。常用的对称加密

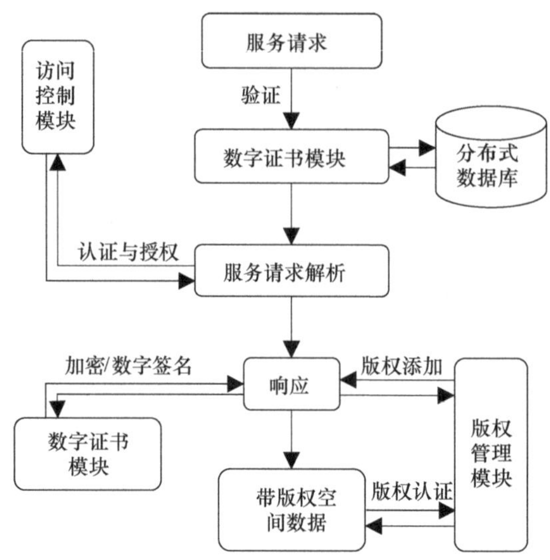

图 2-17　地理信息服务的安全框架

算法有 DES、AES、RC4 等算法，非对称加密算法有 RSA、DSA、ECC 等算法，哈希加密算法包括 MD5、SHA-1 等。本书仅对加密的原理进行介绍，感兴趣的读者请参阅相关文献了解具体的算法内容。

对称加密是指加密和解密的数据使用同一个密钥。对称加密的系统包括三个部分：需加密的明文、加密算法，以及密钥，如图 2-18（a）所示。密钥在各个参与方之间是共享的，拥有密钥的参与方可以互相认证。因此，该技术更适用于较少应用程序/用户间交互的情况。

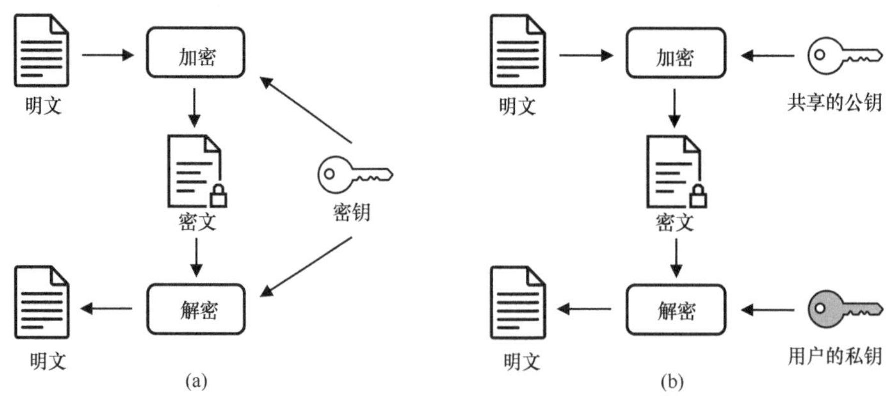

图 2-18　对称加密（a）与非对称加密（b）的原理示意图

非对称加密是指加密和解密使用不同的密钥，即有公有密钥和私有密钥之分，简称公钥和私钥，如图 2-18（b）所示。公钥是可以公开给所有人的，而私钥需要自己保存。公钥可以自由分发，但为了保证其安全性，常需要使用证书颁发机构（certificate authority，CA）进行公钥证书的颁发以及公钥基础设施（public key infrastructure，PKI）的协助。在非对称加密的系统中包括四个部分：需加密的明文、加密算法、私钥和公钥。在该系统中，私钥和公钥都可以被用作加密或者解密，但是用私钥加密的明文，必须要用对应的公钥解密，用公钥加密的明文，必须用对应的私钥解密。该技术更适用于较多应用程序/用户交互的情况，还可创建数字签名，用于校验电子信息内容和发布者。

哈希加密又称为散列加密，与对称/非对称加密不同的是，哈希加密的目标只要求数据加密，甚至要求不可解密。哈希加密的系统包括明文和哈希函数，通过哈希函数对数据进行处理生成唯一的等长的字符串，而原数据的长度可能是任意的，即使两个很相似但有细微差别的数据集在经过哈希加密后都将产生很大区别，如图 2-19 所示。哈希加密形成的字符串在一般意义下极少会发生空间冲突（重复），确保了数据的唯一性，因此常用于数字签名。

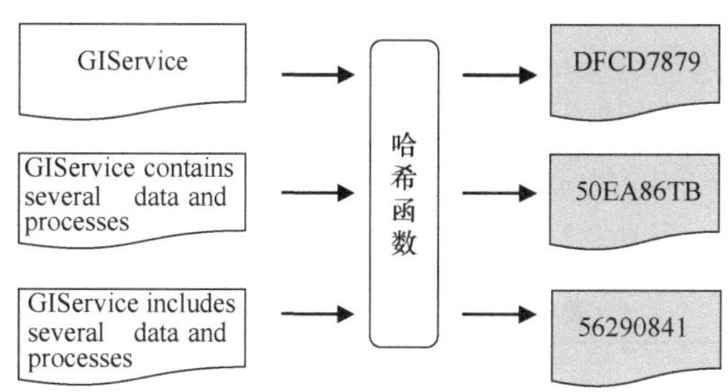

图 2-19　哈希加密原理示意图

数据签名的含义可类比于使用笔对纸质文件进行签名，它是在计算机上对数据文件进行签名，用于鉴别数字信息，验证数据发送方的身份，保证数据的完整性和不可否认性。它使用非对称加密技术与哈希算法来实现，它包含两种互补的运算：一个用于数字签名的签署，另一个用于数字签名的验证。签名和验签的过程一般由启用公钥基础设施（PKI）的应用程序完成，首先由数据的发送方用哈希算法生成数据的哈希值，然后用自己的私钥将这个哈希值加密形成数字签名，将它与数据一起加密发送给接收方；接收方进行解密获得数据和数字签名后，用发送方的公钥对数字签名进行解密，如果成功解密，即证明了发送方的身份；对数字签名解密得到数据的哈希值之后，数据的接收方对数据用相同的哈希算法生成另一个哈希值，然后将这两个哈希值进行比较，如果两者相同，则证明这块数据极有可能在传输期间没有被篡改，如图 2-20 所示。

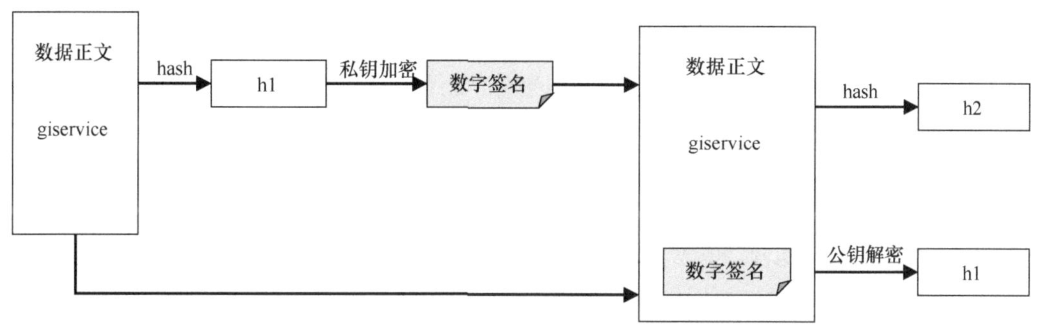

图 2-20　数字签名原理示意图

2. 身份认证与授权

权限认证用来保证网络服务中的各个环节包括请求者、提供者等用户能够得到相应的服务。认证包括从这些环节中接收信用证书并对它们进行确认。常见的认证技术包括 HTTP 认证，以及 XML 加密、签名、访问控制标记语言等 XML 安全技术。

HTTP 协议提供一个用于权限控制和认证的通用框架，支持将身份验证作为协商访问安全资源的一种方式，包括 HTTP Basic 认证、HTTP 摘要认证、基于会话（session）的认证、基于令牌（token）的认证等认证方法，如表 2-8 所示。将 HTTP 协议使用安全套接字层（secure socket layer，SSL）封装，则得到了安全性更高的 HTTPS 协议。SSL 是由 Netscape 公司设计的用于 HTTP 协议加密的安全传输协议，位于 TCP/IP 协议与各种应用层协议之间，可为数据通信提供安全支持。SSL 共推出了 SSL1.0、SSL2.0 与 SSL3.0 三个版本，之后被 IETF 标准化并改名为传输层安全（transport layer security，TLS），可被认为是 SSL 的升级版，至今发布了 TLS 1.0、TLS 1.1、TLS 1.2 三个版本，目前使用最广泛的是 TLS 1.1、TLS 1.2。

表 2-8　常用的 HTTP 认证方法

认证方法	描述	优点	缺点
HTTP Basic 认证	最基本的认证方式。用户每次发送请求时，将认证的身份信息携带在请求头（request header）中进行处理	简单，容易理解	不安全：认证身份信息用明文传送，因此需要与 HTTPS 结合使用； 效率低：服务端处理请求时，每次都需要验证身份信息
HTTP 摘要认证	HTTP 基本验证的一种更安全的形式。在请求头中的身份信息使用 MD5 哈希形式代替纯文本形式发送	相较于 HTTP Basic 认证更安全	凭据必须随每个请求一起发送； 容易受到中间人攻击
基于会话（session）的认证	结合了 Session 和 Cookie。服务端将本次会话信息以 Session 对象的形式保存在服务端的内存、数据库或文件系统中，并将对应的 Session 对象 ID 值 SessionID 以 Cookie 形式返回给客户端，SessionID 保存在客户端的 Cookie 中，是一种有状态的验证	较安全：客户端每次请求时无须发送身份信息，只需发送 SessionID； 较高效：服务端无须每次处理请求时都要验证身份信息，只需通过 SessionID 查询 Session 对象	扩展性差，Session 对象保存在服务端，如果是保存在多个服务器上，有一致性问题，如果保存在单个服务器上，无法适应用户增长； 基于 Cookie 的 SessionID 不能跨域共享，易受 CSRF 攻击
基于令牌（token）的认证	使用令牌而不是 Cookie 来验证用户。用户使用有效的凭据验证身份，服务器返回签名的令牌。这个令牌可用于后续请求。适用于微服务架构，即有多个服务需要认证的情况	它是无状态的。服务器不需要存储令牌，因此可以让请求更快	令牌在客户端保存，可能导致 XSS 或 CSRF 攻击； 令牌无法被删除，只能过期，可能导致泄露风险； Token 包含用户的全部信息，因此会增加每次请求包的大小

针对 XML 的安全问题，XML 加密、签名、访问控制标记语言等安全方面的标准，为 XML 内容进行颗粒化管理和控制提供了手段。

XML 加密（XML Encryption，Xenc）提供了 SSL/TLS 协议未涵盖的安全性需求的补充：加密交换数据的一部分，以及多方（超过两方）之间的安全会话。XML 加密可以对整个 XML 文档加密，也支持加密 XML 文档的部分内容，最小加密单位是 XML 元素。这么做的优点在于，使用 XML 加密，每一方都可以保持与任何通信方的安全或非安全状态，对于同一个文档中的不同部分用不同的密钥进行加密，可以把同一个 XML

文件发给不同的接受者，而接受者只能看见和他相关的部分。对于使用 XML 文档进行消息传递的地理信息服务来说，这个特点十分重要。此外，由于数据本身而不是整个文件是加密的，整个文件还可以被 XML 处理器识别和处理。

XML 签名（XML-Sig）与 XML 加密紧密相关。和安全认证签名相似，XML 签名也是用于确保 XML 文件内容没有被篡改的。XML 签名可以定义一系列 XML 元素，这些元素可以内嵌或者以其他方式附加在任何 XML 文档中。这样，收件人可以验证收到的信息与发件人原本发送的消息是否相同。XML 签名的创建和使用步骤使用 XML-Sig 规范进行描述。当对内容进行签名时，使用文件里的数据和标识产生一个独一无二的签名，忽略一些诸如段落结束或者制表符之类的次要信息。收到一个文件后，客户系统就开始进行“XML 签名解密转换”，它通过辨认信息是在标识前还是标识后来区分内容和签名：内容在标识后，而签名在标识前。因此，在地理信息服务要求的完整性认证中，通过比较运算结果和文件中的签名，可以确认其数据内容的完整性。

XML 访问控制标记语言（XACML）是 OASIS 制定的一个用以整合各方面［如美国国际商业机器公司（IBM）和米兰大学］努力成果的标准。它提供了一种标准化 XML 文件接入控制决定的工具。XACML 是用来决定是否允许一个请求使用一项资源，如它是否能使用整个文件、多个文件，还是某个文件的一部分。XACML 收到请求后就根据事先制定的规则或策略来判断是否允许请求使用某项资源。和 XML 加密相反，接入控制信息在物理上是独立的，当一个请求生成时，该信息被引用。Xpointers 和 Xpaths 是在 XML 资源中的标识里定义的，它们通知处理器检查 XACML 策略，以及在哪里可以找到这些策略。一旦按照策略完成了评估，就会返回一个是真或者是假的逻辑值表示是否允许接入，这个认证决定声明返回后，就会执行相应的操作。在地理信息服务研究中，基于 GML 对 XACML 进行拓展形成 GeoXACML，能够提供对空间数据类级、对象级、空间级、函数级和这些级别综合的访问控制（Matheus and Herrmann，2008）。

3. 版权管理

版权管理也称数字版权管理（digital rights management，DRM），通过限制授权人对电子内容的行为保护内容的所有权/版权。版权管理需要具备开放性、标准化、可靠性、可拓展性，以及互操作性等特征，以满足在分布式的互联网上应用。数字版权管理的技术包括如下种类：密码技术、数字水印、安全容器技术，以及移动代理。在地理信息服务领域，常用数字水印来进行版权保护（朱长青等，2022）。数字水印是指将特定的信息嵌入数字信号（如音频、图片或是视频等）中，若要拷贝有数字水印的信号，所嵌入的信息也会一并被拷贝。目前，已有许多较成熟的栅格地图水印算法，如通过在栅格地图直流分量、高频中嵌入双重水印的互补水印算法（王勋等，2006），通过对注记文本的方位和大小进行规格化再嵌入水印的栅格地图版权保护方法（Barni et al.，2002），利用 B-Spline 算法获取线状空间数据控制点并在这上面添加水印的方法（Gou and Wu，2005）等。WMS 服务提供的数字地图也可借鉴栅格地图的数字水印技术。除此之外，还有对矢量数据的版权保护。例如，WFS 服务使用 GetFeature 以 GML 文档提供的矢量数据，因此 WFS 的版权保护可以采用对 XML 的数字水印技术，在保持模式约定和文档应用能力不变的情况下，通过改变 XML 文档的逻辑结构嵌入版权信息（宋宜全和杨荔阳，2009）。

2.5 本章小结

本章详细介绍了地理信息服务的技术体系。从地理信息的标准化与服务化谈起，讨论地理信息服务的注册与服务发现、服务集成与服务互操作、地理信息服务安全机制等内容。

具体而言，地理信息的标准化是促进地理信息共享与互操作的必要手段，主要包括 OGC 和国际标准化组织 ISO/TC 211 的标准体系，两者相辅相成、相互借鉴。在地理信息标准体系的指导下，两个组织提出了对地理信息服务化的描述方法，并给出各自的分类体系。借鉴这些国际化标准与分类体系，本章介绍了我国的地理信息服务标准与分类体系，该体系用于推进我国地理信息产业，包括地理信息服务的标准化建设。

标准化的地理信息服务结合 Web Services 技术的优势在网络中传播，因此需要通过注册中心进行注册管理，并依据一定的技术手段，辅助用户发现、检索需要的服务，在此基础上进行服务推荐。对于服务注册，主要有 UDDI 与 ebRIM 两种模型，其中，OGC 实现了基于 ebRIM 的地理信息服务注册规范 CSW，实现了标准化的地理信息服务注册。此外，对于散布在网络、注册中心等地方的地理信息服务，研究者提出不同的技术方法分别辅助用户发现、检索需要的地理信息服务以及针对用户反映出来的需求特征进行服务推荐。其中，服务发现是从海量的网络资源中筛选出其中的地理信息服务，有主动发现（网络爬虫）与被动获取（服务注册）两种方式；服务检索基于用户输入返回指定条件的查询结果，正确表达用户意图是获取精确的检索结果的关键。最后，服务推荐是在服务检索的基础上为用户提供相似的服务内容并推送给用户。

地理信息服务集成描绘了如何使用一定的架构体系管理地理信息服务，提供一个统一有序的地理信息服务使用环境。为此，需要研究地理信息服务的分布式方式、有关服务内容的层次与分类体系，以及与其他信息技术的结合，目的是构造地理信息服务平台，满足不同行业、不同部门、不同人群对地理信息服务的需求。地理信息服务继承的架构体系从简单到复杂包括单体结构、SOA 架构与微服务架构等。其中，微服务架构是 SOA 架构的一种变形和实现方式。在具体集成实践工作中，用户应根据业务的规模大小和具体情况选择架构，整合不同标准规范、服务注册与发现技术和地理信息服务，实现地理信息服务的统一管理。

地理信息服务的技术体系还包括地理信息服务的安全机制。该部分主要借鉴了网络安全以及 Web Services 技术的安全机制，包括加密与数字签名技术、身份认证与授权、版权管理等关键技术。

第3章　地理信息服务组合

在地理信息服务技术体系的支撑下，越来越多的机构将地理信息数据和服务资源发布在网络上，使得地理信息服务数量不断增长，应用越来越广泛，用户数量也不断增长。然而，单个的服务功能大多比较单一，只能完成简单的任务。相对于现实中较为复杂的地理信息应用，单一地理信息服务提供的功能有限，难以满足用户日益复杂的处理和使用需求。为此，需要将来自不同发布机构的地理信息服务联合起来，从中挑选出符合用户数据和功能需求的地理信息数据和地理信息处理服务，并按照合适的执行顺序连接起来，形成新的、功能更强大的地理信息组合流程。可见，地理信息服务组合是地理信息服务技术发展的必然趋势。

地理信息服务组合作为实现地理信息服务建模的基本方法，是实现地理信息服务协同的重要基础。本章首先介绍了地理信息服务组合的概念，动态和静态的服务组合方式，以及服务组合类型，即服务聚合、服务合成和服务链，引出地理信息服务链的概念，随后详细讨论了地理信息服务链的三种类型划分方法、服务链所涉及的技术框架、地理信息服务链的完整实现流程以及服务链的优化方法，最后介绍了在地理信息服务组合建模的基础上进行的服务匹配。

3.1　地理信息服务组合概述

3.1.1　服务组合概念

网络服务（web service）作为一种分布式应用程序逐渐在各个信息领域中占据主导地位，每个网络服务都具有实现特定功能的能力，随着用户针对其所在领域的研究越来越深入，需要解决的问题越来越复杂，对网络服务的功能需求也越来越高，网络服务组合技术正是因此而提出的，将多个单粒度的网络服务形成大粒度网络服务，从而增加服务的可重复性和功能性，满足用户更高层次的应用需求。

服务组合是利用服务的互操作能力，将多个服务以一定的逻辑顺序组织在一起，形成复杂问题求解能力的一种技术。服务组合技术的出现，一方面是因为网络服务具有与语言无关的通信协议，可与任何平台、任何语言构造的系统进行交互，为跨节点、跨平台的服务组合打下技术基础；另一方面是因为在生产实践中，往往不存在单个可完全满足用户整体功能需求的服务，但可能存在多个实现部分功能的服务，为达到软件功能重用和节约成本的目的，就产生了将多个已有服务进行组合，协同解决实际问题的需求。近年来，随着网络服务组合研究的展开，不同的研究人员对网络服务组合的概念有着不同的认识。以下几个具有代表性的定义从不同的角度对网络服务组合进行了描述。

（1）IBM 公司的定义（Leymann et al.，2002）：网络服务组合是支持业务流程逻辑的一组网络服务，其本身既可以是最终的应用，也可以是新的网络服务，组合是通过确定不同网络服务的执行顺序和网络服务之间的复杂交互来实现的。

（2）斯坦福大学简化封装与接口生成项目（simplified wrapper and interface generator，SWIG）小组的定义（Ponnekanti and Fox，2002）：网络服务组合就是研究如何通过组合自治的网络服务而获得新的功能的问题，通过组合有助于减少新应用的开发时间和费用。

（3）惠普业务流程管理（HP business process monito，HPBPM）室的定义（Piccinelli，1999）：网络服务组合实际上是服务提供者将已有网络服务作为新的服务的构筑模块重用，并且在总体上实现对各个模块的增值。这种增值体现在新的服务满足特定需求的能力，以及可以提供更高的可用性和服务质量（QoS）保障。

（4）佐治亚大学计算机科学系的定义（Arpinar et al.，2004）：网络服务组合主要研究用于服务组合的方法论与用于建模的服务和功能的抽象方式。

从上述定义可以看出：网络服务的价值在于服务重用，重用的目的是使服务增值。网络服务组合是各个小粒度的网络服务相互之间通信和协作来实现大粒度的服务功能；通过有效地联合各种不同功能的网络服务，组合服务开发者可以解决更为复杂的问题，达到服务增值的目的。

网络服务组合具有以下一些特点（吴钊，2007）：

（1）层次性和可扩展性。网络服务组合通过重用并组装已有的网络服务来生成一个更大粒度的服务，使得组合的 Web 服务具有层次性和可扩展性。

（2）动态与自适应性。网络服务组合是一个动态、自适应的过程，它在标准协议的基础上，根据客户的需求，对封装特定功能的现有服务进行动态发现、组装和管理。

（3）提高了组合与交易过程的自动化程度。网络服务组合通过动态的语义分析与服务的自动化匹配，减少了不必要的人工干预，易于实现动态电子商务交易过程的自动化。

（4）提高了软件生产率。通过重用已有的服务，并自动化地生成新的服务或系统，极大地提高了软件的生产效率。

在 SOA 架构中，服务采用封装的方式暴露接口，可以让不同架构、语言的业务系统对外提供的各种服务以统一的交互方式来进行对接。SOA 架构下的服务具有一些特性：服务是可以发现的并可以动态绑定的；服务是自包含的、模块化的；服务具有网络可寻址接口；服务具有粗粒度接口；服务具有从错误状态恢复的能力；服务的位置对于服务请求者是透明的，但能够被发现并可以动态绑定；服务是松散耦合的，强调互操作等。因此，SOA 架构逐渐成为不同的组件、应用程序或其他服务组合的基础。

在网络服务和 SOA 架构的影响下，OGC 等组织制定了一系列地理信息网络服务规范，为地理信息服务组合提供了前提条件，使得地理信息服务共享、组合和按需获取成为可能。在地理信息服务网络框架的基础上，服务组合可以简单理解为针对单个服务无法完成的复杂任务，将多个服务按照一定的方式组合起来完成单个服务不能完成的任务，在服务组合中的单个服务，通常称为原子服务，服务组合体现的是完成某种复杂任务的过程/流程。

总体来看，地理信息服务组合是根据不同的用户解决实际问题的需求，地理信息服务网络中的关联关系，查找合适的服务及服务间的连接关系，并将这些服务按照顺序进行组合，从而提供更强大的地理信息服务功能。

3.1.2　地理信息服务组合模式

学术研究领域的不同导致网络服务组合方法分类标准不尽相同。在地理信息领域，根据服务组合生成方式的动态性程度不同，地理信息服务组合可以从广义上分为静态服务组合与动态服务组合，以及两者相结合的模式。

1. 静态服务组合

静态服务组合模式是在组合模型的设计阶段就已经确定由哪些基础原子服务进行组合，设计好服务之间的控制流和数据流，执行时可直接调用在设计阶段定义好的组合服务，效率较高，在静态服务组合的运行期间，性能也比较稳定。而这种组合方式只能对预先已知的服务进行组合，组合流程的结构是无法改变的，无法处理突发状况，也无法根据运行环境和实际情况选择更优的网络服务，当在运行阶段调用到服务组合中的某一个网络服务时，该服务突然出现无法响应或者响应时间大大增加的情况，静态服务组合无法临时调用可完成相同功能的网络服务，只能结束当前调用，重新选择新的组合服务进行调用，缺乏定制灵活性。

2. 动态服务组合

动态服务组合模式则是在组合服务定义过程中不指定固定的服务，在服务组合流程的运行过程中，通过组合引擎搜索匹配动态选择原子服务实例来完成组合任务，可在运行阶段灵活地选择满足要求的网络服务，服务之间的控制流和数据流自动产生。在服务的动态组合设计时，应明确需要实现的功能，在服务组合流程运行过程中根据功能需求获取最合适的服务和数据，根据组合服务之间的上下文关系，构建服务之间的控制流和数据流。这种组合的动态性具有强大的处理突发状况的能力，为系统带来了更大的灵活性。但动态服务组合可能会在运行阶段占用大量时间进行网络服务的选择。在网络系统中，用户多次请求相同服务的情况是大量存在的。对于某些热门的需求，在没有突发状况发生的前提下，每次所调用的组合服务中的多个网络服务都是一致的，但动态组合服务运行时还是要重新完成服务的选择，这就可能造成时间的大量浪费。

相比较而言，动态服务组合与静态服务组合的主要区别在于组合流程的各原子服务的绑定时机是在设计阶段还是运行阶段。静态服务组合中，地理信息服务的组合流程是在运行前已经根据需求就确定的，而动态服务组合则是在运行时才绑定具体原子服务，即运行时刻才逐渐构建组合流程，动态服务组合的流程存在一定可变性。静态服务组合模式的组合过程较简便易行，但灵活性有限。动态服务组合模式则更为灵活，同时其操作过程也相对复杂。如何选择组合流程生成方式应决定于具体的应用和上下环境，可以根据参与原子服务数的规模及应用协同环境进行确定。

3. 混合模式

混合模式是将静态和动态服务组合模式相结合，充分结合两种服务组合方式的优点。其方法一般是加入一个服务组合库来存储已动态组合好的组合服务，用户请求服务时，可先在服务组合库中查找是否有满足用户要求的服务，若有可直接调用，若没有可进行动态服务组合，并将新生成的组合服务放入服务组合库中。例如，在一次组合中，当用户成功通过动态组合模式获取到组合服务之后，将该组合服务作为静态组合服务模板保存到系统的静态组合库中，当用户下次有相同需求，需要再次调用该组合服务时，可在静态组合库中检索满足用户需求的服务模板并直接执行，从而避免重复的组合过程，提高组合效率。这种方式有效地结合了两种服务组合方式的优点，提高了系统运行效率。

3.1.3　地理信息服务组合类型

在 OGC 的 Web 服务框架中，将地理信息服务组合分为三类：服务聚合（service aggregation）、服务合成（service compostion）和服务链（service chaining）。

1. 服务聚合

服务聚合是最普通的服务组合方式。服务聚合涉及具有相同或相似内容的两个或多个服务，这些不同的服务具有不同的能力甚至是不同的服务端点，但在某些情况下，这些服务能够以不同的方式提供相似的服务内容或处理功能。服务聚合即将这些功能和内容相似但具有不同来源的服务聚集起来形成一类服务，如将由不同的服务提供商发布的具有相同主题和内容的 WMS 服务和 WFS 服务，或者来自不同网络端点但提供相同处理功能的 WFS 服务，聚集起来形成一类服务。这种服务组合方式实现起来较为简单，但难以实现同步，现有的实现需要对内容的相似程度达成“私有协定”。

2. 服务合成

服务合成是将不同服务的实现接口聚合起来形成一个新的服务的过程，这是集成度最高的一种服务组合方式，需要新的开发工作实现不同服务的接口的聚合。服务合成的特点在于将各个不同服务的实现接口封装成一个更大的服务接口，然后将封装后的服务接口发布到网络上，从而为用户提供更加丰富的服务功能。由于在物理上各个服务仍是独立存在的，使用 UML 表示合成服务时仍以聚合形式表示，同时，合成的新的服务接口也不会独立存在，如图 3-1 所示，合成后的服务的接口 1、接口 2、接口 3 和接口 4 分别需要由服务 1、服务 2、服务 3 和服务 4 来实现（张霞，2004）。

3. 服务链

在 OGC 和 ISO/TC211 联合推出的 ISO 19119 中，基于开放分布式处理（open distributed processing，ODP）中对于链的定义，ISO 19119 将服务链定义为一种服务的序列。在这种服务序列中，每个服务并不是独立存在的，而是与上下文的服务具有直接的约束关系，对于序列中每一对相邻的服务，前一个服务行为的发生是后一个服务行为发生的必要前提或输入条件。因此，服务链可以看作是一个有向图，其 UML 如图 3-2 所示。

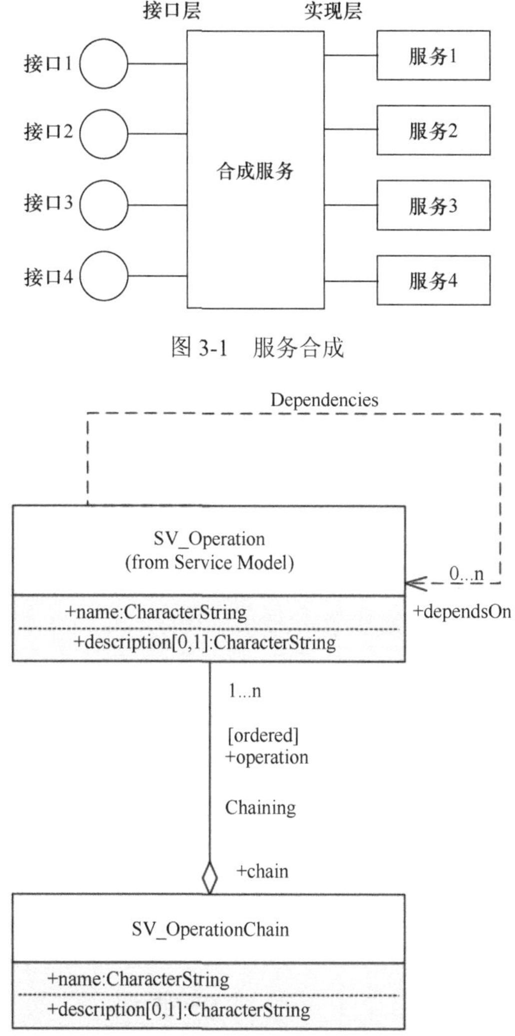

图 3-1　服务合成

图 3-2　ISO 19119 中服务链的 UML 示意图

在图中，服务链（SV_OperationChain）有名称（name）和描述（description）两个属性，其中描述是非必需的。每一个服务链由多个服务（SV_Operation）按一定顺序组合而成。单独的服务由节点表示，两个服务之间的交互由图中的边表示其依赖关系（dependencies），可以有一个依赖关系，也可以有多个依赖关系。在有些情况下，服务链有向图结构是隐含的。例如，用户对一个服务发出请求，该服务调用第二个服务，第二个服务又调用第三个服务，每个服务从下面的服务得到足够的信息后就对请求做出响应。这种情况没有显式的链接关系存在，但隐含存在链接关系。在有些情况下，服务链有向图结构是明显的，如基于工作流构建的服务。

在服务链构成的有向图中，一个服务节点包括服务的参数和资源两类信息，其中，参数信息指服务在某个链中使用时的配置信息，资源信息代表该服务节点输入的数据资源。基于有向图来表示服务链可以反映出服务链是循环的还是非循环的，不存在循环结构的服务链结构简单，但在有些应用情况下，需要迭代处理，这种情况下服务链具有循环结构。服务链构成的有向图中存在平行链、顺序链、迭代链等链接类型。平行链指图中存在基于分支的平行路径。顺序链指服务链接没有分支，只有连续的链。迭代链指有向图中的某个服务节点以迭代形式操作。

3.1.4　服务组合工具

在相关理论和技术的支持下，很多服务组合工具被开发出来。服务组合工具基本上可分为 3 类：手动、半自动和自动服务组合工具。其中，一些服务组合工具引入了服务发现和执行的功能，一些服务组合工具考虑了语义描述等信息，另一些服务组合工具则专门针对科学工作流（scientific workflows）的服务组合。

手动服务组合工具需要人来预先定义服务的流程。当需求改变时也要由人来改变流程。带有发现或执行功能的手动服务组合工具包括：Protégé OWL-S plug-in、Taverna、Triana、VIEW、ZenFlow。

半自动服务组合工具是将服务半自动化地映射到工作流模板（workflow template）的动作上。半自动服务组合工具减少了一部分人力的介入。半自动组合工具包括：eFlow、AgFlow、METEOR-S。

自动服务组合工具使用了规划技术。自动服务组合工具包括：Sword、Synthy、CoCoViLa WS tool。

此外，针对科学工作流的服务组合工具被应用于生物信息学等科学领域。这样的组合工具包括：Taverna、VIEW、Triana（于磊，2014）。

3.2　地理信息服务链

3.2.1　服务链类型

目前服务链被业界人士广泛应用，地理信息服务也主要以服务链的方式进行组合，很多时候讨论地理信息服务组合，实际上就是在讨论地理信息服务链的生成与优化等内容。对于地理信息服务链类型的划分存在不同的观点。例如，OGC（ISO 19119）根据服务链对用户的透明度，将地理信息服务链分为透明链、半透明链和不透明链三种；通过将服务链表示为有向图，根据有向图是否循环可以将服务链分为非循环服务链和循环服务链；基于服务链的节点关系，可以将服务链分为直链、并链、支链、辅链和子链（靖常峰，2008）。

1. OGC（ISO 19119）中的服务链分类方法

在 OGC（ISO 19119）的服务链分类方法中，透明链、半透明链和不透明链三种类型的服务链除了对用户的可见性不同外，它们之间的另一个重要区别是用户对服务链的控制程度不同。在透明服务链中，用户控制服务的执行；在半透明链中，服务链可在用户的监督下执行；在不透明链中，由聚集服务执行控制功能，用户不可见。

1）透明链

透明链，又称用户自定义服务链，在该类型中，用户定义和控制服务的执行顺序，负责每个服务之间的交互，了解每个服务的细节。在这种模式中，用户必须了解每个服务的属性，具有查找和发现服务的能力，评估可利用的服务，判断查找到的服务是否满足需求，必须了解服务之间是如何组合的，如何组合构建服务链并决定服务执行的有效顺序，控制服务之间的链接。而且当服务链执行中断时，用户能够判断出错原因，并能重新修改服务链使得其可以继续执行，如图 3-3 所示。

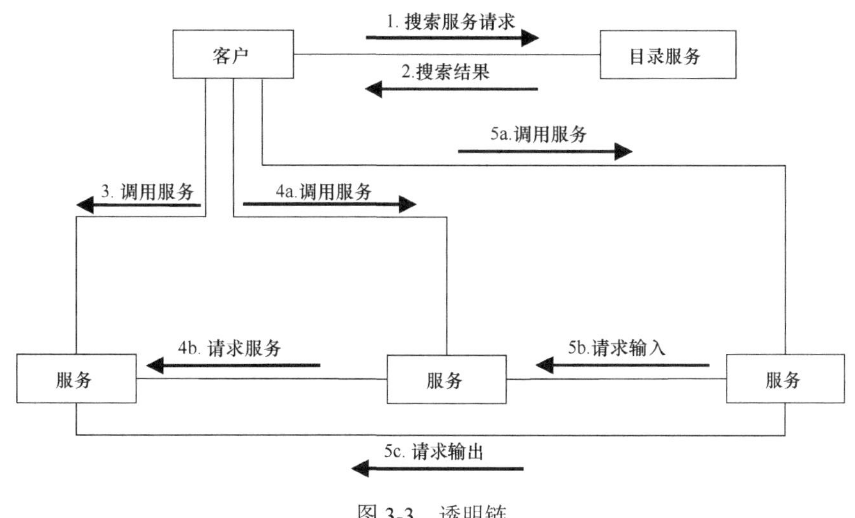

图 3-3　透明链

该类型服务链的特点是在服务执行前，特定的服务链并不存在。用户通过目录服务动态发现所需要的服务，同时必须设计一个有效的、可执行的服务链。用户可以重复服务链的执行直到得到满意的结果，服务链可以被保存以及被其他用户所使用。这种模式的优点是用户了解服务链的所有细节，缺点是对用户的先验知识要求比较严格，用户必须具有足够的知识和能力才能控制服务链的执行。

2）半透明链

半透明链，又称为工作流管理服务链，在该类型的服务链构建过程中，用户负责对服务链参数或者某些特殊事件的处理和判断，服务链的执行由服务链中的流程服务实现。不是所有服务的详细信息都对用户可见，用户对服务链中服务的控制由流程服务间接实现，如图 3-4 所示。

半透明链的典型特征是在用户执行服务链任务之前，预先定义服务链中的各个服务以及它们之间的连接关系，在这种模式中，用户依赖服务链中的流程服务来执行预先定义的服务链，因此也可以结合工作流技术实现服务链。半透明链中，流程服务负责服务链中的分布式计算等任务，用户负责服务链执行中某些特定事件或执行的判断并评价处理结果，从而降低用户的工作量。

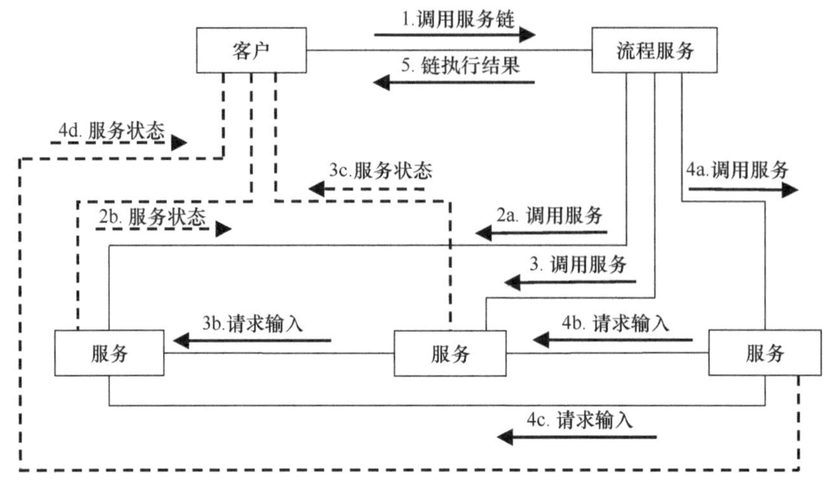

图 3-4　半透明链

半透明链模式下可能有一个或多个流程服务，极端情况下，服务链中的每个服务都包括流程服务。如果超过一个流程服务，则流程服务必须依次执行预先定义的服务链。半透明链充分利用了工作流技术的业务逻辑与应用逻辑分离的优点和工作流的监控能力，具有监控工作流中服务的特点。

3）不透明链

不透明链，又被称为聚集服务链，在该模式下，存在一个聚集服务，将所有任务相关的服务集聚在一起，通过聚集服务处理隐藏在内部的每个服务的协作问题，并以单个服务的形式出现。用户直接与聚集服务交互，通过聚集服务执行预先定义好的服务链，用户并不了解聚集服务中所包含的单个服务及服务间的协作，用户将参数提供给特定的数据实例，通过聚集服务执行服务流程。聚集服务是该类型服务链中关键的构成组件，负责其包含服务的协调工作，如图 3-5 所示。

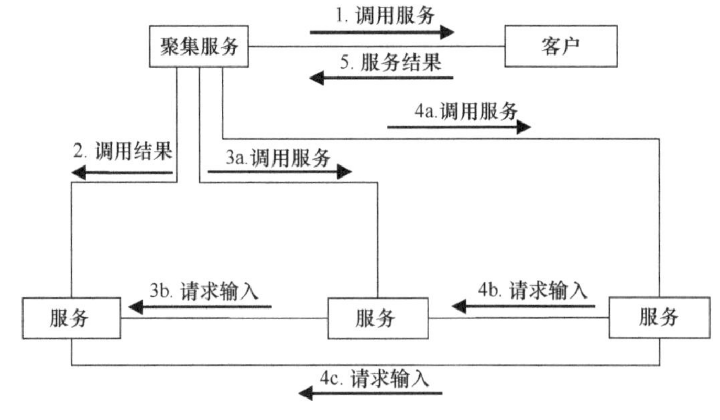

图 3-5　不透明链

聚集服务链在应用中，一般针对具体的业务流程定制服务链，负责服务链执行和业务相关服务工作的细节问题，并确定服务链中服务的调用执行顺序，减少了用户工作量，但也同时降低了客户端的灵活性以及用户对服务链中服务的控制性。

三种服务链模式可以单独存在，也可以以多种方式相互结合。服务链可以作为一个单独的服务存在，模式中的每一个服务都可以实现一个链。这些链模式可以用来定义服务链库，有丰富知识的用户可以使用透明模式构建服务链，通过反复使用透明模式可以构建出实现预期结果的服务链，这些服务链可以在半透明链中被使用，也可以作为不透明链的服务接口。

2. 基于有向图的服务链分类方法

可以通过有向图来表示地理信息服务链，其中，有向图的每个节点是单个地理信息服务或多个服务组合而成的聚合服务，图中的边表示服务的交互，每一个服务节点的输入依赖于图中前一个服务节点的输出，前后相邻服务相互依赖。根据有向图是否循环可以将服务链分为非循环服务链和循环服务链。

1）非循环服务链

非循环服务链中，所有服务的流向是单一的，不存在后一服务节点向前回流返回前一节点状态的情况，如图 3-6 所示。

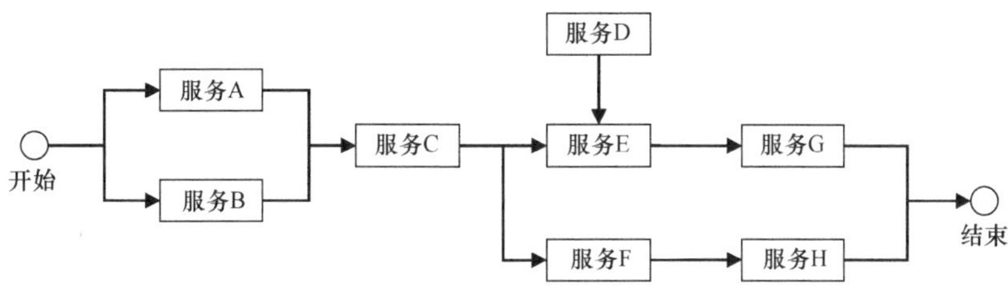

图 3-6　非循环服务链示意图

2）循环服务链

循环服务链考虑了实际业务中更为复杂的服务使用情况，即服务链存在回流的需求。例如，在地表覆盖变化检测的服务链建模中，存在以精度评价指标作为阈值的情况（流向 A）。当满足精度要求时，则生成土地覆盖变化数据供后续使用，否则返回前置操作（流向 B），重新进行图像分类有关的优化操作，如图 3-7 所示。此外，一些需要以当前时间节点运算结果作为输入的时间序列模型，也适用于循环服务链中。

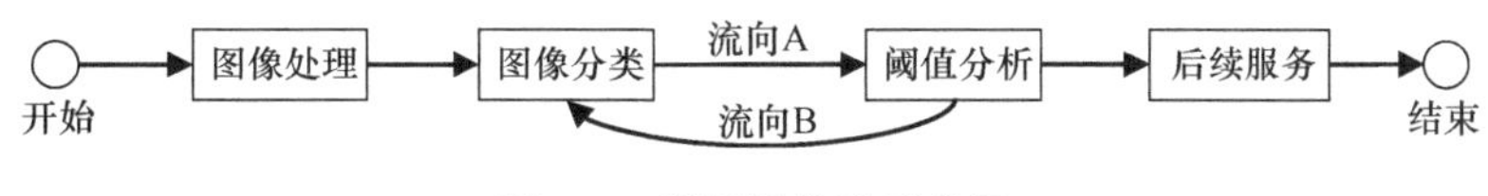

图 3-7　循环服务链示意图

3. 基于节点关系的服务链分类方法

OGC 服务链分类方法与有向图分类方法是从抽象层次和图形表达层次对服务链做

的宏观分类，它们缺少对现实服务链应用的细节描述。相比之下，基于节点关系的服务链分类方法能够更直观地反映现实中服务链的应用模式。该分类方法将服务链分为直链、并链、支链、辅链，以及子链五种类别，如图 3-8 所示。

1）直链

直链是最简单的服务链类型，由一系列节点构成，并按照单线程顺序执行的服务链。在直链中，节点的输入来自前驱节点，节点的输出作为后继节点的输入。

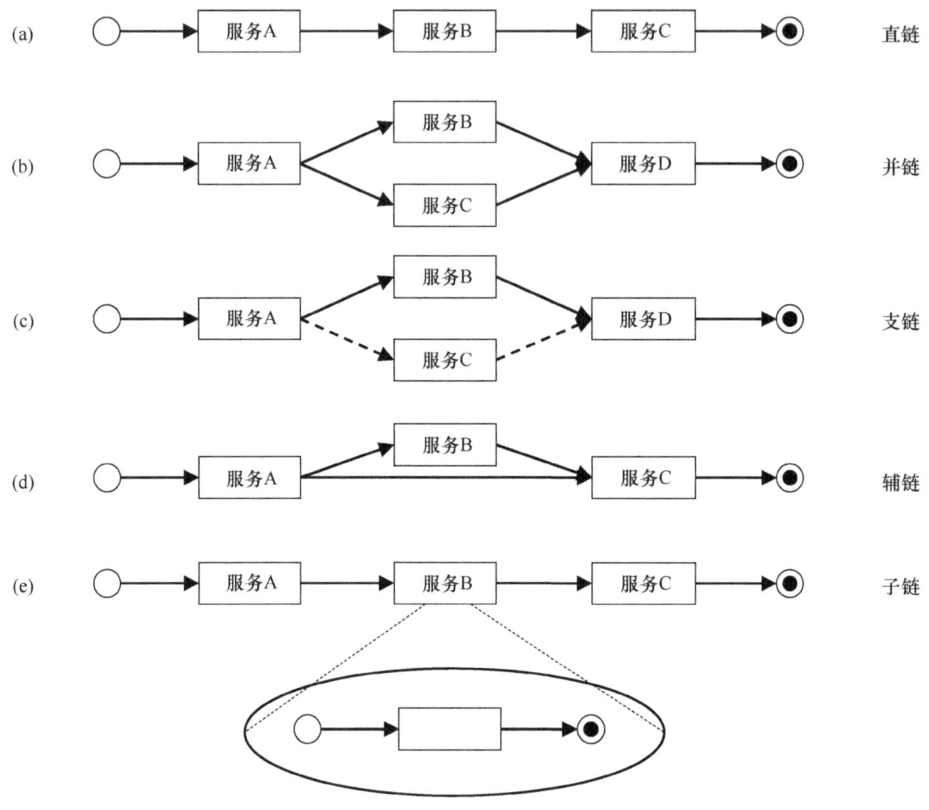

图 3-8　基于节点关系的服务链分类示意图

2）并链

服务链流程中至少两个节点或者组合节点并行运行的服务链，称作并链。并链的执行过程中存在分叉（AND-split）和汇合（AND-join）两种逻辑控制关系。分叉关系出现在并行运行的开始，汇合关系则表示并行运行的结束。实际执行过程中，往往需要对并链采用多线程控制、多线程执行的机制。

3）支链

支链与并链类似，在某节点处开始存在多个分支，同样存在分叉（OR-split）和汇合（OR-join）两种逻辑控制关系，其不同在于，在该节点处需要根据条件判断服务链应该流向哪一个分支，即只能选择数据传入其中一条分支进行处理。

4）辅链

辅链与支链类似，也存在分支，但该分支不是备选分支，而是为了辅助服务链当前节点转向下一个节点而产生的一段流程。这段流程称作辅助流程，该服务链称作辅链。辅链有几个不同于支链的特点：辅链是必须执行的；辅链的开始和结束节点之间对应到服务链主流向上只有一条路径，没有节点。

5）子链

子链是通过其他服务链上的节点调用和执行的服务链。子链是服务链的一个构成部分，拥有自己的业务流程定义功能，具有可重用性。从其定义来看，子链与地理信息服务网络中的复合服务相似（Jin et al.，2022）。

3.2.2 服务链技术框架

地理信息服务链基于一系列网络服务的行业标准协议和跨平台技术实现服务的连接和服务链的执行。在网络层面，使用 HTTP、TCP/IP 等工业标准网络协议完成底层的信息传输，以 XML 等格式作为数据表示和消息表达技术，通过表述性状态传递（REST）、简单对象描述协议（SOAP）在系统间交流信息；使用网络服务描述语言（WSDL）等技术描述和记录服务元数据，并发布注册到行业通用注册中心，如 UDDI、OGC CSW 等，为用户提供一个结构化的地理信息服务数据库，供用户选择；通过网络服务流语言（web services flow language，WSFL）、业务流程执行语言（business process execution language，BPEL）、业务流程建模标注（business process modeling notation，BPMN）语言、Petri 网等技术实现服务链的描述、推理和可视化表达。这些技术构成了服务链的技术框架体系。

1. 网络层

网络层是地理信息服务链为用户提供统一编程模型、基于 Internet/Intranet 环境提供分布式应用的软硬件基础，也是地理信息服务链框架体系中的底层基础。网络层一般支持不同的软硬件环境，为跨软硬件平台的系统应用提供了介质和载体。以互操作和分布式集成为特征的地理信息服务链以网络层的跨硬件能力为基础，凭借通用的网络层协议（如 HTTP、TCP/IP 等）实现了不同软件模块间的通信。网络层协议的通用性和硬件的普遍性，使得网络开发技术的选择具有透明性。开发者可以根据应用程序的不同需求选择网络协议，这些需求包括安全性、可用性、性能以及可靠性。

在数据传输方面，XML 以其简单性、通用性，广泛应用于互操作和结构化信息描述领域，尤其是信息通讯方面。在服务链模式的执行过程中，常采用 XML 作为数据和消息交换的描述技术，充分利用 HTTP 与 XML 的灵活性和良好扩展性，通过 HTTP 或 SOAP 协议实现异构体之间的信息和消息交流。此外，一些地理信息服务之间也通过 REST 实现信息的传递。

作为一种元语言，XML 被设计为用于描述复杂信息的结构化标记语言，将用户界面和结构化数据相分离，允许不同来源的数据无缝集成以及对同一数据的多种处理。在服务链的设计与执行过程中，从对传递数据的描述的角度分析，XML 是灵活的、可扩展的，有良好的结构和约束。从服务处理请求的角度分析，XML 简单且易于阅读，同时又易于被处理服务处理。通过 XML 表达数据、传递消息，不仅跨越了平台（XML 具有天然的与平台无关性），还跨越了空间（Internet 的范围扩展到无线），更跨越了设备（XML 中数据与表现的分离实现了不同终端间信息交换）。XML 的上述特点使得 XML 能够规范化定义和描述复杂地学信息，并且能够在互联网上传输以及有效访问。

在服务链的技术框架中，XML 给基于网络的数据传输带来了更多的灵活性。XML 技术不但可以用于表达结构化的地理信息数据，同时还可以用于传输命令或者参数触发远程系统。XML 的强大在于其简单性。

SOAP 以 XML 格式提供简单且轻量级的用于分布环境中交换结构化信息和信息的消息传递机制。SOAP 主要是在分布的环境中提供了一个跨网络调用服务的框架结构，并提供了独立于编程语言和分布式对象底层基础结构的跨平台集成机制。SOAP 是一个远程过程调用协议，使用标准的 Internet 协议传输，包括三个部分：SOAP 封装结构、SOAP 编码规则和 SOAP RPC 协定。SOAP 封装结构定义了一个整体框架用于表示消息中包含什么内容、谁来处理这些内容以及这些内容是可选的还是必需的；SOAP 编码规则定义了用于应用程序定义数据类型实例交换的一系列机制；SOAP RPC 协定定义了一个用于表示远程过程调用和应答的协定。组成 SOAP 的三部分在功能上是相交的，封装和编码规则是在不同的名域中定义的，这种模块性的定义方法增加了简单性。SOAP 消息是用 XML 编码的文档，由三个部分组成：SOAP 封皮（SOAP envelope）、SOAP 消息头（SOAP header）和 SOAP 消息体（SOAP body）。其中，SOAP 封皮描述 SOAP 消息的 XML 文档的顶点元素；SOAP 消息头提供了一种灵活的机制对 SOAP 消息以分散的、模块化的方式进行扩充，而通信的各方不必预先知道，并且 SOAP 消息头是可选的；SOAP 消息体定义了一种简单的机制用于交换发送给最终 SOAP 接收者的消息中的必要信息，是这些必要信息的容器，典型的应用是编组 RPC 调用和 SOAP 错误报告。

REST 即表述性状态传递，是一种针对网络应用的设计和开发方式，可以降低开发的复杂性，提高系统的可伸缩性。在主流的网络服务实现方案中，因为 REST 模式的网络服务与复杂的 SOAP 和 XML 对比来讲明显更加简洁，这种方法对专有中间件（如某个应用程序服务器）的依赖比基于 SOAP 和 WSDL 的方法更少。越来越多的网络服务开始采用 REST 风格设计和实现。REST 架构应该遵循统一接口原则，统一接口包含一组受限的预定义的操作，不论什么样的资源，都是通过使用相同的接口进行资源的访问。接口应该使用标准的 HTTP 方法，如 GET、PUT 和 POST，并遵循这些方法的语义。

2. 服务描述与发现

在服务链的构建过程中，首先需要对每个服务进行描述，使用户能够清楚地了解该服务的使用方法。服务描述最常用的方式之一是使用网络服务描述语言（WSDL），这是支持可互操作的 Web 服务所需的最小标准服务描述。WSDL 能够描述用户与网络服务通信时使用的消息格式、传输协议以及调用地址等信息。具体而言，WSDL 文档主要包含 7 类元素，即 types、import、message、portType、operation、binding 及 service。这些元素嵌套在 WSDL 的根元素 definition 中。

服务链的构建与执行需要实现网络服务体系结构的松散耦合，并减少服务提供者和服务请求者之间所需的共识程度和定制编程与集成工作量，服务描述是关键。服务描述实质上使用一个 XML 格式的文档对服务及服务接口和服务数据相关信息进行描述，供用户查找、选择服务时作为参考。WSDL 将网络服务描述为一组端点，这些端点会处理包含面向文档或面向过程信息的消息。其中的操作和消息都是被抽象描述的，然后它们会被绑定到一个具体的网络协议和消息格式，用于定义端点，相关的具体端点被合并到抽象的端点或服务中。WSDL 定义了服务交互的接口和结构，但未指定业务环境、服务质量和服务之间的关系，因此，WSDL 文档需要由其他服务描述文档补充，从而描述网络服务更高级的信息。

服务链构建或动态生成过程中，网络服务的发现即从网络或者本地的目录服务中心中获取满足应用需求的服务。用户需要从目录服务中心获取服务的描述信息，并与应用所需服务的要求相比较，然后确定最合适的服务。网络服务的发现依赖于服务注册发布，发现的效率和性能取决于服务分类和服务描述的完备性和准确性。网络服务的获取过程可以使用各种不同机制。和发布网络服务描述一样，根据服务描述如何被发布以及网络服务应用程序可能达到的动态程度，获取网络服务描述也会有所不同。服务链构建和执行过程中，会根据需求查找网络服务，在服务链构建时，服务链构建者按照功能和支持的接口类型搜索网络服务描述。在运行时，服务链执行引擎根据它们通信的方式或公告的服务质量搜索网络服务（龚晓庆，2004）。相关内容在 2.2 节地理信息服务注册与发现中已详细讨论，因此不再进一步展开。

3. 服务链描述与可视化表达

目前，学术界和 IT 业界提出了很多服务链描述语言。其中，IBM 的网络服务流程语言（WSFL）和微软的 XLANG 是两个最早的语言，用于定义网络服务组合的标准。它们都扩展了 WSDL 描述规范。WSFL 使用的是 XML 元语言，描述了复杂的服务组合，既支持服务的静态配置，也支持在 Web 服务注册中心动态查找服务。微软的服务组合语言 XLANG 扩展了 WSDL 的行为标准，为服务组合提供了一个模型，但 XLANG 只支持动态服务组合。基于网络服务开发的业务流程执行语言（BPEL）被称为 BPEL4WS，是后来提出的一个标准，它综合了 WSFL 和 XLANG。BPEL4WS 试图把 WSFL 的有向图过程表述和 XLANG 基于结构化构建的过程合并，构成 Web 服务的一个统一标准。相比于 BPEL 聚焦于底层的代码，业务流程建模与标记（BPMN）语言是一套专用的流程图图形化的标准方法，用以业务流程建模与详细说明业务流程，它提供一套既直观又能表现复杂流程语义的标记法，使各种业务开发者可以相互理解，从创建流程轮廓的业务分析到这些流程的实现，直到最终用户的管理监控。

1）WSFL

WSFL 是 IBM 制订用于描述 Web 服务流程的 XML 语言，其包括流程模型（flow models）和总体模型（global models）。流程模型说明如何使用网络服务所提供的功能，并描述商业交易流程，而总体模型则详细说明所有交易伙伴的交易情形，即网络服务如何与其他网络服务交互。流程模型和总体模型的关系如图 3-9 所示。

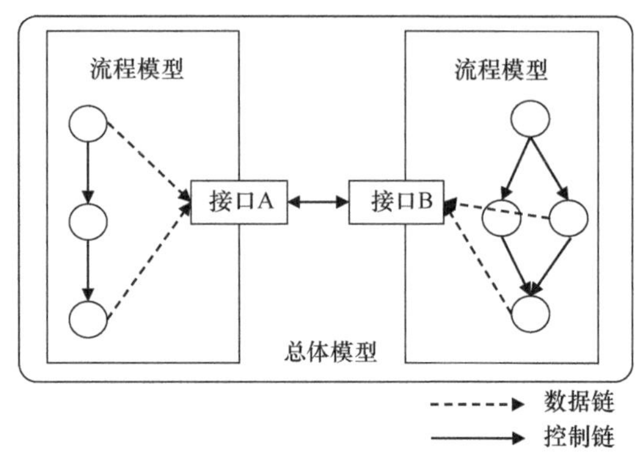

图 3-9　流程模型与总体模型的关系示意图

在流程模型中，活动的执行顺序由控制链指定。总体模型描述了不同服务提供者提供的操作之间的关系。在总体模型中，流程模型被看成服务提供者。WSFL 的另一个特点是支持聚合服务的描述。WSFL 建模后的总体模型和流程模型可以看作是一个网络服务，能够被其他的商业过程调用。

2）BPEL4WS

BPEL4WS 是为 Web 服务而开发的 BPEL，是一种在分布计算或网格计算环境下，利用网络服务实现数据和信息共享的基于 XML 的语言，又称作 BPEL 或 BPELWS。它是由 BEA 系统、IBM 和微软公司的开发人员共同开发的，BPEL4WS 集成并替代了 IBM 的 WSFL 和微软的 XLANG 规范。

BPEL 可以用来描述可执行工作流程（描述业务交互中参与者的实际行为）和抽象流程（描述各方参与者对外可见的消息交换）。实际上，BPEL 的一个优点在于它能够表示两种类型流程的能力，从而使得两种类型流程间的转换过程变得容易。BPEL 对流程模型化方面的两个主要控制方法是分级控制和类图控制，前者与结构化编程语言中的分级控制一样，而对于后者活动的执行主要受控于表明活动间显式依赖关系的链接。BPEL 支持这两种类型的控制方法，并允许在流程内交替使用（刘杨，2007）。

在 BPEL4WS 的元模型中，一个 BPEL 包含三个主要部分：活动（activities）、参与者（partners）和容器（containers）。活动包含一系列的组成元素，包括<receive>、<invoke>、<replay>、<sequence>或<flow>等，用来描述流程中的交互关系。参与者包含调用该流程的服务以及被该流程调用的服务。容器提供了一种机制用来存放业务流程中的状态消息。BPEL4WS 的元模型的主要类型和关系如图 3-10 所示。

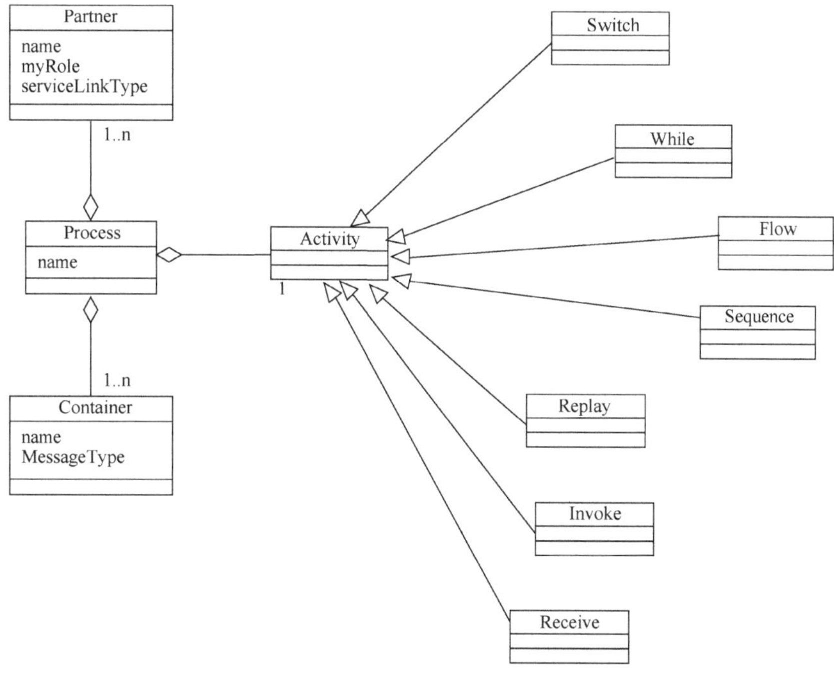

图 3-10 BPEL4WS 的元模型

BPEL 具有以下主要特性（刘杨，2007）：①以 Web Services/WSDL 作为组件模型；②以 XML 作为数据模型（数据松散耦合）；③同步和异步的消息交换模式；④确定的和不确定的流程协调；⑤分等级的异常管理；⑥长期变动的工作单元和补偿单元。

3）BPMN

BPMN 是一种流程建模的通用和标准语言，用来绘制业务流程图，以便更好地让各部门之间理解业务流程和相互关系。Notation 是 BPMN 的核心，即使用图形来表达业务流程。另外，BPMN 是由 OMG 组织维护的一个公开的标准，与任何特定商业组织或工具没有关系，无须为此付费。

BPMN 用很小一套图形要素做简单的图来建模，这将令业务用户与开发者一样容易理解其中的过程和流。同时，BPMN 也允许用户创建自定义的流对象、器物类型，使流程图更好理解。BPEL 本身没有定义描写过程模型的图像表达，但是 BMPN 标准可以用来描写 BPEL 的模型。

服务链由服务和数据以及服务之间的关系构成。“链”代表了服务之间的关系，链又分为数据链和控制链。数据链表示在服务链中的数据的流动；控制链表示数据和信息在服务链的服务之间的具体流向。因此，基于这种“链”状形象化描述的服务链，如何可视化表达成为服务链应用中的关键技术。

4）Petri 网

结合其他领域的相关研究，当前可视化的业务流程描述主要有两种方式：一种基于 Pctri 网，一种基于有向非循环图（directed acyclic graph，DAG）（李红臣和史美林，2003）。

Petri 网是 Carl Adam Petri 在 1962 年提出的一种过程建模和分析的工具，它是一种图形化地描述过程的强有力的工具，具有坚实的数据基础，并且完全形式化（Van der Aalst et al.，2004）。Petri 网分为两种：基本 Petri 网和高级 Petri 网。基本 Petri 网由四个基本元素组成：变迁、库所、标记和链接。用圆圈表示库所，矩形表示变迁，库所和变迁用有向弧链接。库所可以容纳标记（token），标记用来描述 Petri 网的状态和变迁的触发条件。Petri 网可以描述的任务之间的执行顺序包括：顺序执行、并行执行（AND-split、And-join）、选择执行（OR-split、OR-join）和循环执行。高级 Petri 网是为了实现复杂应用建模而对基本 Petri 在颜色、时间或层次上的扩展。Petri 网中的所有元素都是图形化的，因此 Petri 网具有强大的描述能力，能够描述复杂的活动流程，但较多的可视化基本元素和基本结构使得学习使用 Petri 网可视化元素描述业务流程有一定的困难。另外，用于描述 Petri 网状态的标记随着 Petri 状态的变换而不断运动，这也为 Petri 网流程的分析造成了一定困难（贾文珏，2005）。

有向非循环图是一种相对比较简单的可视化流程描述方式，它由节点和节点之间的有向边组成，有向边表示节点执行的优先顺序，节点表示功能和服务。基于有向非循环图的描述方式更简单直观，易于普通用户使用。例如，Kosiedowski 等（2006）在 GridLab 和 PROGRESS 项目中使用了有向非循环图描述网格服务的业务流程；Hoheisel（2006）在对 Fraunhofer 资源网格的研究中提出了使用有向非循环图的网格服务业务流程描述和动态流程优化的方法。

4. 服务编排和服务编制

在服务组合业务流程的设计和执行实现过程中，基于网络服务在信息交互和流程控制的差异，网络服务组合业务流程的设计方法可分为服务编制（orchestration）和服务编排（choreography）两种，如图 3-11 所示。服务编制从单个服务的视角定义了一个工作流过程中的服务以何种顺序与各个伙伴服务进行交互，从而得到一个新的增值服务。服务编排则从全局的视角描述了参与协作的服务间的消息交互和协作过程（可以看作是

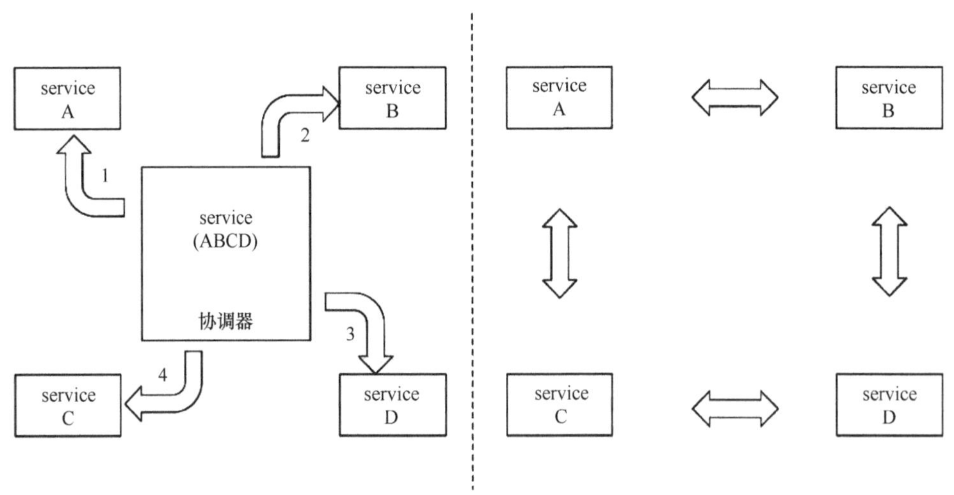

图 3-11　服务编排（右）与服务编制（左）示意图

服务间的通信协议）。服务编排同服务编制的区别在于服务编排没有一个中心控制者，与协作的各个服务以对等的方式进行交互。在实际应用中，服务编制和服务编排互为补充，服务编排可用在服务组合的设计阶段，用以明确各个参与者在协作中所扮演的角色，并以此指导各组织内部的服务编制（宋巍，2010）。

1）服务编制

服务链通过服务之间的消息交互实现共同的业务目标，描述消息交互与内部动作的数据转换和内部服务模块调用等具体实现就称为服务编制。每一个服务提供者都可以称为一个服务编制，同样服务编制可以模块化成为一个中心控制者，用来协调所有的流程。

服务编制定义语言对元模型的形成和对服务编制的理解都是非常重要的，编制定义语言的需求包括：①数据转换。一个服务编制应该能够处理数据转换，包括变量的初始化和在流程执行过程中的数据转换。②控制流：服务编制语言必须能够支持其他网络服务交互或自身流程进行交互的活动，因此需要多种控制流结构，如顺序、条件执行、并行、循环等。③递归组合。服务编制中的一个流程可以由服务本身去描述，这个流程可以参与到服务编制流程中，并且可以聚合成为一个组合服务，因此为了促进组合流程，服务编制应该支持递归组合。④异常处理。服务编制语言仅在第三方控制下可以实现初始化组合流程和聚合外部服务的功能，像应用错误、延时错误等或者不可预见的情况会增加失败的可能性，组合进程必须将这种异常情况考虑进去，因此需要有异常处理的能力。⑤事务支持和补偿。组合服务通常来说需要进行长时间执行的流程，因此事务的处理和服务调用的补偿能力对网络服务组合来说是非常重要的，在封闭的事务处理范围中出现了错误，在对已完成的事务影响的回滚过程就需要进行一定的补偿，因此服务编制语言应该能够支持事务，并且能够在执行过程中发生错误的时候进行补偿。⑥状态服务交互。在实际的情景中，同一个组合流程的多个实体都可能在运行，在组合流程之间的信息交互十分重要，同时需要将参与的服务传给正确的组合流程实体，这种机制保留了有状态的服务交互。⑦执行。服务编制语言应该是可执行的，它所包括的足够信息和服务编制引擎（如 Active BPEL）可以确保可执行性。⑧与其他规范的兼容性。编排规范应当能够补充其他网络服务的规范，如网络服务的可靠性、网络服务的安全性等，因此服务编制定义语言能够遵从其他的网络服务规范。

2）服务编排

服务编排可以认为是一个公开的消息交互规则或者是在服务组合的初始阶段服务参与方之间的协议。服务编排从分散式的视角说明单个服务是怎样同其他服务进行交互的。W3C 的 Web 服务编排工作组（Web Service Choreography Working Group）对服务编排进行了定义（Austin et al.，2004），将服务编排定义为实现目标状态而执行一个任务的独立机构的多个操作信息交互的顺序和条件。

一个服务编排并不描述参与服务的任何内部动作，内部动作包括内部计算和数据转换。服务编排从全局和分布式的角度获取信息交互，在这个角度上所有的参与服务都处于同一个优先级。服务编排可以认为是一个业务流程的业务规范。它提供了一个方便的起点指定参与服务必须如何交互，以实现一个共同的业务目标。在这个抽象水平上，将组合中的每一个参与服务间的相互交互描述为全局协议，所有的参与服务必须遵守这个协议。

服务编排的定义语言对服务编排概念的理解是非常重要的，并且最终能够帮助建立一个合理的服务编排模型。服务编排定义语言的需求包括：①可重用性。相同的服务编排定义可以由不同的参与方在相异的环境中使用不同的软件进行操作，因此一个合适的编排语言应该具有可重用性。②协作：服务编排通过规定服务组合中的参与角色如何进行相互合作，来对各个服务之间的消息交互的顺序进行描述。③支持多方。服务编排的定义中可以包括任何数量的参与服务，所以服务编排语言应该支持多方的交互。④可组合性。目前的服务编排可以相互结合形成一个新的服务编排，可以在不同的环境中重新使用，因此服务编排定义语言一方面可以支持对现有的服务编排进行组合，另一方面也可以支持对组合之后的服务编排的重新使用。⑤信息驱动。服务编排描述的是通过记录由消息交互引起的状态变化，参与服务如何在编排中怎样保持信息量。⑥信息排列。服务编排允许参与方在交互的过程中同步他们的消息和共享状态。⑦支持事务处理。参与方需要指定如何对事务进行补偿，因此服务编排定义语言应该能在消息交互出现任何错误的时候进行补偿。⑧异常处理。对于复杂的消息交互，异常和不可预见的情况的发生将会导致交互失败，失败的原因可能是连接错误、延时错误、应用错误等，在这种情况下服务编排定义语言应该支持异常处理机制。⑨与其他规范的兼容性。编排规范应当能够补充其他网络服务的规范，如网络服务的可靠性、网络服务的安全性、业务流程执行语言等，因此服务编排定义语言能够遵从其他的网络服务规范。⑩设计时验证。一个业务流程的开发者能够使用服务编排定义去产生一个符合 BPEL 定义的行为接口，用来描述服务编排中的参与方发送和接受消息的顺序和条件，也可以验证 BPEL 定义符合在服务编排定义中的行为定义。⑪运行时验证。服务编排的执行可以在运行时验证是否根据服务编排定义正确执行，如果在运行过程中发生了错误，编排可以指定应采取的行动。⑫控制流。为了服务参与方能够正确地表达消息交互的过程，服务编排应该支持多种控制流，包括并行的消息交互、顺序的消息交互、服务编排的组合等。

服务编排和服务编制在服务组合流程设计的观点上是有交叉的，能够相互补充，同时也有显著的不同。两者分别从不同的角度代表了服务组合的行为。服务编排与服务编制在许多方面都是有区别的。服务编排定义一个协议来管理消息交互，要实现什么样的业务目的。所有的参与服务遵循规范去实现这个目的。服务编排从全局角度反映服务组合，而且没有中心控制者管理这个规范。服务编制定义了怎样去实现这个业务目的。服务编排处理参与的服务之间的公有消息交互，而服务编制从一个参与服务的角度去处理公有的和私有的消息交互。基于服务编排的常用的公有消息交互，能够产生服务编制的代码框架。此外，服务编排的优势还在于公有的消息交互对外部是可见的，因此能够提供充分的交互信息。相反地，服务编制包含服务的内部细节，不会向外部提供这些内部信息。

服务编制是按照一种陈述性的而非编程性的方式创建合成服务，服务编制对执行流程中每个参与的服务都做了详细定义，同时也对服务间的执行顺序做了严格的限制，因此，服务编制可以认为是业务的简单执行过程，而这个执行过程本身也可以看作是一个网络服务。而服务编排所关注的是服务参与方如何在更大的业务中进行协调合作，对于每个服务来说，服务编排都会对如何与组合中其他相关的网络服务的交互过程做出详细的定义，并非像服务编制那样只会从自身服务的角度去描述如何执行给定的业务流。服务编排与服务编制最显著的区别是服务编排是具有描述性的，可以去说明组合中服务的行为；而服务编制包含足够的信息可以确保业务流程的执行，具有可执行性。同时，服务编排是一种点对点模型，实现业务流的过程中会涉及多个参与方，而服务编制是请求方或提供方的层次模型，服务编制仅对调用服务的时间和内容进行定义，没有对服务间协作如何开展作出定义。

3.2.3　服务链实现流程

地理信息服务链是以地学研究问题和任务为目标，以地理信息服务为核心，组合地理信息服务，对地理信息服务执行流程的业务逻辑和功能进行直观的描述和形式化表达。地理信息服务链整体的构建和执行流程可以定义为：根据业务的功能需求的抽象建模，划分问题处理流程中的功能模块，定义服务链执行与数据流的逻辑，根据任务需求，规范抽象模型中各数据和服务功能之间的链接关系，然后根据抽象模型和链接关系，将各数据和服务连接起来，形成可执行的地理信息服务链，最后通过相应的执行引擎执行和监控该服务链。整体过程可以分为以下三个阶段。

1. 基于业务需求的抽象建模

基于业务需求的抽象建模是基于现实世界中的业务办理流程，将研究的问题抽象为符合计算机观点的业务模型，也是将小粒度的地理信息服务功能组合成粒度更大、功能更强的地理信息服务链抽象模型的过程。完整的地理信息服务链的抽象模型包括抽象的服务功能模块、控制结构及模块之间的数据流向。

抽象的服务功能模块描述抽象模型中根据具体问题划分的服务功能，是抽象模型中的基本元素。控制结构是服务功能模块之间的执行次序，它使服务能够以串行、并行和选择等各种关系连接起来。模块之间的数据流表达功能模块之间的数据交互，表示模块输入/输出（I/O）之间的各种数据传递，能够辅助控制结构决定服务链抽象模型的执行路径，是服务链能够执行的保证。

地理信息服务链抽象模型是对地理信息服务链的业务处理过程进行规范化一致描述的模型，对提高地理信息服务的重用性、互操作性以及向智能化扩展都有重要意义。抽象建模的目的在于，在不考虑具体服务的前提下，根据任务需求，通过建模的形式，表达出形成完整的组合功能所需要的各个服务数据和功能模块以及模块之间的关系。

2. 服务组合与服务链构建

服务组合与服务链构建是根据服务链的抽象模型中的抽象功能模块以及它们之间

的逻辑和数据上的连接关系查找和匹配相应的服务实例，并基于相应的服务链描述语言，表达各服务之间的属性、方法和集成关系，最终形成可执行的地理信息服务链模型的过程。服务链构建的主要目的是确定服务链上各服务之间的相互关系、优先顺序、通信协议、操作的同步处理等。在分布式环境下，数据服务、地理信息处理服务、应用模型服务、模型处理服务以及其他各类信息服务分布在不同的服务节点上，这些服务必须通过远程调用的方式进行访问，而各类数据可以通过数据服务进行数据下载，作为副本存储在数据处理服务节点上，提高计算效率（于海龙等，2006）。

以 Jin 等（2022）提出的基于地理信息服务网络的服务链构建为例，其流程为：首先，根据已有的服务链抽象模型中的抽象服务功能模块，从地理信息服务网络中获取相应的原子服务或原子服务的集合作为该功能节点的候选服务，然后根据服务网络中各服务之间的连接关系（主要是逻辑关系和输入输出关系）将各节点的原子服务连接起来，形成可执行的地理信息服务链。

在服务链构建的具体操作上，根据用户自身的需求，可以以不同的可见性或控制性来构建服务链，根据用户参与活动的不同，分别采用透明链、半透明链和不透明链三种方式完成服务链的构建。

在服务链构建过程中，需要依据某种服务链描述语言表达服务链中各服务的属性、方法、限制以及服务之间的集成关系，定义服务链的整体流程。主要的服务链描述语言有 BPEL、WSFL、XLANG、ebXML、WSCI、WSCL、BPMN 等。

3. 服务链执行与监控

服务链的执行与监控是将构建好的可执行的服务链进行发布和执行，并在执行过程中对服务链的执行情况进行追踪，该过程往往需要基于各种服务链执行引擎来实现。

服务链的执行过程包括对服务的依次动态访问与执行、服务间的通信与协调、事务处理等内容，服务链的监控过程包括执行时间管理、服务链中各节点 QoS 评价等内容。根据服务链构建中使用的服务链描述语言的不同，需要采用相对应的服务链执行引擎，常用的服务链执行引擎有基于 BPEL 的 ActiveBPEL 和 OracleBPEL 等。AciveBPEL 是 BPEL 引擎的代表，也是一款可执行 BPEL 规范的开源流程引擎，其结构和实现方式具有较高的参考价值。目前很多国内的中小型软件厂商参考 ActiveBPEL 的基础内容和思想开发 BPEL 产品。受目前国内中小型客户对流程需求的限制，基于 BPEL 的开源引擎或小型产品被市场接受度还很低。但 BPEL 所围绕的业务流程及流程整合应用是一个发展趋势。OracleBPEL 引擎是一种商业软件，是现有的比较成熟、可伸缩性的 BPEL 服务器。它执行标准的 BPEL 流程并提供“脱水”功能，以便在数据库中维持长时间运行的流程状态，从而实现故障的转移和可伸缩性的集群化。Oracle BPEL 流程管理器为创建、部署和管理 BPEL 业务流程提供了完整且易用的基础架构。

3.2.4 服务链的优化方法

地理信息处理服务链优化是指对空间处理工作流中每个抽象原子服务从对应的候

选服务集中选择合适的服务组件与之进行绑定，使组合后服务链整体性能达到最优的过程。地理信息服务链的优化常用 QoS 作为评价指标，地理信息服务质量的内容将在本书第 4 章详细介绍，本节仅将其作为一个整体使用。地理信息服务链优化策略包括服务链构建过程中的静态优化和执行过程中的动态优化（Ardagna and Pernici，2007；谭振宇等，2016）。服务链构建过程中服务选取的目标是根据用户对服务质量的要求选取出一组服务，使得最终的组合服务具有良好的用户满意度和服务质量。依据服务组合中所采取的服务选择策略的不同，可将现有的网络服务选择策略分为三种，即局部最优策略、全局最优策略及混合策略（李金忠等，2010）。

1. 静态优化

静态优化是在服务链构建阶段，基于地理信息服务的功能和预期质量，选取地理信息服务使得服务链的执行效果最优，其策略包括局部最优策略、全局最优策略和混合策略。

1）局部最优策略

局部最优策略对服务链中每个抽象原子服务依次从各自候选服务集中选择 QoS 最优的服务组件。

局部最优策略的基本思想是：分别考查各个抽象服务的候选服务集，对候选服务的各个 QoS 参数信息进行加权和排序，并以此为依据，分别从每组功能等价的候选服务中为服务组合中的每一个抽象服务选择一个满足局部约束条件限制且加权和最大的服务来构建组合服务。其核心是针对组合服务中的每个抽象服务，对能够完成该服务的所有候选网络服务进行选取，找到能够实现单个抽象服务的质量最优的服务。

局部最优策略由于没有考虑全局 QoS 约束，也没有考虑组合服务中各个抽象服务之间的关系，各个抽象服务选择具体服务是相互独立的，虽所选的单个服务能满足用户需求，但依据该策略生成的组合服务并不一定是全局最优的，也不一定满足用户对服务组合的全局 QoS 约束。它保证了在单个抽象服务上的最优，但不一定能保证全局最优。局部最优策略的优点是通用、灵活，缺点是最终解是局部最优解，没有考虑全局约束，其质量很大程度上依赖于初始解的选择。

2）全局最优策略

全局最优策略的选取方法将着眼点从单个抽象服务转移到整个组合服务，从而使得选取出的服务更接近用户对组合服务质量的要求。它旨在使得组合服务整体的 QoS 满足给定的约束或达到预定的优化目标，因此具体服务的选择需要综合考虑各个具体服务的聚合效果。在服务链全局优化中，用户会设定诸如响应时间较短、可靠性较好、数据质量较高等多个目标，这是一个典型的多目标优化问题。多目标优化问题求解往往通过线性加权的方法简化为单目标优化问题，最后运用相应的规划方法进行求解。

全局最优策略考虑了全局 QoS 约束，所获得的解是满足 QoS 约束的全局最优解，但计算复杂，尤其在动态网络环境和实时需求场景下，需寻求高效率、高性能的网络服务选择算法支持。

下面是服务链全局优化的数学模型。设定地理信息服务链优化目标函数为式（3-1），用户对服务 QoS 约束条件为 Cons_i（i 表示 QoS 要素），则优化问题可表述为在用户多目标约束条件 Cons_i 下求目标函数的最大值 $\max f(g)=W_{\text{performance}}\times Q_{\text{performance}}+W_{\text{availability}}\times Q_{\text{availability}}+W_{\text{reliability}}\times Q_{\text{reliability}}+W_{\text{reputation}}\times Q_{\text{reputation}}+W_{\text{spatial}}\times Q_{\text{spatial}}$。式（3-2）给出了整个优化模型的形式化表示。

$$\max f(g)=W_{\text{performance}}\times Q_{\text{performance}}+W_{\text{availability}}\times Q_{\text{availability}}+W_{\text{reliability}}\times Q_{\text{reliability}}+W_{\text{reputation}}\times Q_{\text{reputation}}+W_{\text{spatial}}\times Q_{\text{spatial}} \tag{3-1}$$

$$\max f(g),g\ \ \text{s.t.}\begin{cases} Q_{\text{performance}}\leqslant \mathrm{Cons}_{\text{performance}}\\ Q_{\text{availability}}\leqslant \mathrm{Cons}_{\text{availability}}\\ Q_{\text{reliability}}\leqslant \mathrm{Cons}_{\text{reliability}}\\ Q_{\text{reputation}}\leqslant \mathrm{Cons}_{\text{reputation}}\\ Q_{\text{spatial}}\leqslant \mathrm{Cons}_{\text{spatial}}\end{cases} \tag{3-2}$$

式中，W 为服务链 QoS 要素对应的权重，其值根据用户偏好得到；Q 为地理信息处理服务链 QoS 值，服务链 QoS 值按照一定的运算法则对服务链中各原子服务 QoS 值计算获得。针对不同链结构，运用相应聚合公式来计算服务链的 QoS 要素值。

基于 QoS 的服务链优化问题属于非确定性多项式（nondeterministic polynomially，NP）难题，通常使用启发式算法进行模型的近似求解。常用的优化算法有遗传算法（genetic algorithm，GA）、粒子群优化算法（particle swarm optimization，PSO）、蚁群算法（ant colony optimization，ACO）等。遗传算法是一种基于种群的全局优化搜索算法，是模拟遗传选择和自然淘汰的生物进化过程的计算模型。通过选择、交叉和变异等作用，种群不断进化，最终收敛到优化解。其常用于复杂系统的优化计算。其中，选择操作是在个体适应值评价基础上，对个体（即子服务）优胜劣汰，以避免基因缺失，从而提高全局收敛性和计算效率。交叉操作是从群体中随机选择两个个体，交换这两个个体的某些位，以产生新的基因组合。变异操作是对群体中的某些个体的位进行改变。在服务链优化中具体的做法是，随机选择一个基因，即某个子服务，随机选择对应的一个候选服务来替换当前子服务。

遗传算法原理简单、易于实现、通用性强，且具有并行处理和全局搜索能力，能够以满足服务组合语义匹配（功能属性）和用户的 QoS 要求（非功能属性）为目标，将服务选择问题转化为多约束多目标的优化问题，构建遗传算法模型，以服务组合流程的全局语义匹配度和 QoS 为优化目标，实现服务组合的最优化，从而解决基于 QoS 单一指标选择服务所带来的问题，因此其在服务链的优化研究中应用较为广泛。

3）混合策略

局部最优策略计算量通常少于全局最优策略，但是无法考虑全局 QoS 约束，往往不能得到满足用户 QoS 需求的选择结果；而全局最优策略可以考虑全局 QoS 约束，但是计算量较大、组合规模增大时，全局最优策略的计算量也随之增大。因此，这两种策略都存在一定的优势和局限性，很多服务选择算法不能很好地兼顾局部与全局两方面的 QoS 要求。混合策略融合局部与全局最优策略的优点，如先采用局部最优策略对每个抽象服务过滤其候选服务，再采用全局最优策略从未筛选掉的候选服务集中进行服务选择。

局部搜索技术可以确保满足基于组件服务层的 QoS 需求，但处理全局 QoS 约束时失效。另外，全局优化技术可以处理全局 QoS 约束，但性能不佳，难以适用于具有动态和实时需求的应用。采用混合策略，通常利用局部最优策略来缩小服务聚合的求解空间，利用全局最优策略来把握整体 QoS，它所产生的解是满足局部约束和全局约束的全局 QoS 最优的解，但采用该策略所设计的服务选择算法思路复杂，设计时较有难度。

2. 动态优化

动态优化策略是针对服务链运行过程中动态监控发现的 QoS 异常变化情况进行重新规划，确保服务链能在满足 QoS 约束的状态下顺利执行，其主要分为性能优化和异常处理两类，如图 3-12 所示。

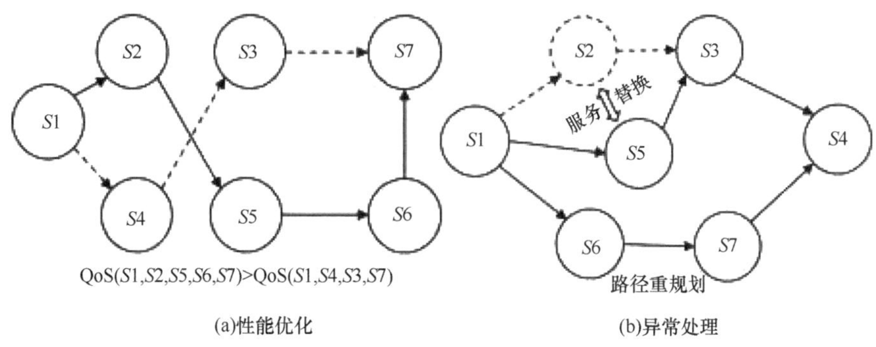

图 3-12　地理信息服务链的动态优化

针对服务组合运行阶段的性能分析与优化问题，吴钊（2007）提出了一种基于数学分析的组合服务性能模型、性能分析及优化方法，介绍了遗传算法优化服务选择的优越性；江琦等（2011）提出了一种结合随机逼近和策略迭代的在线优化算法增强服务组合的环境自适应性。

如果出现服务组合异常，则需要在动态优化的过程中进行服务替换。张康等（2017）提出了一种基于改进模拟退火算法的 QoS 动态服务组合方法，实现了 QoS 达到临界值时的局部替换和环境变更时的动态重组；易雄鹰等（2016）基于事件–条件–活动（event condition action，ECA）规则对 BPEL 语法进行扩充，设计多种 GIS 服务链异常处理与恢复策略；游兰（2015）提出一种时空优化的空间信息服务组合重规划方法，满足了动态变化的云环境中空间信息服务的准确替换和失效服务组合的快速修复。此外，可以将最优服务链的组合问题转化为对服务复杂网络性能的优化。例如，章振杰（2019）设计的基于动态匹配网络的云制造服务组合自适应机制，实现了服务组合的动态自适应。通过感知服务网络上下文结构进行路径替换处理异常，能够满足服务链的动态优化需求。

3.3 地理信息服务匹配

在地理信息服务组合或服务链实现流程中，从抽象的服务组合逻辑变成可执行的地理信息服务链，需要绑定具体的数据、处理服务实例，即进行地理信息服务匹配。简单地说，匹配就是根据一个已给的数据或概念，查找和发现与其相关的数据或概念，然后根据各概念与已给出概念之间的相似度的大小，来返回匹配的结果。与服务检索侧重于根据服务描述获取相关服务列表不同，地理信息服务匹配则是根据服务请求者在构建服务集成模型后，模型中各部分的接口关系和服务能力提出的要求，在已有的服务集合中寻找满足用户需求服务的过程。服务匹配以用户的请求信息为输入，以某个满足用户需求的服务地址或其 ID（用于激活服务的唯一代号）为输出。

传统的地理信息服务匹配依赖于服务注册中心，通过阅读服务的相关说明（包括服务的描述、服务提供者信息、服务的参数及其类型等），挑选所需的服务，借助某种工作流引擎手动将各种服务组合成一个地理信息服务链。该过程不仅耗费了大量的人力资源，同时不能达到理想的服务匹配效率，随着服务规模的增大，服务匹配的效率降低，人工成本大幅度增加。基于关键字匹配技术的出现，可以节省人力资源，也提高了服务匹配的效率。这种基于关键字的服务匹配技术来源于信息检索技术，其主要对关键字进行统计，在信息提取过程中进行匹配。该技术的提取算法简单，实现相对容易，在特定范围或领域中（如针对某一个网站）可以取得比较好的提取效果。但基于关键字的提取仅仅从统计词频等角度来考虑提取，导致查准率不高。语义 Web 技术为解决这种仅基于语法层次上匹配的问题带来了契机，基于语义的地理信息服务匹配是在语义层上进行服务需求描述和匹配判断，这样能够精确和高效地找到功能符合的数据或服务。例如，基于服务语义构建地理信息服务网络，将地理信息服务间的语义关联关系等信息以服务网络的边的形式存储，从而能够支持服务的查找和匹配关系的显式表达，提高地理信息服务匹配的效率（Jin et al.，2022）。

地理信息服务进行语义匹配是通过对地理信息服务的层次体系构建和形式化表达，在用户构建服务组合的抽象结构的基础上，根据组合流程中各节点的功能描述匹配相应的服务实例，从而构建可执行的服务组合流程。由于服务组合模型中服务模型之间具有相互关系，在对地理信息服务组合进行地理信息服务组合模型匹配时，首先需要根据服务组合模型中各服务模型的链接关系，对服务组合模型进行约束匹配，然后将单个服务模型与注册中心的服务实例的相应参数进行语义匹配，再根据匹配的服务实例对下一个服务进行约束匹配，这样便获取了服务组合的最佳原子服务实例列表，最后通过对原子服务的集成，生成可执行的地理信息服务执行流程。

具体来说，地理信息服务语义匹配的过程为：根据地理信息服务组合模型分解方法，应用地理信息知识库，对组合服务中的原子服务进行约束匹配，使组合服务的输入或链中上一个服务的输出参数对下一个服务输入进行约束，然后对单个原子服务进行语义匹配，其匹配原则是根据原子服务的模型和应用参数语义匹配规则在注册中心进行匹配，发现最佳的原子服务实例，再根据原子服务实例的匹配结果对服务组合中下一个服务的输入进行限制，最后根据抽象地理信息服务组合模型中各原子服务的链接关系、数据传递关系及控制结构关系，将服务组合匹配得到的具体原子服务链接起来，形成可执行的工作流文件，以达到构建具体地理信息服务链的目的。

在地理信息服务语义匹配系统模块中，可以根据服务的复杂程度，将地理信息服务语义匹配分为单个地理信息服务匹配和地理信息组合服务匹配。

1. 单个地理信息服务匹配

单个地理信息服务匹配，顾名思义是单个服务间一对一的匹配，是对用户需求的服务组合模型中一个原子服务模型进行匹配，并且注册中心中也存在一个服务实例，其功能完全满足用户需求。因此，这种情况只需要对服务模型与注册中心的服务实例进行一对一的服务语义匹配，即通过服务输入输出等参数查找出功能满足用户需求的服务实例。

2. 地理信息组合服务匹配

地理信息组合服务匹配，则是由于网络上不存在功能完全满足用户需求的单一地理信息服务，用户通过将多个原子服务模型组合起来，形成一个新的、功能强大的组合服务模型，然后对组合服务模型进行匹配，形成可执行的服务链来满足用户需求。目前地理信息组合服务匹配一般直接将组合匹配转换为一系列独立的地理信息服务的语义匹配，其流程为：首先从地理信息组合服务模型中根据知识库对原子服务模型进行约束匹配，提取抽象原子服务，再将原子服务模型与注册中心中具体服务进行语义匹配，然后根据组合模型中各服务间的链接关系将各服务实例连接起来，形成可执行的地理信息服务链，最后通过各种服务组合的参数属性来衡量服务链的质量好坏。这种方法侧重于对组合服务原子服务功能的发现，它们将服务组合的功能分成一个个子服务功能，忽略了组合服务中各原子服务之间的相互协作关系，使每个原子服务的匹配没有结合其上下文而独立进行，可能导致最后得到的服务链无法执行。因此，当地理信息组合服务匹配时，首先要对地理信息组合服务模型进行分解，然后根据知识库的关系，对单个服务的输入参数进行约束匹配，再实行单个原子服务模型与注册中心中服务实例之间的匹配，最后基于匹配结果服务实例的输出参数对服务组合中的下一个服务进行约束匹配，这样才能形成最理想的地理信息服务链，满足用户需求。

3.4　本 章 小 结

本章介绍了以地理信息服务网络为基础的地理信息服务组合的基本概念。地理信息服务作为网络服务的一种，其组合过程天生具有网络服务组合的特点，在此基础上，OGC 等一系列组织进一步制定了一系列地理信息服务规范，使得地理信息服务的规范化共享、按需获取和组合成为可能，能够将多个地理信息服务按照一定的方式组合起来，完成单个服务无法完成的复杂地理处理任务。

基于一系列的地理信息服务规范，已有的研究总结出包括静态组合和动态组合在内的地理信息服务组合方式，实现了服务聚合、服务合成和服务链等地理信息服务组合类型，并可以通过服务组合工具实现手动、半自动和自动服务组合。

在各种地理信息服务组合类型中，地理信息服务链得到了广泛的研究和应用。除了 OGC 和 ISO 联合推出的 ISO 19119 将地理信息服务链分为透明链、半透明链和不透明链外，还有研究参考其他领域，基于有向图和节点关系对地理信息服务链进行描述和分类。对多种工业标准的引入与其他领域科学工作流的参考也构成了地理信息服务链的基本技术框架，服务链的技术框架的主要内容以网络层和服务描述框架为基础，包含服务链的描述与可视化表达以及服务的编排与编制。基于业务需求的抽象建模、服务组合与服务链构建、服务链执行与监控共同组成了地理信息服务链的完整实现流程。在这个过程中，需要进行地理信息服务的匹配。通过服务匹配，可以得到可执行的具体服务流程，实现对相对复杂的地学问题的求解。此外，地理信息服务链优化是提升服务链执行能力的关键，为此需要研究地理信息服务链的优化方法，可以使用动态优化、静态优化实现对服务链的优化。

地理信息服务链优化常用 QoS 作为评价指标来进行服务选择、服务替换等过程。目前，研究领域已对地理信息服务质量建立了一系列的理论与方法，既包括作用于单个的地理信息原子服务，也包括对服务链质量的评估。这些内容将在第 4 章中得到体现。

第 4 章　地理信息服务质量

标准和规范只解决了如何实现服务以及如何集成服务等纯功能的内容，为使地理信息服务真正在实际应用中被广泛采用，必须考虑服务质量。地理信息服务质量是对地理信息服务的补充说明，它向服务提供者指明获取更多利益的发展方向，同时帮助服务消费者能在众多的这些服务实例中发现并选择真正想要的服务。当前，地理信息服务质量已经形成了较为成熟的理论体系与方法。本章将从地理信息服务质量的内涵谈起，介绍其参考模型、要素模型、评价方法、服务质量与服务组合，以及地理信息服务质量的研究热点等内容。

4.1　地理信息服务质量内涵与参考模型

4.1.1　地理信息服务的概念及内涵

根据国际标准组织 ISO 建立的 ISO 9000 系列标准，质量定义为“degree to which a set of inherent characteristics fulfils requirements”，即“一组固有特征满足需求的程度”。质量是一个十分宽泛的概念，它可以与产品相关，还可以与人、过程、软件、网页，甚至艺术品相关。但是，质量有两个确定的实体——质量主体和质量客体，质量主体是满足消费者需求的产品或服务，质量客体就是消费者。质量主体满足质量客体的需要，质量就是满足需求的固有特征的程度。同一个质量主体可能有很多质量客体，不同的质量客体对质量主体的需要，不论是方向，还是程度都不尽相同。例如，一件 T 恤，如果顾客 A 只看重它的材料，如果材料好，它的质量就高，但是对于看重样式的顾客 B，如果只有好材料，那么它的质量也不高。可见，质量主体的质量是一个相对的概念，它由满足客体需求的程度决定。所以，在确定质量主体的质量时，需要首先确定质量主体和客体。虽然质量主体具有的特征及其程度是确定的，但不同的质量客体对特征的关注范围及其程度不同，使得质量也不同，因此，许多研究把质量分为两类，即固有的质量和感知的质量（Gozdecki et al.，2003）。吴华意和章汉武（2007）认为，“固有的质量”是一个从管理者和所有者出发的概念，根据前面的论述，它不应该作为“质量”提出，如果质量客体是管理者和所有者，则另当别论。所以，分析质量问题，最重要的一点是澄清质量主体与客体，只有以它为前提，才能分析质量的构成（要素或维度）及评价。

虽然许多研究者都对服务质量进行了研究，提出的成果也不尽相同，但有一个观点还是得到了普遍认可，即服务质量（QoS）描述了服务相关的所有服务特征的总和满足规定或暗示的非功能需求的能力，是实际提供服务和期望提供服务的差距。为了控制与评估服务的质量，需要明确服务质量的内容，即要素体系。Parasuraman 等（1985）在分析了四个典型的商业服务的基础上，提出了服务质量的十个要素，分别是：可靠性（reliability）、响应性（responsiveness）、能力（competence）、可接触性（access）、礼貌（courtesy）、交流（communication）、可信性（credibility）、安全性（security）、理解与会意（understanding/knowing）、切实性（tangibles）。之后，章汉武把十个要素简化为五个：有形性、可靠性、响应性、真实性和移情性。由于不同的服务领域具有各自的特点，因此上面要素不可能覆盖所有的领域，许多领域需要增加新的要素或者删减某些要素。Gronroos（1988）提出应把服务质量分为两部分：成果质量与过程质量。前者表示服务消费者所获得的“成果”的质量，而后者即交互过程的质量。Gronroos 提出的服务质量构成表明，用户感知的服务质量，不仅包含所得成果的质量，还包括它们是怎样被提供服务的方式、方法和态度等过程。成果质量可以用客观的方式来评价，而过程质量的评价只能通过主观的方式。Rust 和 Oliver（1993）在成果质量和过程质量的基础上，进一步提出应该增加有形环境质量，即用户是在什么样的有形环境中接受服务的。成果质量、过程质量、有形环境质量可以作为通用服务质量的三个分类，具体服务的质量需要在这些类别下细化，形成一个多层次的要素树，如图 4-1 所示。

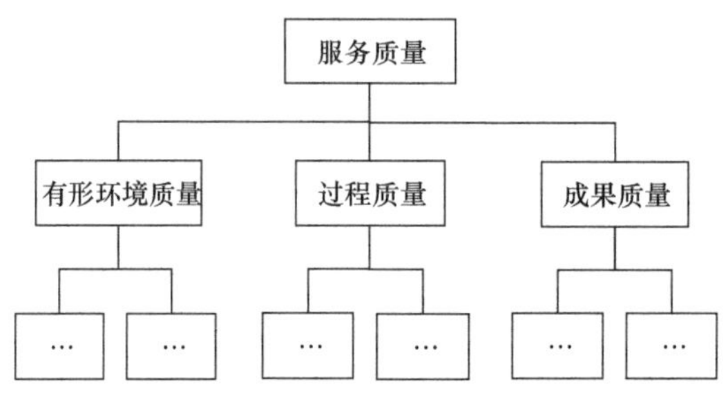

图 4-1　通用服务质量要素树结构

地理信息服务质量（quality of geographic information service，QoGIS）是服务质量在地理信息服务领域的进一步深化。吴华意和章汉武（2007）将地理信息服务质量定义为所有使得用户获得更好的地理信息服务的理论、方法与技术的总称。为此，地理信息服务质量的研究不仅需要引入其他领域服务质量研究的概念，同时要重视地理信息服务本身的特殊性。Hu 等（2019a）进一步构建了全面的地理信息服务质量理解视图，强调地理信息服务是一种能够共享、处理和描绘地理空间数据的特殊类型的应用程序。由于不同的数据服务可能提供不同质量的地理空间数据集，且地理处理服务由于算法实现的不同而产生不同的分析结果，因此，地理信息服务质量与服务端的性能和能力有关，同时需要特别关注用户交互过程中的体验质量（quality of experience，QoE），确保高可用人机交互（human computer interaction，HCI）和良好的图形界面的视觉体验，以及可用性、可读性、沉浸感（immersion）、示例（illustration）等因素。为此，研究从地理信息服务质量建模（modeling）、获取（acquisition）和应用（application）三个维度构建了地理信息服务质量概念框架，将地理信息服务质量度量指标、评估因素和研究主题等因素综合在该框架中，如图 4-2 所示。

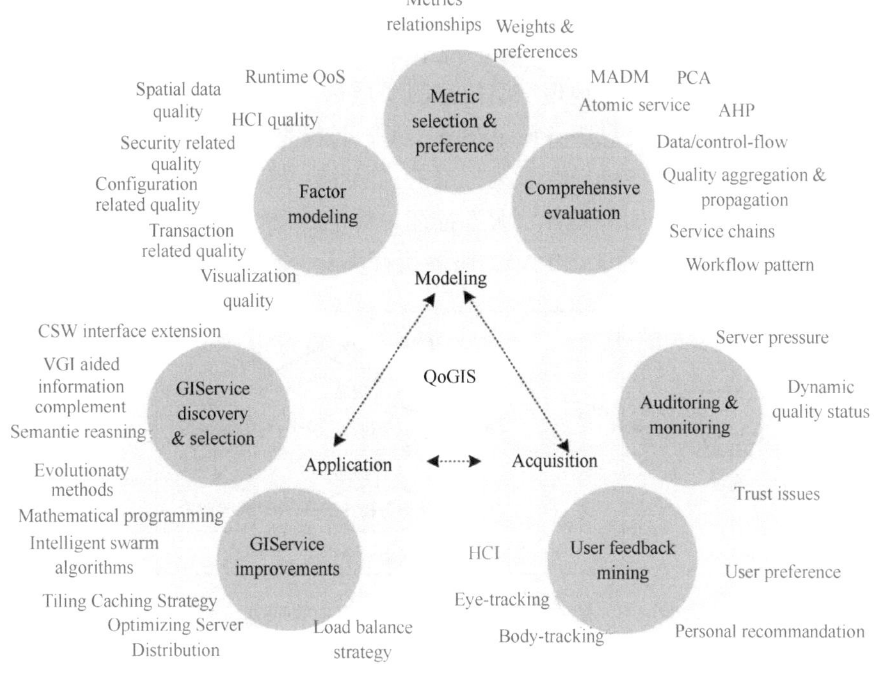

图 4-2　QoGIS 概念框架

4.1.2　地理信息服务质量参考模型

Web Services 技术的出现，对服务质量提出了挑战，主要反映在以下几点：

（1）Web 服务需要动态地发现与选择，服务质量起到决策支持作用。为了促进组件间的松耦合性与动态性，Web 服务的接口与其实现相分离。Web 服务的描述发布到注册中心，服务的用户可以通过这些描述发现和选择其需要的服务。随着标准化组织的推动和技术的进步，具有相同功能但质量不同的服务大量涌现。服务质量起决策性的作用，为了满足应用需求，服务质量也应该被发布到注册中心。

（2）Web Services 是广域网技术，通信通道会影响服务质量。服务消费者与服务实体之间的通信通道（一般是 Internet）是服务交付的媒介，但是往往又不在服务提供者的控制范围内。服务提供者通过质量管理系统控制与保证提供服务的质量虽然很重要，但服务消费者最终收到的服务质量很可能不同于生产时的质量。

（3）Web 服务具有可组合性，服务质量在组合模型设计与重规划中发挥关键作用。服务组合质量以原子服务质量为基础，如组合服务的可靠性将由原子服务的可靠性决定。组合服务可以递归地组合成更加抽象的组合服务。为了保证组合服务的服务质量，需要选择高质量的原子服务，同时，要控制组合服务执行的过程中服务质量的传递和抵消。因此，服务组合环境下服务质量具有双重性，既是质量管理问题也是质量应用问题。

为解决上述难点，研究人员和技术人员需要在一个共同认可的框架下进行讨论和交流，即采用地理信息服务质量的参考模型，来指导和规范与地理信息服务质量相关的各种研究。

参考模型是一个促进理解相关环境下实体及其关系的框架，由相应问题域中的一系列核心概念、公理与关系组成，它独立于具体的标准、技术与实现（MacKenzie et al., 2006）。地理信息服务质量模型澄清了与地理空间信息服务质量相关的实体的定义、概念及实体间的关系，为所有涉及地理空间信息服务质量的问题提供了概念基础。吴华意和章汉武（2007）提出地理信息服务质量参考模型，该模型建立在已有的商业服务质量研究、软件系统质量、Web Services 系列标准等文献上。图 4-3 描绘了该参考模型的主要概念成分及其关系，包括服务实体、服务描述、角色、质量要素、质量评价、服务水平协议（service level agreements，SLA）、服务执行。

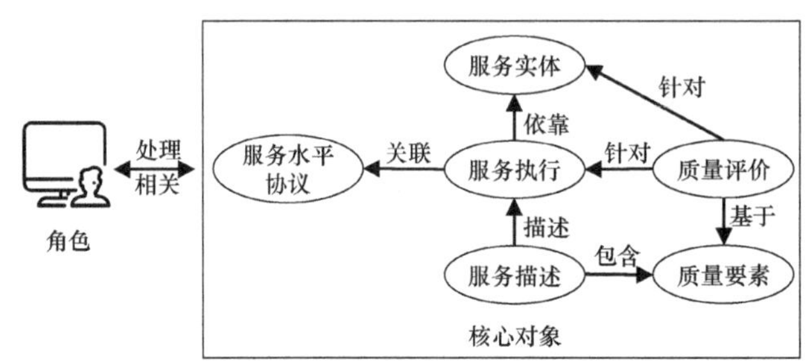

图 4-3　地理信息服务参考模型的主要成分

1. 服务实体

服务实体是具有一定能力、对外提供功能的软件系统。在地理信息服务体系结构下，对外提供地理空间数据、处理、绘制等功能的服务实体，就是地理信息服务实体。Web Services 指导下的地理信息服务根据依赖关系来推导服务质量的传播。服务实体不仅指孤立的 Web 服务实现，它是 Web 服务实现、Web Services 引擎、操作系统、硬件等的综合体。如果把 Web Services 引擎、操作系统等 Web 服务运行的支持设施统称为运行环境，则地理空间信息服务实体的质量不仅依赖其运行环境，也依赖其他服务实体的质量，如图 4-4 所示。

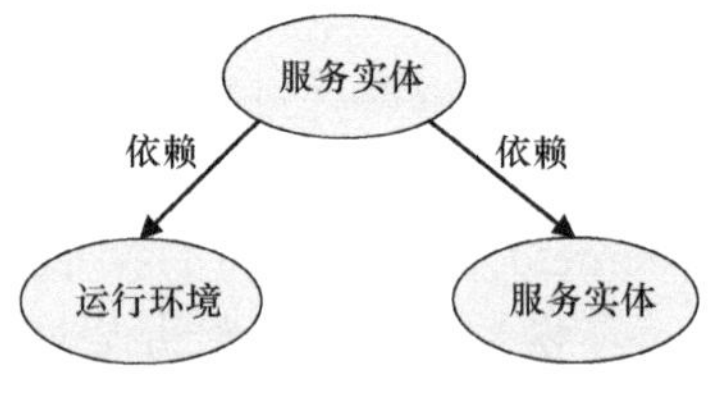

图 4-4　服务实体依赖关系

2. 服务描述

为使服务用户能动态地发现、选择和调用地理信息服务，地理信息服务应该遵循开放的服务描述标准。在 Web Services 系列标准中，WSDL 是服务的描述标准。由于地理信息服务与地理空间数据相关联，如提供地理信息或处理地理信息，所以传统的 WSDL 难以满足地理信息服务的描述要求。OGC 提出的服务描述能力（capabilities）文档，包括服务提供者、服务标识、服务操作、内容等方面的信息。服务的消费者通过对能力文档的解析，可以发现服务的功能和调用的协议、地址等信息。尽管如此，该文档缺少对服务质量的描述，还不能完成基于服务质量的发现与选择等高级、智能的操作。因此，地理信息服务描述语言包括服务质量的声明，即提供服务质量的描述或过去服务质量的统计等信息。

3. 角色

角色是与地理信息服务生命周期各阶段相关的人或者组织。地理信息服务质量有六种主要角色：服务注册管理者、服务提供者、服务开发者、服务用户、服务水平协议仲裁者、领域标准化组织。这六种角色涉及地理信息服务生命周期的不同阶段——需求分析、设计与开发阶段，服务发布与发现阶段，服务协商与绑定阶段，服务运行及管理阶段。不同阶段中各个角色承担的职能与相关行为如表 4-1 所示。

表 4-1　服务开发阶段与角色职能

	服务注册管理者	服务提供者	服务开发者	服务用户	服务水平协议仲裁者	领域标准化组织
需求分析、设计与开发阶段		调查与分析用户，确定整体需求	完成服务具体的设计和开发			指导和制订服务接口标准、服务质量标准等
服务发布与发现阶段	维护服务描述元数据	管理、发布服务实体（功能+质量）		基于服务质量查询、发现服务		
服务协商与绑定阶段			签署契约，提供服务	签署契约，支付服务报酬	通过协商明确服务双方义务	
服务运行及管理阶段		提供服务水平协议软件代理；通过一定机制确保服务质量和管理		提供服务水平协议软件代理；通过消息传递调用服务	根据代理获取信息，确定服务是否满足服务水平协议要求	

4. 质量要素

质量要素是质量客体所具有的满足质量主体需求的特性，通过质量要素的分析和测量可以确定质量的高低。由于地理空间信息服务既可以指功能的执行过程，也可以指服务实体。所以，在确定质量要素时，首先必须确定质量主体的具体类型是服务执行还是服务实体。

当质量主体是服务执行，则与一般商业服务具有相同的特性，包括瞬时性、交互性、非触碰性等特性。在评价其质量时，可以借鉴已有的商业服务质量研究的诸多成果，特别是感知服务质量理论与质量维度（要素）模型。地理信息服务执行既是一个过程也包括一定的实际效果，因此其质量要素模型可分为过程质量和成果质量。质量要素的语义及其测量手段应该交由领域标准化组织（如 OGC）来管理。

当质量主体是服务实体，则服务实体是一个软件组件，因此其质量要素可以借鉴软件质量研究的成果，特别是 ISO 9126 的 3 层质量理论。其中，使用质量是与软件用户期望之间的差距，是从用户的角度来考虑的质量，这与商业服务环境下的感知质量类似；内部质量是外部质量的基础，而外部质量是使用质量的前提。不难发现，使用质量就是前面所述的服务执行的质量，从此也可以看出，商业服务质量与软件质量的理论具有共同的基础。

5. 质量评价

质量评价分为服务实体与服务执行的评价，尽管不同的形式有具体不同的评价方法和思路，但总的评价逻辑是一致的，即首先选取质量客体的质量要素及其可以度量的独立指标，再制定一定的需求等级（或规模），然后才能实施评价，最终得到质量评价结果。地理信息服务实体的质量评价可能来自服务提供者，也可能来自第三方机构，所选取的质量要素模型及需求等级都基于某一标准规范；地理空间信息服务执行的质量评价则来自服务用户或者服务水平协议仲裁者，质量要素模型及需求等级也基于用户自己的期望或者服务水平协议。

6. 服务水平协议

服务水平协议是服务用户与服务提供者确定双方各自权利与义务的契约，最早出现在通信领域。随着越来越多的企业开始部署依托 IP 网络的应用，各种需要较高质量的应用开始出现，如网络视频会议、网络流媒体等。这些应用需要网络要么能保证较低的延迟，要么能保证最少的包丢失率，且应用的提供者也愿意为此支付一定的费用。网络提供者与应用提供者间签署的电子合同就是服务水平协议，该协议不仅包括合同的责任人，也包括允许的服务质量、支付的费用、赔偿金额等内容。Web Services 技术的成熟，使许多组织或企业开始提供 Web 服务，供外部组织或公众使用。为保障服务提供者与服务用户的合法权益，澄清权利与义务，Web 服务也需要某种形式的电子合同。相对于传统的服务水平协议，Web 服务的服务水平协议还应该包括调用方法的签名、使用时间与期限、质量要素度量指标及测量方法、第三方信任机构等内容。服务水平协议成功的基本条件是合同双方对各种词汇和术语有统一的理解，特别是对服务质量要素的语义、测量方法等。表 4-2 展示了一个 WMS 服务水平协议示例。

表 4-2 WMS 服务水平协议示例

相关组织	服务提供者：公司 A（附公钥）；服务用户：公司 B（附公钥）；服务仲裁者：公司 C（附公钥）
提供的服务及操作	服务：WMS；操作：getMap
服务水平目标（service level objectives）	服务期限为 2007 年 10 月 1 日 0 时到 31 日 24 时；平均响应时间应该小于 20 s，以收到全部数据为准；可靠性应该高于 95%
费用	公司 B 每月支付 100 元（人民币）；如果达不到服务水平目标，公司 A 赔偿公司 B80 元（人民币）；如果平均响应时间低于 10 s，公司 B 支付 10 元的奖励金（每月）

7. 服务执行

服务执行是服务提供者为履行自己义务，传递价值的过程。通过服务执行，实现了价值的传递、资产的转移。对于地理空间信息服务的服务执行而言，服务执行伴随消息的传递和地理空间数据（或信息）的交换。服务执行依托一个上下文环境，上下文环境提供了交互得以进行的空间，不仅包括编码标准、传输协议、语义共识，还包括特定的时空范围。评价服务执行质量，上下文环境不同评价的结果可能不同。例如，WMS 服务执行的结果是电子地图，同样的地图精度在不同比例尺下有不同的评价。

4.2 地理信息服务质量要素模型

地理信息服务质量反映在一个个相关、相容或者相斥的定量或者定性的描述性指标中，通过客观监测或主观打分，从各个方面反映一个地理信息服务质量。这些指标就是一个个质量要素，这些要素可逐步归类为一个树形结构，加上这些要素之间的关系，就形成了地理信息服务质量的要素模型。

4.2.1 建立地理信息服务质量要素模型的原则

质量是一个“整体”概念，它由许多“部分”构成。无论是Web Services服务质量的研究领域，还是产品、过程、系统等相关的质量研究领域，质量要素模型的研究都是核心研究课题。通过分析质量的组成部分、它们的关系、度量指标、测量方法等，可以将难以操作的、抽象的“质量”分解，将其具体化，使质量的评价与评估，以及其他与质量相关的各种实际应用问题变得切实可行。构成质量的成分统称“质量要素”，质量要素模型则是分析构成质量的成分，以及成分之间关系的框架。

如果对“质量”给不同的定义，其质量要素也可能不同。例如，如果把“适合使用”这个比较抽象的词语作为“质量”的定义，显然构成质量的“要素”也是面向用户角度的，如“舒适度”等，这些质量要素对于质量主体的提供者而言，不具有实际意义，需要经过匹配过程（无论是一对多，还是多对一等），最终反映到“材料”等对提供者有意义、可以指导其设计与生产的词汇上。质量定义的不一致性与多样性是影响生成一个普遍认可的质量要素模型的根本原因。本书采用ISO 9000的质量概念——质量是一系列满足需求的固有特征的程度。从该定义可以看出如下特征：

质量要素是对质量主体与客体都有意义的、可以理解的质量主体的特性。

质量要素是质量主体固有的特性，而不是其提供者或者用户所强加的特性。

质量要素是满足需求的特性，需求是相对于用户而言的，因此，不同的用户类（质量客体），质量要素有可能不同。

由于所有的Web服务具有相同的特点，如自描述、基于消息、可调用等，因此可以提出通用的、对所有Web服务都适用的质量要素。另外，质量要素也与具体服务领域有关，对于Web服务的质量要素而言，特别的服务类型一般都有特殊的质量要素，如空间数据服务，数据的精度就是很重要的质量要素。根据质量要素之间的关系，可以把质量要素组织成一个树形的结构，称为质量树，以便于理解质量要素之间的关系，也便于根据不同的服务类型扩展。显然，无论是提出质量要素，还是组织质量要素，都应该遵循一定的标准。章汉武提出了建立质量要素模型的原则：

（1）明确质量主体与客体，这是确定质量要素的基础条件。

（2）质量要素应该是基于质量主体与质量客体所共同的语义空间，即应该对双方都有意义（可以理解）。

（3）质量要素是质量主体所固有的特性。

（4）质量要素之间的分类应该尽量正交，互相独立。

4.2.2 地理信息服务质量要素模型

对于地理信息服务而言，服务包含两层意思，一是作为软件（服务实体），二是作为服务执行过程（服务执行），因此根据质量主体划分，应该包括服务实体质量和服务执行质量两类服务质量要素模型。服务实体质量的要素模型可以借鉴软件质量研究的成果，特别是 ISO 9126。ISO 9126 是一个软件质量评价的国际标准，该标准分为四个部分，分别对应四个主题：质量模型、内部度量、外部度量、使用质量度量。ISO 9126 把软件质量划分为三类：内部质量、外部质量、使用质量。内部质量是静态的代码质量，与代码的运行和环境没有关系，一般通过检查（inspection）的方法进行度量；外部质量反映代码执行（软件）的动态属性，如响应时间，但与代码执行的上下文环境没有关系；使用质量指在真实应用环境中，软件满足用户需求的程度（Bevan，1999），可以认为使用质量本质上就是服务执行质量。因此，服务实体质量只包括两类：内部质量、外部质量，而使用质量纳入服务执行质量一类。内部质量、外部质量、使用质量之间的关系如图 4-5 所示。

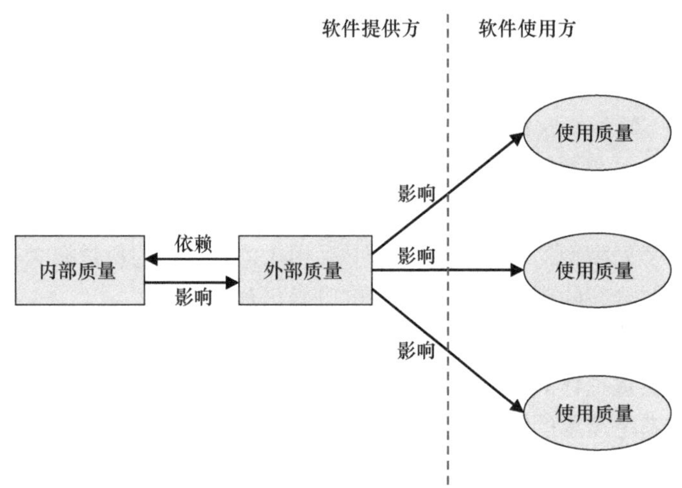

图 4-5　各种质量之间的关系示意图

软件最终的用户是软件使用者，软件使用方只对使用质量感兴趣，但是由于内部质量会影响外部质量，外部质量也会影响使用质量，因此虽然内部质量与外部质量对软件使用者没有多少意义，但是对于软件的提供方、开发者、管理者却十分重要。只有较高的内部质量与外部质量，才能保证最终的使用质量，因此软件提供者与开发者、管理者需要保证和提高软件的内部、外部质量。因为满足内部质量的需求并不能保证一定满足外部质量的标准，同样地，满足外部质量标准不能确保就满足使用质量标准，因此质量的测量应该在上述三个层次开展（Bevan，1999）。内部质量度量测量软件的内在性质可用于开发阶段的非执行软件产品（如需求规格说明或源代码等中间产品），可以预计外部质量和使用质量。外部质量度量测量软件的外在表现，可以通过测量该软件产品作为其一部分的系统的行为来测量软件产品的质量。外部质量度量只能在软件生命周期的测试阶段和运行阶段使用。使用质量的度量是在实际使用这个特定条件下测量产品是否达到指定用户要求的有效性、生产率、安全性和满意度等特定目标，只能在真实的系统环境下获得。

根据质量要素之间的关系，把具有某种相同特征的质量要素归为一类，便于质量的理解与操作，这个类别称为质量要素类别。质量要素类别也可以聚类，最终服务质量、质量要素类别、质量要素之间形成一个树的结构，也称“质量树”。质量要素的测量通过度量指标进行。质量要素类别与质量要素之间的关系是包含的关系，同一个要素类别下的质量要素之间是兄弟关系，可以并存。而质量要素与度量指标之间的关系则不是一种包含关系，度量指标代表质量要素的概念，对于同一个质量要素，往往存在多个度量指标，根据应用和领域的不同，可以选择其中之一，但不能是全部，即为了表示要素的取值，只能有一个度量指标起作用。质量要素类别、质量要素、度量指标之间的关系如图 4-6 所示。

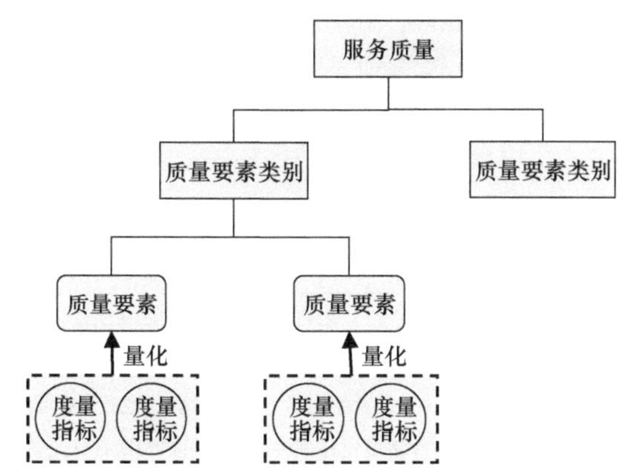

图 4-6　质量要素类别、质量要素、度量指标关系示意图

4.2.3　服务实体质量要素模型

地理信息服务实体本质上仍是软件组织，其发挥作用依赖宿主环境（硬件、操作系统、中间件服务器软件等）。服务实体的质量要素参考软件质量模型标准 ISO 9126 分为六类，分别是：功能性（functionality）、可靠性（reliability）、可用性（usability）、效率（efficiency）、可维护性（maintainability）、可移植性（portablity）。

功能性：是与功能指定的性质有关的一组属性。这里的功能是指满足明确或隐含的要求的那些功能。

可靠性：是在规定的一段时间和条件下，与软件维持其性能水平的能力有关的一组属性。

可用性：是与规定或潜在用户为使用软件所需做的努力和对这样的使用所做的评价有关的一组属性。

效率：是在规定的条件下，与软件性能水平和所使用资源量之间关系有关的一组属性。

可维护性：是与进行指定的修改所需的努力有关的一组属性。

可移植性：是与软件可从某一环境转移到另一环境的能力有关的一组属性。

将上述六类特征详细划分为 21 个子特征，分别对应每一个质量要素类别，其中，每一个质量要素类别都有一个一致性（conformance）要素，如图 4-7 所示。

软件质量的 20 个质量要素（一致性除外）定义如表 4-3 所示。

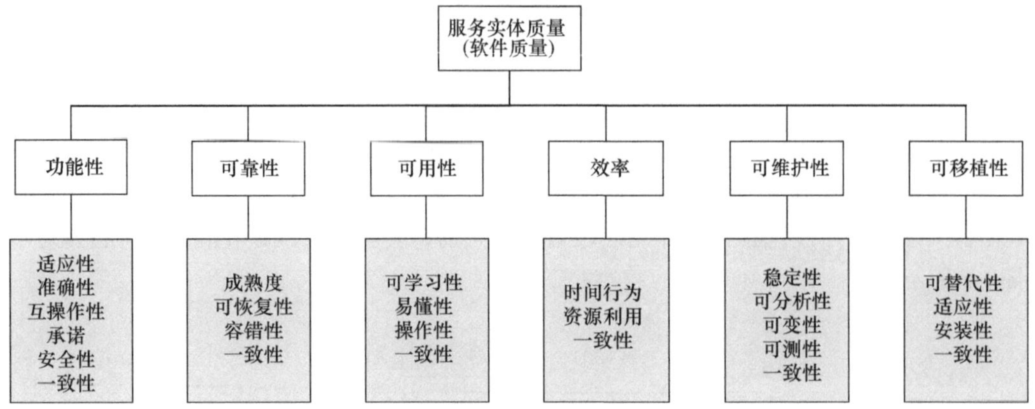

图 4-7　服务实体质量要素结构图

表 4-3　软件质量要素定义

质量要素名称	质量要素定义
准确性	能达到的计算或控制精度，无误差的品质
安全性	能有效防止他人对源程序、目标程序或相关数据的非授权访问
互操作性	该系统与另一个系统耦合起来或被再次使用的工作量
适应性（功能性类别）	软件满足设计规格说明、用户预期目标及功能覆盖面宽广的程度
承诺（顺从性）	满足领域标准规范的程度
成熟度	软件中由于错误造成失败的频率
可恢复性	系统失败后重建系统性能以及恢复直接受影响数据的能力
容错性	运行出错、输入无效数据或操作错误时，系统能做出适当反应的程度
可学习性	软件对新用户使用该系统辅助的程度
易懂性	易于用户辨认软件逻辑概念及其可用性的程度
操作性	软件被操作、使用容易度
时间行为	软件响应时间和处理时间及执行其功能时的吞吐率
资源利用	软件完成功能需要消耗资源多少的程度
稳定性	在有非预期干扰或破坏事件的影响下，仍能保持不变的能力
可分析性	诊断软件内部缺陷、找出故障部位及其原因的难易程度
可变性	进行软件修改、排除错误或改变环境所必须努力的程度
可测性	软件便于测试准则的建立，便于应用这些准则进行评价的程度
适应性（可移植性类别）	软件对不同环境的适应能力或修改、改进一个已投入运行的软件所需的工作量
可替换性	在某一环境下，本软件代替规定的其他软件的难易程度
安装性	在特定的环境下安装软件所需努力的程度

4.2.4　服务执行质量要素模型

地理信息服务执行是指实际的执行过程，包括对具体服务操作的调用或者一系列相关操作的调用，同时还包括成果的交换，因此服务执行质量要素分为两类：过程质量、成果质量。借鉴商业服务质量研究与软件质量研究的成果，将地理信息服务执行质量要素模型分为两个部分：质量树和度量指标模型。质量树提供了一种可以根据具体服务类型拓展质量要素的框架，它根据质量要素之间的关系，以树的结构来组织质量要素。度量指标模型提供了一种度量、测量质量要素的框架，是评估、评价服务执行质量的基础，并提供了定制具体度量指标的途径。

1. 质量树

质量树以服务执行质量为根节点，基于过程质量和成果质量构建。过程质量是服务执行过程所固有的满足需求特征的程度，成果质量是服务执行结果的质量。过程质量和成果质量可进一步细化为不同的要素构成，形成过程质量和成果质量要素子树，如图 4-8 所示。

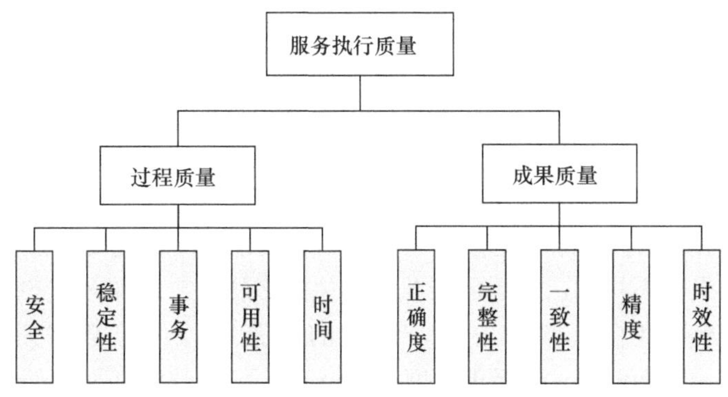

图 4-8　通用地理信息服务执行质量树基本结构

过程质量是服务执行过程所固有的满足需求特征的程度。服务用户对服务执行的过程的需求包括五个方面：安全、事务、稳定性、时间、可用性。

安全：用户对整个服务过程有安全的需求，包括保密性、完整性、非否认性。保密性是指服务执行中传递的消息应该只有服务提供者与服务用户知晓，而对第三方保密。通过对消息的加密可以保障消息的隐私，根据本书 2.4 节谈到的地理信息服务安全机制，可采用对称加密或者非对称加密的方法。完整性是指消息没有被篡改，完整地传递到消息接收者。数字签名技术可以保证消息的完整性，利用消息传递者的私钥加密消息的摘要可以阻止恶意者对消息的篡改。非否认性是指交互双方不能否认过去行为，可以起到保护投资者的利益、避免纠纷的作用，非对称加密技术是实现非否认性的基础。

事务：服务执行过程应该满足用户对事务的需求，根据数据库领域的研究，其包括四个属性，即原子性（atomicity）、一致性（consistency）、隔离性（isolation）、持续性（durability）。原子性表示所有的动作作为一个整体，要么全部执行，要么全不执行。一致性表示数据维持完整性，不至于出现逻辑上的矛盾。隔离性表示事务间互相隔离，不相互影响。持续性表示事务的结果应该持久化。

稳定性：由于服务执行过程是一段时间跨度的行为，在整个时间周期内保持稳定性也是用户需求的一方面。稳定性主要指服务执行的整个过程都处于顺畅、一致、正确的状态。某一段时间调用操作正常，而另一段时间却出现调用失败，就是一种服务执行过程不稳定的表现。稳定性包含下述三个质量要素：可访问性、可利用性、可靠性。可访问性表示在给定的时间跨度内，服务保持可以被访问（无论是否正确响应）的状态。可利用性表示在给定的时间跨度内，服务保持可以被访问且能正确返回结果的状态。可靠性表示在给定的时间跨度内，服务受到非预期或破坏事件的干扰，但仍能保持被成功访问且返回正确结果的状态。

时间：服务执行过程所花费的时间是影响服务用户对服务执行质量满意度的一个重要因素。由于空间数据海量、处理复杂的特点，空间数据处理复杂性造成了较长的数据处理时间，而空间数据海量则延长了网络传输的时间。因此，将集群、并行计算融入地理信息服务中减少处理时间是比较通行的方案，其余主流方法还包括空间数据压缩和分布式缓存技术等。

可用性："对用户友好"是可用性最本质的需求。根据 ISO 9241/11 给出的定义，可用性是一个多因素概念，涉及容易学习、容易使用、系统的有效性、用户满意，以及把这些因素与实际使用环境联系在一起针对特定目标的评价。由于地理信息服务是基于软件接口的，其可用性应该包括操作调用顺序的合理性、操作的简单性和易用性。

成果质量是服务执行结果的质量。服务执行的结果有许多种形式，如 WFS 执行结果是矢量数据；WMS 执行结果是栅格图像表示的电子地图；而处理服务的执行结果依据任务不同其结果也不相同。由于服务执行结果的多样性，成果质量也分为多个要素。排除与具体服务类型相关联的要素，通用的要素可以借鉴数据质量的研究成果（Scannapieco et al.，2005），包括正确度（accuracy）、完整性（completeness）、一致性（consistency）、精度（precision）、时效性（currency）。

正确度：表示数据真实的程度，即与实际值是否一致。正确度可以从不同的粒度来考虑，如对于数据库而言，可以是某一个记录的一项，也可以是整个关系。

完整性：表示数据足够深入、宽广、完整的程度（Wang and Madnick，1989），同正确度一样，完整性也有一个粒度对应的问题，完整性可以相对于数据模型，也可以相对于数据库的某一列、某一个记录等。

时效性：表示与时间相关联的数据即时更新的程度，时效性好，表明数据与目前的现实相符程度高。

一致性：表示数据的某一个条目或者几个条目是否冒犯了某一个语义规则。例如，代表个人资料的关系表，结婚与否项与年龄项之间存在一种规则，数据中如果年龄小于 14 岁，且已结婚，那么这个记录可能存在一致性的错误。

精度：表示数据精确的程度。数据的精度直接影响依靠数据的决策，这一点在空间数据的应用中尤为明显。

2. 度量指标模型

度量指标主要从功能、值获得时间和值确定方法三个维度进行划定。在功能维度，度量指标可以分为功能性指标和非功能性指标，功能性指标是与具体服务相关，表示服务的功能是否满足用户需求的指标，可以作为服务发现和匹配的主要依据。非功能性指标主要包括可用性、可获得性、成本、响应时间等，是同类服务中进一步区分的依据。

按照指标值获得时间可以分为静态指标和动态指标。静态指标是指在服务被调用前就明确知道其值的指标，如服务执行费用、吞吐量、数据完整性、准确性等，其值由服务提供者在提供服务时一并提供。动态指标指只有服务被调用执行后才能获得其取值的指标，如服务执行时间、可靠性、服务器性能等。动态指标一般与服务的运行相关，并非一个固定值，有可能随服务执行环境或执行时机不同而发生变化，如服务执行时间。动态指标值的确定一般需要多次执行取加权平均值或简单均值的方式确定。按照指标值是否可量测分为可量测指标和不可量测指标。可量测指标是指那些能够通过仪器设备等测量方法获得的指标，如网络带宽、服务器性能等。不可量测指标是指不能简单地通过测量方法获得的指标，如服务的执行时间。不可量测指标值的获取方法较多，一般常用多次执行取其均值或日志挖掘的方法表示。

许多质量要素的指标由其定义可以唯一确定，而有的质量要素定义比较模糊，存在多种度量指标。表 4-4 按照执行质量树的类别——过程质量与成果质量，展示了一些常见质量要素的度量指标。需要说明的是，既是静态指标，又是定性指标的度量指标由于可以事先确定，不存在采用某种定量的方法来确定，因此不包括在表格中。

表 4-4　常见质量要素的度量指标表

类别	要素	度量指标	说明
过程质量	时间	请求响应时间	表示客户端发出请求到收到请求之间的时间
	可靠性	服务执行期间成功操作数与所有调用操作数之间的比率	例如，在整个服务期间，调用了 10 次操作，但只成功了 9 次，则可靠性为 90%
	可利用性	服务实体保持可以正确调用状态的时间和整个服务执行期间的比率	例如，整个服务时间为 100 天，服务实体可以利用的时间为 99 天，则可利用性为 99%
成果质量	精度	数据精确的程度	如 0.001m 或 0.001s 等
	时效性	数据年龄或数据生产日期	数据生产日期，如 2019 年 12 月 10 日 12 点 26 分；数据年龄是一个时间段，通过目前时间减去数据生产日期而得
	完整性	对于单个数据条目，可以取 0、1，0 表示缺失数据，1 表示具有数据。对于数据条目集，对所有条目的完整性进行算术平均	例如，关系型数据库，一条记录的一列，如果没有数据，或者是 Null，则完整性为 0
	正确度	用数据值与实际值的对比来表示，根据数据类型的不同，可以有多种指标类型	对于空间数据中的点类型数据，用实际值与标示值之间的笛卡儿距离表示正确度

4.2.5　扩展通用地理信息服务质量要素模型

根据具体服务所拥有的语义和应用环境，可以扩展通用的地理信息服务质量要素模型，具体而言有三种方式：扩展通用质量树、调整质量要素度量指标和裁剪通用质量要素树，在特殊情况下，这三种方式可以混合使用。

扩展通用质量树，增加新的质量要素类别或质量要素。由于需求随着服务类型的不同而不同，尽管本书提出的通用质量树尽量做到了全面和深入，但还是不能覆盖所有的实际情况，而只能打下一个基础。随着实际服务类型的不同，可以在已有质量树上，或者在已有类别基础上，或者直接在根的基础上增加新的类别。举个例子，如果服务用户对服务是否遵循标准性提出需求，服务的标准性就应该纳入质量树中。由于标准性包括很多，如接口是否一致、语义是否一致等，因此，应该增加一个质量要素类别。如图 4-9 所示，虚线部分是增加的部分，包括质量要素类别与质量要素。

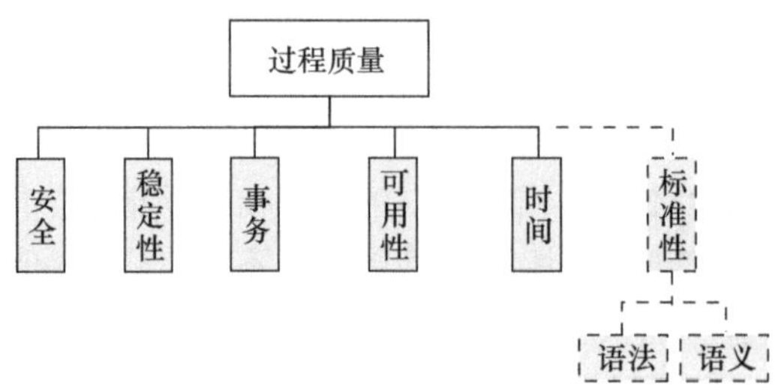

图 4-9　扩展通用质量树

调整质量要素度量指标。操作者对质量要素的度量指标可能有不同的需求，需要一种新的方式来反映质量要素，这种情况下，就存在调整质量要素度量指标的必要。例如，用户可以用服务过程中重试（由于服务错误或者不可用，重新调用服务）的次数来表示可利用性，单位时间内重试次数越多，可利用性越低。该度量指标如式（4-1）所示：

$$\text{Availability} = \frac{\text{RetryNumber}}{\text{ProcessTime}} \tag{4-1}$$

裁剪通用质量要素树。前面所述的质量树是面向所有的地理信息服务，是通用模型，并没有针对某一类具体的服务类型。某些服务类型可能根本不具备某些质量要素所必须具备的条件，则相应的质量要素类别或者质量要素就应该裁剪掉，以保持服务质量树的合理性。例如，只读空间数据服务（只输出数据，不存在修改和输入），不需要有事务类型的质量要素，就应该把事务质量全部删除。如图 4-10 所示，虚线的事务质量要素类别应该被裁剪。裁剪通用质量树不仅仅只是一种扩展空间信息服务质量要素模型的方式，还可应用到实际环境中。在实际应用中，许多服务质量要素类别或者质量要素可能根本就不需要。例如，如果服务用户对服务的成果没有任何需求，只对过程有需要，那么评价服务质量可以只对过程质量进行，而忽略整个成果质量。

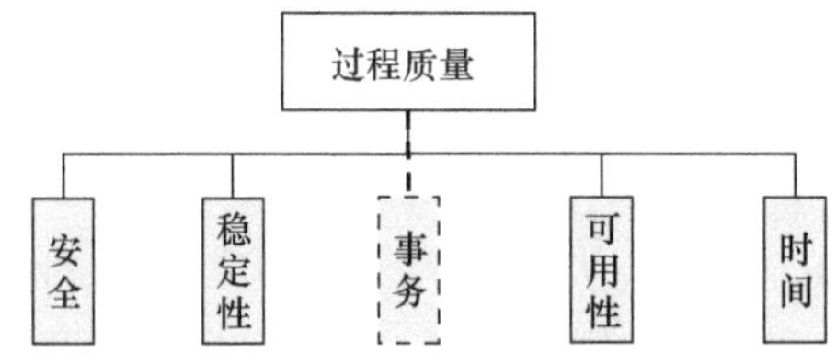

图 4-10　裁剪通用质量要素树

4.3　地理信息服务质量评价方法

相同功能的不同地理信息服务，用户体验结果可能千差万别，有的响应速度快但不稳定；有的服务稳定，但结果不可靠；有的结果可靠，但内容却不丰富。对地理信息服务质量进行评价，其结果可以作为用户选择地理信息服务的依据。由前文可知，地理信息服务质量要素分为实体质量要素与执行质量要素，相应地，地理信息服务质量评价也应该包括两部分：地理信息服务实体质量评价与地理信息服务执行质量评价。

4.3.1　地理信息服务实体质量评价

地理信息服务实体质量的评价模型根据软件质量模型和软件质量评价的国际标准 ISO/IEC 9126 与 ISO/IEC 14598 建立，包括六个部分：确定质量要素、确定度量指标、确定质量要素等级、度量、确定质量要素级别、质量综合评定。这些评价操作通常在一组提供相同功能的服务之间展开，依次执行，构成整个评价流程，其结构如图 4-11 所示。

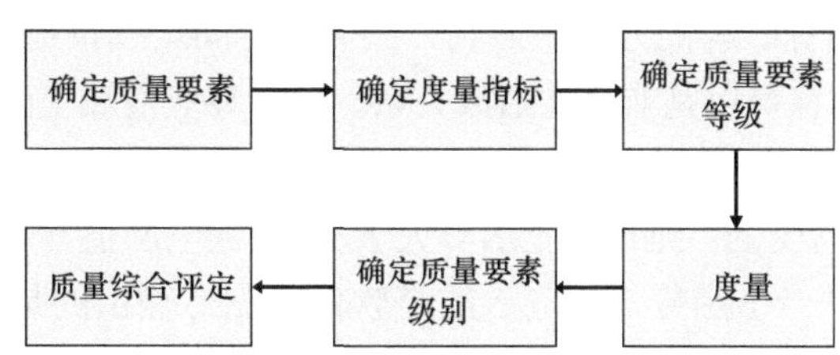

图 4-11　地理信息服务实体质量综合评价流程

（1）确定质量要素。确定质量要素是任何质量评价过程中的起点，根据标准或者实际应用情况，应该通过扩展或者裁剪 ISO/IEC 9126 标准中的六个类别、21 个要素来实现。例如，对于地理信息服务实体质量而言，功能性、效率、可靠性是较为直观和重要的三个要素，如图 4-12 所示。

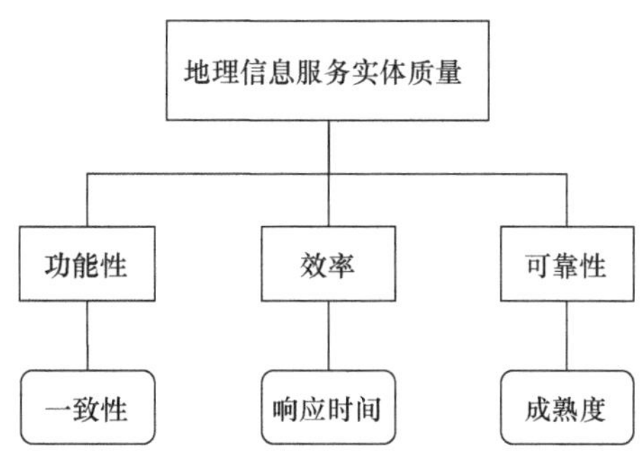

图 4-12　地理信息服务实体质量要素示例

（2）确定度量指标。虽然一些质量要素可以直接从定义确定其度量指标，但大量的质量要素仅仅是一个抽象的概念，并不能量化，需要寻找对应的度量指标。度量指标明确了质量要素评价的方法，是实际度量和评价实施的基础。以图 4-12 中的一致性、响应时间、成熟度三个度量指标为例。

一致性：表示实现对应规范要求的必需和可选功能的程度，该度量指标是一个定性、静态指标，可表示为

$$一致性=\frac{已实现的功能点}{所有必需与可选的功能点} \tag{4-2}$$

响应时间：即发出响应的时刻与收到请求时刻的差值，表示为

$$响应时间=发出响应时刻-收到请求时刻 \tag{4-3}$$

成熟度：用式（4-4）作为度量指标：

$$成熟度=\frac{出现错误的次数}{单位时间} \tag{4-4}$$

（3）确定质量要素等级。为了对种类不同、值域不同的质量要素（度量指标）进行统一处理，把所有度量指标的值映射到一个公共的值域空间上。例如，ISO 14598 采取了离散质量等级的方式，如 A、B、C、D，其中，A 表示程度最好（最令人满意）、B、C、D 依次递减。也可以采取百分制的方式，100 表示最好，0 表示最差。不仅定量指标，定性指标也可以采取与定量指标一样的方式映射到公共值域空间。度量指标值域空间与 0～100 可以是线性函数关系，也可以是非线性函数关系。对于某些值域空间过宽的度量指标，可以简化的值域空间代替。例如，响应时间理论上的值域空间为 0 到无穷大，如果认为响应时间大于 1min 是不可忍受的，则可以把所有大于 1min 的响应值都规约为 1min。

（4）度量。度量是一个函数，它输入的是软件数据，输出的是单一的数值，能用以解释软件所具有的一个给定属性对软件质量影响的程度。不同度量指标的度量需要采取不同的方法，有三种不同的划分方法：主观度量与客观度量、直接度量与间接度量、面向结构的度量与面向对象的度量。

主观度量与客观度量。度量依靠判断给出定性结论的，如可理解性、可读性，叫做“主观度量”；可以通过某种方式测量得到的度量，除了测量误差外，这个数值不受测量者主观因素影响，叫做“客观度量”。

直接度量与间接度量。对内部属性的量化评估一般可直接建立，称为“直接度量”；而对外部属性的量化评估，是建立在内部属性度量的基础上，称为“间接度量”。

面向结构的度量与面向对象的度量。基于传统结构化和模块化开发方法，分析程序控制流图等针对过程化特性的度量可称为“面向结构的度量”，如函数模块的复杂度，扇入和扇出等；对于软件过程和程序、文档，以面向对象的分析、设计、实现为基础，从面向对象的特性出发，对软件属性进行量化的度量为“面向对象的度量”，如类的规模、类的内聚度缺乏等。

以上文例子中的一致性和响应时间的度量为例。地理信息服务一致性的度量根据对标准的依从程度决定。例如，对于 OGC 服务的一致性度量，可以利用 OGC 开发的测试引擎与工具进行度量。地理信息服务的响应时间不仅与并发用户数有关，还与系统环境，如 CPU、内存、本地网络等相关，因此在度量响应时间前，必须固定测试场景（主要指确定负载等级、负载分布等）（郭勇等，2006）。

（5）确定质量要素级别。经过度量过程以后，所有质量要素的实际取值就已经确定。质量要素值按照度量指标值域特性的不同，具有不同的等级，与确定质量要素等级阶段相对应，本阶段所做的工作就是把质量要素值映射到质量要素等级上，从而确定质量要素的级别高低。质量要素等级代表了不同的满意程度。除了匹配实际测量值到离散的等

级或者百分数，也可以对所有的值进行统一的规范化。常用的规范化方法有最小–最大规范化法、零–均值规范化法、小数定标规范化等。

（6）质量综合评定。当确定质量要素级别后，需要对质量主体进行整体的认知，即将各个质量评价指标值进行“合成”，得到合理有效的质量评价结果。当前有许多综合评价的方法，如简单线性加权、层次分析法、逼近理想解排序法、模糊综合评价法、数据包络分析法、人工神经评价法、灰色综合评价方法等。有些方法主观性强（如专家打分法），有些相对客观（如采用两两成对的层次分析法）；有些适合评价指标可定量化的情况（如简单线性加权）、有些适合指标难以定量分析的情况（如模糊综合评价、灰色综合评价）。各种评价方法各有千秋，应根据具体情况选择使用。

4.3.2　地理信息服务执行质量评价

服务实体质量评价是确定软件的质量，而服务执行质量评价是确定实际服务执行的质量。与服务实体质量确定是在服务器端进行不同，服务执行质量评价是面向用户，以实际应用为背景。在实际使用中，常常组合多个地理信息服务，形成新的组合服务，在这种情况下，服务执行质量很大程度上由更小粒度的服务决定，这些更小粒度的服务称为原子服务，即组合服务的服务执行质量可以由原子服务执行质量通过一定的算法进行估计。本节讨论地理信息原子服务执行质量的评价，组合服务质量评价在 4.4 节中介绍。

地理信息原子服务执行质量的评价是在实际服务被执行后，对整个服务过程及其结果质量的评价，即过程质量评价和成果质量评价。服务执行质量评价与软件质量评价过程相似，也需经历确定质量要素模型到质量综合评定的过程。正如前面章节所述，服务执行质量最大的特点之一在于度量过程，即度量应该从服务用户角度出发，考虑传输通道的影响。度量过程的评价已在前文介绍，此处分析执行质量评价的度量方法。

对地理信息服务执行质量的度量可以在三个位置上进行：服务器端（A 点）、中间节点（B 点）、客户端（C 点），如图 4-13 所示。由于 Internet 具有耗时且不稳定的特性，空间信息服务执行的许多质量要素在服务器端（A 点）的度量结果与中间节点（B 点）、用户端（C 点）的度量结果是不同的，两个最直接的要素就是响应时间、可靠性。许多质量要素的度量指标是静态的，可以在服务器端或者中间节点来进行，如成果质量要素类别的许多质量要素。

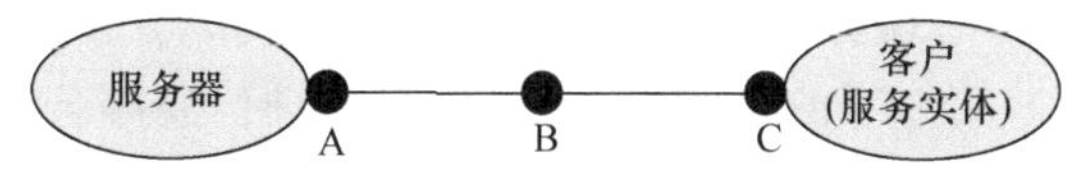

图 4-13　地理信息服务执行质量的度量位置

目前地理信息服务执行质量度量的方法包括：基于网络数据包的方法、基于中间件的方法、基于代理的方法、修改源代码的方法。

基于网络数据包的方法。地理信息服务执行过程中请求与响应消息都是通过网络传输的，这些消息被封装成数据包的形式。通过监控机器上所有的输出、输入消息，可以捕获地理信息服务执行相关的消息，并进行记录。该方法的优点在于度量程序与客户端应用程序的分离，逻辑清晰。但该方法缺点也较多，首先，由于度量程序处在计算堆栈的底层，与操作系统、硬件、网络协议联系较紧，因此可移植性很差；其次，由于需要监控所有的网络流量，从中过滤出目标流量，因此增加了系统的负担，严重影响了系统性能。

基于中间件的方法。目前地理信息服务应用基本都依赖于一定的中间件环境，如 SOAP 引擎、Web 容器，甚至包括浏览器等。基于中间件的方法通过扩展中间件，在其中增加拦截服务请求与响应的代码，可以记录与服务操作相关的各种数据。例如，Java 下的 SOAP 引擎 Axis2 通过模块的包装处理器，可以增加对消息的处理功能，如事务、安全、日志等。该方法较为简单，由于不需要对主机上所有网络数据包进行分析，基于中间件的方法对系统的影响比较小，不会增加过多的负担。但是，由于地理信息服务执行涉及的服务器、客户端中间件多种多样，无论是体系结构，还是接口、语言、功能都各异，因此，基于中间件的方法面临着可移植性的问题，在一个环境实现的代码可能需要经过重大的修改才能应用到其他环境。

基于代理的方法。基于代理的方法利用服务器端和客户端之间的某个节点作为消息传输的中介，该中介由于对所有来往的消息都可见，因而具有度量内容及行为的能力。该方法固有的优势就在于其简单、易行，且相对于网络数据包的方式，负担也较少。相对于中间件的方式，该方法与具体中间件环境无关，因此具有跨平台、可移植性的特性。另外，代理安置在服务器、客户端主机不同的机器上，增加了伸缩性。但是，使用基于代理的度量方法，客户端程序必须对服务访问地址作出修改，因此该方法最好使用在开发与测试阶段。

修改源代码的方法。修改客户端程序代码，增加时间记录、方法访问日志等功能，从而可以度量某些服务执行质量要素。该方法的优势在于不需要对中间件环境、操作系统、网络通信等有较深的理解，比较简单。但是，由于度量程序与源程序相互混合，逻辑性差，因此影响了程序的清晰性。另外，由于空间信息服务交互中许多功能由底层的中间件、操作系统提供，修改源代码的方式可以度量的质量要素较少。

4.4　地理信息服务质量与服务组合

地理信息服务组合是地理信息服务技术成熟并广泛普及后的发展，其主要目标是如何自动集成现有的地理信息服务所提供的简单功能，来完成复杂的应用任务或满足用户的复杂应用需求。在本书第 3 章的介绍中，服务链是地理信息服务进行组合的主要方式，因此，研究地理信息服务组合质量的重点是研究地理信息服务链的质量。

地理信息服务链的服务实体是构成服务链的服务节点，因此地理信息服务链的质量需要以地理信息服务的质量为基础，其要素模型与地理信息服务质量的要素模型相同，即包含实体质量要素模型和执行质量要素模型两个方面。然而，地理信息服务链的生成并不只是单个地理信息服务简单的串联和累加，对服务链的服务质量的评价与其原子服务质量的评价并不完全相同。因此，本节从地理信息服务链的质量评价指标及其评估模型展开介绍。在地理信息服务链的评估中，服务链的实体质量评价本质上仍是对每个地理信息原子服务实体质量进行评价，因此重点考察地理信息服务链执行质量的评价。

4.4.1　地理信息服务链的质量评价指标

地理信息服务链的质量评价是从单个服务的评价拓展到对整个服务链的评价，根据不同视角整合地理信息服务质量的评价指标。本书基于现有成果，介绍面向服务链用户的 QoS 评价指标及面向服务链性能和成本的 QoS 评价指标。

1. 面向服务链用户的 QoS 评价指标

服务质量体现了消费者对服务者所提供服务的满意程度，是对服务者提供的服务水平的一种度量和评价。在服务链理论框架中，根据 ISO 9000 质量管理体系的观点，服务质量描述了一个产品或者服务满足消费者需求的能力，消费者是指服务的终端用户，服务者是指服务的提供者和服务的创建者。组合多个地理信息服务，可以形成新的地理信息服务组合，新的服务组合的服务执行质量很大程度上由更小粒度的服务决定。所谓面向用户是指用户依据自身需求与实力，直接或请第三方评价机构对待选软件实施质量评价，将评价结果与自身需求相比较，并在综合权衡各种因素后，决定采取何种软件更为有利的过程。面向客户重点强调的是客户的需求和自身实例与服务或系统的对应关系，追求一种“供需平衡”状态。

面向服务链用户的 QoS 评价指标参考服务执行质量要素模型，即用户期望的服务不仅包括实际服务执行过程本身，还包括该过程产生的成果（或影响、效果），这两者的质量分别对应过程质量与成果质量，它们共同影响用户对服务执行质量的评价。本章已对过程质量与成果质量进行过详细介绍，简单来说，过程质量包括五大部分：安全、事务、时间、稳定性、可用性，其中每一类都包含更加具体的子要素（除时间外）。成果质量指用户实际收到成果的质量，对于一般空间数据，成果质量包含正确度、完整性、一致性、精度、时效性等类别，根据空间数据的形式，还存在特定的质量要素。建立科学、合理、可行的评价指标体系是正确评价信息系统的基础和前提。评价指标体系应能有效地反映出信息系统的基本情况，抓住主要因素，以保证评价工作的全面性和可信度，同时评价指标要易于操作、数据收集方便、计算容易（刘卫国，2003）。根据以上划分要求，靖长峰提出了面向服务链用户的 QoS 评价指标体系。其定义如下：

1）可获得性（availability）

可获得性，代表服务可操作时间比。这一指标是与时间相关的，可获得性越大，说明服务即可使用，需要等待的时间越少；反之，使用该服务需要等待的时间越长。对该指标的评价有研究提出，采用修补时间（time-to-repaire，TTR）来表示可获得性（许文韬，2003），TTR 越小可获得性越大。

2）安全性

安全性，包括服务提供的存在性、授权机制信息、服务的通信保密、数据整合、防止拒绝服务（denial-of-service）攻击的能力等方面（Menasce，2002）。由于网络服务的触发调用是经过互联网的，因此安全问题十分重要。可以通过对参与者进行身份认证、信息加密、访问控制等手段提供安全性能保障。

3）响应时间（response time）

响应时间是判断服务性能的一个重要指标，响应时间越短，代表服务性能越高。响应时间的计算是从服务调用者发送服务请求开始到收到服务执行结果为止的一段环路时间。因此，响应时间的计算包括服务传送时间（服务发送和结果传递）和服务执行时间两部分。由于网络设备性能、网络环境等随时间不断发生变化，因此响应时间的测定具有单次不确定性，在实际的网络服务评价中，一般采用多次实验取平均值的方法获得。

4）吞吐量

吞吐量表示服务在单位时间内对服务请求的响应比率，是服务性能的一个重要指标。对吞吐量的描述一般用最大吞吐量和计算函数表示。计算函数表示随负载强度的不同，服务吞吐量的变化。

5）使用策略

使用策略表示服务消费者在使用服务时的相关非功能性方面，如费用、使用协议等。使用策略一般由服务提供者在提供服务的同时提出。在使用协议方面，目前主要是针对网络服务没有QoS保证的情况下提出的建立在提供者和消费者双方基础上用于约束服务QoS保证的一种策略。一般网络服务提供了一种有限的QoS保证，服务消费者接收到的服务在响应时间、吞吐量等方面可能都没有质量保证。因此，网络服务的提供者和消费者签署使用协议，即服务水平协议（SLA）。SLA对服务的质量和使用方面进行了约定。在服务QoS方面可能包括网络服务的响应时间应该不低于多少、服务在几秒钟之内完成的成功率应该高于多少、网络服务的可用性应该保证是多少等内容。在使用方面，可能会存在用户使用同一个网络服务按照不同的使用价格签署SLA，提供不同等级（待遇）服务的情况。

6）可靠性（reliability）

可靠性表示服务调用成功并执行的概率。可靠性与软硬件和网络环境有关系。

7）容错性

容错性表示当服务出现错误时，报告错误或修复错误的能力。容错性越高，服务越好，服务出现崩溃的可能性就越小。

8）网络带宽

网络带宽表示网络环境的一个指标参数，指服务能够使用的当前网络可用带宽。其数值可以通过网络设备或者网络提供商提供。

9）网络服务器性能

网络服务器性能表示服务运行所在主机的性能参数，包括 CPU 的占有率及可用内存率等。

10）信誉等级（reputation）

信誉等级是用户在使用完服务后，对服务的评价和满意度评价。这一指标具有客观性，可以给以后的使用者提供参考（刘书雷等，2007）。

11）空间数据指标

空间数据是 GIS 的血液，其质量是 GIS 的生命，随着 GIS 在各行各业的推广应用，空间数据库日渐庞大，数据质量问题越来越受到人们的关注，其数据质量的好坏直接影响着 GIS 应用、分析、决策的正确性和可靠性（吴芳华等，2001）。

空间数据质量是指空间数据适用于不同应用的能力。主要有以下几个指标：

A. 完整性

完整性表示服务相关的空间数据对现实地理现象描述的完整程度。一般来说，空间范围越大，数据完整性可能越差。例如，生态类型制图需要地形高程、坡度、坡向、植被覆盖类型、气温、降雨和土地等数据。缺少上述任何一方面的数据对于生态分类都是不完整的。

B. 准确度

准确度表示地理信息数据服务所提供的空间数据与真实地理现象的接近程度；由于空间特征、专题特征和时间特征是表达地理信息的三个基本要素（陈述彭等，1999），因此空间数据准确度可以从位置准确度（空间实体的坐标数据与真实位置的接近程度）、属性准确度（空间实体的属性值与其真实值相符的程度）以及时间准确度（地理信息的现势性）三个方面进行度量。

C. 现势性

现势性表示空间数据与所描述对象目前的匹配程度。空间数据的时间特性表征空间数据是随时间不断发生变化的。这点可以从气象数据和海洋数据看出，气象和海洋信息每时每刻都在不断变化。因此，现势性成为空间数据的一个重要指标。不同现象的变化频率不同，如地形、地质状况的变化一般来说比人类建设要缓慢，地形可能会由于山崩、雪崩、滑坡、泥石流、人工挖掘和填海等而在局部区域改变。但由于地图制作周期较长，局部的快速变化往往不能及时地反映在地形图上，对于那些变化较快的地区，地形图就失去了现势性。

D. 精度

精度即对现象描述的详细程度。例如，对于同样的两点，精度低的数据并不一定准确度也低（陈俊杰和邹友峰，2005）。

E. 可得性

可得性指获取或使用数据的容易程度。例如，保密的数据按其保密等级限制使用者的多少，有些单位或个人无权使用，公开的数据则按价决定可得性，太贵的数据可能导致用户零星搜集，造成浪费（陈俊杰和邹友峰，2005）。

F. 语义一致性

GIS 应用行业广泛，不同的行业对同一地物的描述表达可能不同。例如，崔巍和李德仁（2005）在土地利用分析中发现，林业部门根据《中华人民共和国森林法实施条例》（中华人民共和国国务院，2000）把林地分为包括郁闭度 0.2 以上的乔木林地以及竹林地、灌木林地、疏林地、采伐火烧迹地、未成林造林地、苗圃地和宜林地。而农业部门根据《中华人民共和国草原法》（全国人民代表大会常务委员会，2003）把草原分为天然草原和人工草地，其中天然草原包括草地、草山和草坡，人工草地包括改良草地和退耕还草地。依据不同的法规，两个部门进行土地利用分类时常常会产生同一地块具有两个不同的语义表达，造成语义不一致性问题。

2. 面向服务链性能和成本的 QoS 评价指标

服务链作为业务流程的计算机描述模式，有较好的计算机基础和数学理论支持，如 Petri 网等。服务链性能和成本评价是借助于某些性能参数，对其量化或者定性，分析其是否具有较高的性能，是对服务链进行优化的基础，具有重要意义。

在工作流性能评价方面，主要侧重于时间和资源负载方面，包括分别针对时间与资源负载两方面研究了对工作流模型进行静态或动态性能分析的方法（李建强和范玉顺，2003；李慧芳和范玉顺，2004；陈翔，2003）；采用排队论提出了一种通用的工作流时间性能分析的方法（肖志娇等，2006）。此外，刘博和范玉顺（2008）从系统应用架构视角将应用分为战略层、业务层、服务层与 IT 层，基于这种分层模式提出面向服务的应用分层性能评价模型，并通过改进层次分析法（AHP），对关键性能指标的相关度进行分析，并将其用于服务的选择。

以上文献的研究成果主要面向通用行业的业务流程模型的性能评价，而且大多局限在时间和资源利用两个方面。时间是反映性能的一个重要方面，资源利用率反映了系统资源的配置状况，也是反映性能的一个重要方面。但单纯从这两方面评价服务链，尤其是 GIS 服务链是远远不够的。因此，本书从服务链建模、执行、结果、成本四个层次提出了分层结构评价模型，如图 4-14 所示。

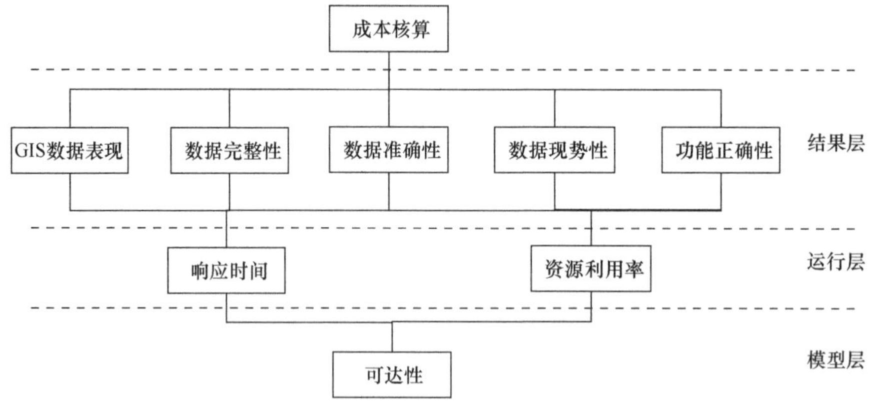

图 4-14　地理信息服务链分层结构评价模型

基于服务链生命周期中的创建、运行、结束等环节，该评价模型共分为四个层次。成本核算指标作为整个系统的最高层次评价指标，是整个系统的宏观评价参数。其他三层分别是模型层、运行层、结果层。

成本核算指标是性能分析的重要内容之一，通常采用基于活动的成本计算方法来统计过程的总成本。经营过程的成本的统计方法可以分为三类。按价值类型统计时，成本由增值活动成本、业务增值活动成本和非增值活动成本三部分组成；按资源类型统计时，成本由劳动力成本、设备成本、原材料成本和其他可计算成本构成；按时间类型统计时，成本由标准成本和超时成本构成（王海顺和吴鹏，2005）。成本核算指标一般应用在商业化运作的业务流程系统中，对于一些面向客户定制的业务流程系统，如政府部门的服务链或者工作流等系统中不存在成本指标问题，因为这些系统面向客户定制，他们不需要再调用外界的服务，组成服务链的服务在系统建设初期全部计入系统建设成本，不会产生后期运行成本，因此在这类系统性能评价中不使用成本核算指标。

模型层的主要性能指标是模型的可达性，用于判断模型是否正确。运行层，主要是从响应时间、资源利用率两个指标考察服务链的执行效率。在结果层中，基于 GIS 应用的行业性，设置了 GIS 数据表现、数据完整性、数据准确性、数据现势性、功能正确性 5 个指标。

服务链响应时间是指服务链的所有构成服务（包括聚合服务）所有响应时间的和（这里不计算服务链各节点调度时间），可以用服务链评价响应时间表示。其计算可以通过统计各节点处服务的执行时间和结果传递时间的总和获得。在具体实现方面，很多研究者提出了不同的方法，常用的是基于执行日志的时间挖掘算法（刘新瑜和朱卫东，2005）。

资源利用率是衡量资源使用状况最常用的指标。资源利用率越高，工作流的性能越高。其计算公式如下：

$$\text{资源利用率}=\frac{\text{资源工作时间}}{\text{资源存在时间}} \tag{4-5}$$

4.4.2　地理信息服务链的评估模型

地理信息服务的组合的结果是一个新的空间信息服务，称为组合空间信息服务。组合地理信息服务的服务执行质量在很大程度上由其原子地理信息服务及其控制模式、数据流模式所决定。假定地理空间信息服务的服务执行质量已知，则可以通过一定的模型推导出组合空间信息服务的服务执行质量的估计值。然而，由于组合空间信息服务的服务执行质量必须考虑传输通道的影响，因此服务质量组合的结果只能是近似值。

服务执行质量包括过程质量与成果质量。显然，组合地理信息服务过程质量与原子空间信息服务之间的执行顺序、依赖关系有关，而成果质量则与原子空间信息服务之间数据依赖关系有关。

1. 地理信息服务链过程质量评估模型

虽然存在众多服务组合建模语言，无论是工业界的标准，还是自定义的解决方案，它们大都具有一个相同的特点，就是在流程建模上充分借鉴了工作流模式理论的研究成果。同时，由于地理信息服务组合的过程质量与流程控制模式息息相关，因此，必须首先研究地理信息服务组合的控制模式及其模型。从工作流控制模式出发来讨论服务质量评估，可以避免与具体实现语言、服务组合引擎相关，保证了算法的普适性。

工作流控制模式是表示工作流中各个任务之间依赖关系的模式，是流程模型的基本构造单元。工作流控制模式的研究得到了很多研究者的关注。例如，在综合分析了工作流控制模式的基础上，Jaeger 等（2004）和刘书雷（2006）等都提出了相应的地理信息服务组合模型。基于这些基本组合模型的研究成果，章汉武（2008）制定了地理信息服务链过程质量的评估模型，提供了五类服务基本组合模型的基本算法，其中，地理信息服务组合基本模式如图 4-15 所示。

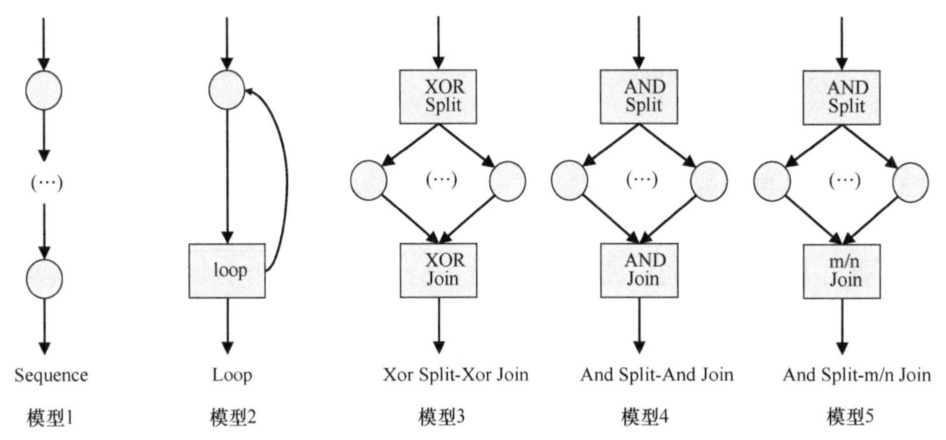

图 4-15　地理信息服务组合基本模式

过程质量中安全、事务、可用性等质量要素类别（或者质量要素）对应的度量指标都不是单纯的定量指标，其组合算法没有实际意义，因此，本节只讨论服务链的执行时间与稳定性，其中稳定性只包括可靠性和可利用性。此外，服务费用虽然不归入服务质量要素，但由于在服务组合中很重要，因此也纳入服务质量组合计算中。需要说明的是，为了计算组合服务的服务质量，需要明确一定的假设：

各个原子服务的服务执行质量相互独立。一个原子服务的服务执行质量不会影响到另一个原子服务的服务执行质量。

度量单位统一。参与组合的各个原子服务的度量单位一致，如假定所有的时间都以秒（s）为单位。

由于是对组合服务实际运行情况的模拟，所以对于包含选择条件的分支模型（模型 3、模型 4、模型 5）以及循环模型（模型 2），需要对某些条件进行估计。对于分支模型，需要给每一个分支一个相应的概率，对于循环模型，需要给一个执行次数。假设在包含选择条件的分支模型中每一个分支被执行的概率为 P_i，则对于 Xor Split 的情况有 $\sum_{i=1}^{n} P_i = 1$；对于循环模型，假设循环的次数为 k。执行时间、可利用率、可靠性、费用组合算法如表 4-5 所示。

表 4-5　地理信息服务链质量的组合算法

组合模型	执行时间组合算法	可靠性组合算法	可利用率组合算法	费用组合算法
Sequence	$\sum_{i=1}^{n} P_i$ （n 个任务执行时间之和）	$\prod_{i=1}^{n} R_i$ （n 个任务可靠性之积）	$\prod_{i=1}^{n} A_i$ （n 个任务可利用率之积）	$\sum_{i=1}^{n} C_i$ （n 个任务费用之和）
Loop	kP_i	$(R_i)^k$	$(A_i)^k$	kC_i
Xor Split-Xor Join	$\sum_{i=1}^{n} P_i T_i$	$\sum_{i=1}^{n} P_i R_i$	$\sum_{i=1}^{n} P_i A_i$	$\sum_{i=1}^{n} P_i C_i$
And Split-And Join	$\mathrm{Max}(T_1, \cdots, T_n)$	$\mathrm{Min}(R_1, \cdots, R_i)$	$\mathrm{Min}(A_1, \cdots, A_i)$	$\sum_{i=1}^{n} C_i$ （所有执行路径费用之和）
And Split-m/n Join	$T_i, \mathrm{Num}(T_x > T_i) = m-1$ （第 m 小的执行时间）	$R_i, \mathrm{Num}(R_x > R_i) = m-1$ （第 m 小的可靠性）	$A_i, \mathrm{Num}(A_x > A_i) = m-1$ （第 m 小的可利用率）	$\sum_{i=1}^{n} C_i$ （所有执行路径费用之和）

2. 地理信息服务链成果质量评估模型

地理信息服务组合的成果质量是其服务执行输出成果的质量，其评估模型是对成果质量在整个服务流程中演变规律的抽象。由于地理信息数据及地理信息服务的多样性与复杂性，很难对所有类型地理信息服务组合的成果质量进行评估。本着有用性与通用性相结合的原则，本节只涉及输出地理数据的地理信息服务组合。

由于不同类型服务对空间数据所施加的操作不同，对空间数据质量的影响也不尽相同，因此全面分析地理信息服务组合的成果质量内部的演变规律，需要明确服务分类体系。本书基于 OWS 框架提出地理信息服务分类体系，该分类体系包含五类服务：应用服务、处理服务、注册服务、数据服务、描绘服务。由于数据服务和处理服务是服务组合中最为重要的两类服务，因此服务链成果质量的评估模型分别关注地理数据服务组合和地理处理服务组合。

1）地理数据服务组合

如果组合服务是地理数据服务，则组合服务对外提供了请求空间（地理）数据的接口。原子服务和组合的数据服务之间根据空间数据的流动可以形成一个有向非循环图，图的起点是原子空间数据服务（可能具有多个），终点是数据服务，中间节点由原子地理数据服务和原子地理处理服务构成。由于地理数据服务输出空间数据，且地理处理服务需要输入空间数据，因此，当地理数据服务与地理处理服务之间作为链接两端节点时，地理数据服务必须是始节点，地理处理服务是尾节点。地理数据服务与地理处理服务之间具有三种链接关系：一对一、一对多、多对一，如图 4-16 所示。由于地理处理服务也输出空间数据，因此也可以和另外的地理处理服务相互链接，其关系与地理数据服务和地理处理服务链接关系相同。

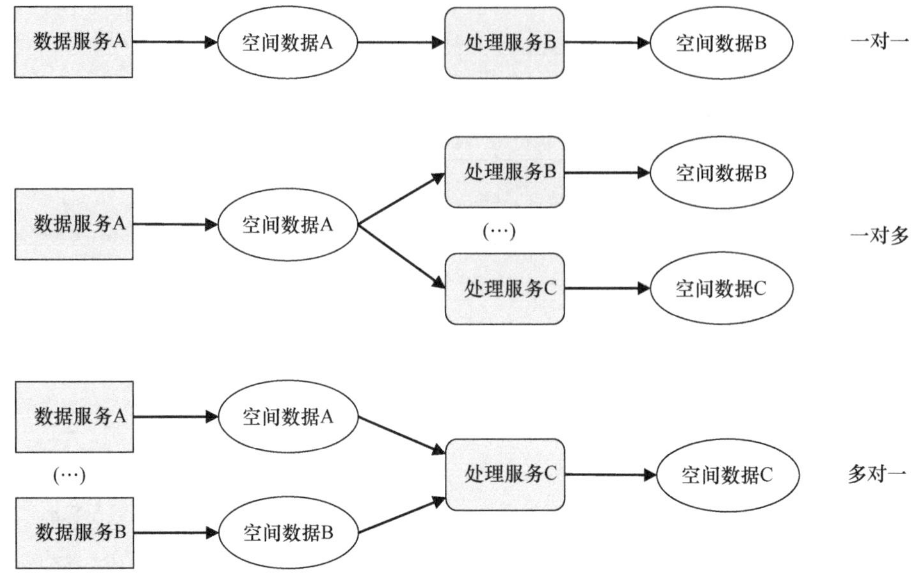

图 4-16　地理数据服务与地理处理服务之间的链接关系

跟踪起点数据服务输出空间数据的流动，可以分析组合服务输出空间数据质量要素的演变。设在数据链路中，地理处理服务（包括时间、空间、专题等处理）为 $\text{ps}_i(i=1,\cdots,n)$，地理数据服务为 $\text{ds}_i(i=1,\cdots,n)$，则组合服务成果质量与原子服务成果质量具有一定的函数关系，如式（4-6）所示：

$$\text{QF}=f(\text{QF}_{\text{ds}_1},\cdots,\text{QF}_{\text{ds}_n},\text{QF}_{\text{ps}_1},\cdots,\text{QF}_{\text{ps}_n}) \tag{4-6}$$

式中，QF 表示地理数据服务组合输出空间数据的某一个质量要素；QF_{ds_i} 表示原子地理数据服务输出地理数据相对应的质量要素；QF_{ps_i} 表示原子地理处理服务对输入地理数据在相应质量要素上的影响。

2）地理处理服务组合

地理处理服务组合提供输入为空间数据、输出也为空间数据的接口。相对于地理数据服务组合，地理处理服务组合内部原子服务及外部组合服务构成的数据链路在起点上可以是服务组合的客户端，如图 4-17 所示。

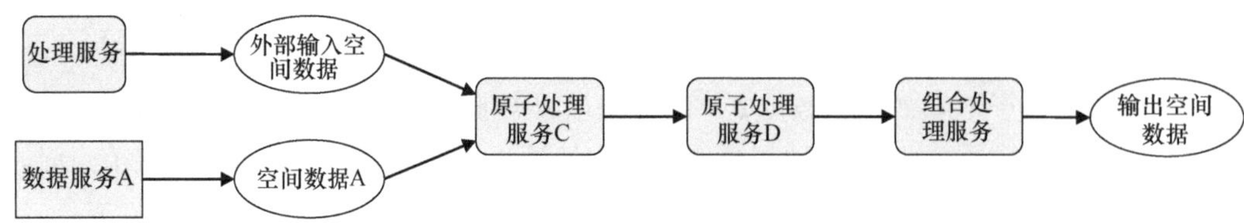

图 4-17　地理处理服务组合中的数据链路示意图

地理处理服务组合内部空间数据流动有外部输入空间数据的参与，其输出空间数据的质量函数需要进行调整（相对于地理数据服务组合），如式（4-7）所示：

$$QF = f(QF_{datain}, QF_{ds_1}, \cdots, QF_{ds_n}, QF_{ps_1}, \cdots, QF_{ps_n}) \tag{4-7}$$

式中，QF_{datain} 表示地理处理服务组合输入空间数据对应的质量要素。

4.5　地理信息服务质量研究热点

随着地理信息服务的发展，地理信息服务质量的研究也在不断出现新的研究热点，可概括为三个方面：地理信息服务质量的建模与描述、地理信息服务质量获取与挖掘，以及基于地理信息服务质量感知的应用程序与服务优化。

4.5.1　地理信息服务质量的建模与描述

随着地理信息服务的发展，地理信息服务质量（QoGIS）指标正在不断更迭，体现在新的指标的出现和现有指标内涵的扩展。在早期，地理信息服务质量的研究遵循服务质量（QoS）的研究展开，如本章前面章节所述，QoS 度量指标被纳入 QoGIS 应用中：这些指标包括服务器端管理、服务运行时间测量和服务结果质量评估。随着地理信息服务变得更加成熟并被广泛采用，“系统性能”的通用表达已经慢慢被 QoGIS 度量指标所取代，这些指标是针对地理信息服务的独特特征提出的指标，包括可用性质量、空间数据质量和地理可视化要求等（Jutila et al.，1999；Wang，2001；Wu et al.，2011）。未来，随着地理信息服务商业化的扩大，QoGIS 也可能会根据最初为电子商务服务开发的指标开发指标。基于上述内容，Hu 等（2019a）归纳了三种地理信息服务度量指标模型，分别是通用质量指标模型、面向地理信息服务的质量指标模型和面向电子商务的质量指标模型，如表 4-6 所示。

表 4-6　地理信息服务质量指标模型

类型	质量因素	度量指标	利益相关者
通用质量指标模型	服务执行质量	可拓展性、性能（响应时间、吞吐量）、可靠性、可用性、稳健性等	全部
面向地理信息服务的质量指标模型	空间数据和元数据质量	完整性、逻辑一致性、位置准确性、主题准确性、时间质量、谱系、一致性、连贯性、及时性等	最终用户、服务提供商
	地理可视化质量	沉浸感、强度、图解、直觉、信息量、美学、空间认知等	最终用户、开发人员、服务提供商
	人机交互质量	可用性、可读性、有效性、效率、满意度等	最终用户、开发人员、服务提供商
面向电子商务的质量指标模型	事务支持性质量	ACID 原则（原子性、一致性、隔离性、持久性）	全部
	配置和管理性质量	法规、配置标准合规性、完整性、异常处理等	最终用户、开发人员、系统架构师
	安全性质量	身份验证、授权、保密性、问责、可追溯性和可审计性数据加密、不可否认性等	全部

表 4-6 显示了通用的 QoS 质量因素及其度量指标，也适用于 QoGIS。满足地理信息服务的执行质量是具有挑战性的，因为地理信息服务中的地理处理服务通常是数据密集型和计算密集型的。因此，QoGIS 研究侧重于通过利用新的计算技术和存储地理空间数据集的模型来扩展可扩展性和鲁棒性。例如，为了优化空间数据查询的效率，可以开发新的计算拓扑模型（Liu et al.，2015）。

新兴技术和应用程序适当考虑了地理信息服务特定因素，包括空间数据和元数据质量、地理可视化和高可用人机交互（HCI）质量。例如，在志愿地理信息（volunteered geographic information，VGI）、虚拟地理环境和公众参与 GIS（public participation GIS，PPGIS）中，研究者开发了新的度量指标来克服与这些领域相关的特定质量问题。例如，由于 VGI 的贡献者往往是非专家，提交的空间数据可能会出现质量问题，因此 QoGIS 研究更加关注空间数据质量（Fan et al.，2014）；虚拟地理环境可以看作是一种新的应用场景，需要新的质量指标来描述和评估地理可视化效果。PPGIS 为 QoGIS 研究带来了新的需求，如可用性或适用性，这是获取非专家用户创建的有助于公共决策过程的非专业知识时的重要因素。

未来的地理信息服务研究也可能与电子商务服务相结合，需要考虑那些在电子商务中至关重要的质量因素，这些因素包括交易、管理、配置和安全相关的特性（Jones et al.，2000）。当前地理信息服务质量很少考虑这些内容，原因在于大多数地理信息服务除了在线地图服务和基本的基于位置的服务外，没有像其他电子商务服务那样广泛商业化，如天气预报服务、支付服务和广告服务。但是，当地理处理服务变得更加频繁使用时，与事务相关的质量问题可能会导致严重问题。由于服务操作、维护和访问权限已成为重要问题，因此需要始终考虑与配置和管理相关的质量。安全性相关的服务质量正在成为地理空间数据服务的焦点，特别是对于机密的政府和军事地理空间数据集，以及与个人隐私相关的问题。

不同的度量指标可以定量或定性地衡量地理信息服务质量。然而，单个指标会吸引不同类型的用户，包括最终用户、服务提供商、开发人员或系统架构师。开发人员和系统架构师通常从软件和系统架构的角度出发，关注在应用程序界面中一般不可见或不存在的内部质量指标。相比之下，最终用户和服务提供商更关心直接影响用户体验的质量指标，如响应时间和可视化质量。同时，这些质量指标的重要性因应用程序和最终用户要求而异。因此，在最终的使用质量评估中还必须考虑应用程序类型和最终用户偏好。

4.5.2　地理信息服务质量获取与挖掘

地理信息服务质量获取是指通过主观或客观测量的方法获取质量度量指标的过程。服务提供商、第三方监控和用户反馈是 QoGIS 采集的三大数据来源。出于服务广告目的，服务提供商可以在服务元数据或网站中，或通过服务经纪人发布其质量声明。第三方监控以主动和利益相关者中立的方式收集运行时服务质量信息。用户反馈是以最终用户参与的方式获得用户体验和满意度评价的重要途径。这些质量采集方法具有不同的特点。如表 4-7 所示，服务提供者可以提供包含运行时 QoS 和自我评估评论的综合质量信息。第三方监控代理提供响应时间和可用性等运行时 QoS 指标。用户反馈提供用户偏好、满意度排名和评论，这些往往与质量信息没有直接关系，进一步挖掘会产生更多有用的质量信息。

表 4-7　多个 QoGIS 获取源的比较

采集源		比较特征					
		质量类型	数据量	质量维度	技术难度	可信度	时效性
服务提供者		综合质量	中等	中等偏上	简单	低/中	定期/实时
第三方监控代理		服务执行质量	大	低	中等	高	周期性、长时间、连续
用户反馈	问卷	综合质量	小/中	高	简单	中等	一次/定期
	用户评论		大	高	难	高/中等	近实时和连续
	服务器/用户日志	运行时 QoS 和 HCI 质量	大	低	难	高	实时、长时间、连续
	可用性测试	人机交互质量	小	低	难	高	一次/定期

表 4-7 从质量类型、数据量、质量维度、技术难度、可信度、时效性等方面比较了三种主要的 QoGIS 获取源。质量类型可以是表 4-7 中说明的定量的服务执行质量或 HCI 质量，也可以是综合质量，即包含来自用户评论和提供者自我评估的定量指标和定性描述，涵盖表 4-7 中的所有质量因素类型。从不同采集源收集的数据量各不相同。如果监测是一项频繁且长期的活动，第三方监测的数据量可能非常大，而对于问卷调查，数据量可以是小规模或中等规模，具体取决于调查的样本量。可以从质量描述中提取衡量质量指标丰富程度的指标维度。用户评论可能包含许多质量指标，因为它们是从具有不同背景和要求的大量最终用户那里收集的，并且对描述的内容没有限制。对于监控数据，数据维度仅限于某些预定义的运行时的 QoS 质量维度。技术难度和劳动力负担分别描述了从技术和劳动力成本角度获取和分析获得的质量描述的成本。可信度是描述获取的质量信息是否可靠的特征。质量信息的时效性也很重要，因为服务质量和用户体验可能由于多种原因而变化无常。

全面获取服务质量信息最直接的方法是咨询服务。然而，使用这些信息对于用户来说是有风险的，因为提供商可能倾向于夸大其产品的质量（Bishr and Kuhn，2007；Grover et al.，1996）。因此，需要更公正的数据源来提供地理信息服务的质量评估。第三方服务监控代理可以通过主动、定期或实时监控等方式，提供来自中立组织的可信度高的质量信息。例如，可以通过调用强制或可选服务操作来获得 WFS 或 WMS 的响应时间。然而，频繁的质量监控会增加服务器的压力，为了获取涵盖所有时间跨度的长时间且细粒度的监控数据，同时又不给服务器带来过多的并发访问负担，质量监控必须结合设计策略（Gao et al.，2010；Hasan et al.，2014）。此外，研究人员还发现服务的性能与访问者和部署的服务之间的地理距离有关，单站点监控无法为来自世界各地的用户获取有用的 QoGIS 信息（Gui et al.，2016；Xia et al.，2015）。因此，全球分布的监视器必须设置在世界各地的不同地点。虽然第三方监测提供了更可信的质量信息，但由于质量指标不够全面，仍然存在局限性；覆盖所有空间和时间质量状态也增加了服务器的压力。针对这些问题，用户反馈可以作为很好的补充解决方案。

用户反馈基于用户访问行为获取。一般来说，有四种不同方式来提供有效的用户反馈，包括问卷、用户评论、服务器日志和可用性测试。这些数据源包含主观的用户视图，其可以提供丰富的质量相关信息，如对于用户如何喜欢部署的服务的问卷，可调查用户满意度和偏好。但是，用户反馈也会产生问题，因为非结构化文本不能直接用于质量获取，需要进行文本挖掘。

4.5.3 基于地理信息服务质量感知的应用程序与服务优化

QoGIS 信息可以使应用程序中的各种不同类型的用户受益，包括用户、开发人员和系统架构师。从用户的角度来看，QoGIS 评估模型可以帮助他们在相似的地理信息服务中进行选择。从开发人员或系统架构师的角度来看，QoGIS 研究提供了改进地理信息服务的方法，并使服务提供商从市场中受益。以用户为中心的设计是地理信息服务未来的发展方向，这也对该领域的开发人员和系统架构师提出了新的要求。这些要求包括基于 QoGIS 的地理信息服务发现与选择、地理信息服务的优化、质量感知的地理信息服务架构设计三个方面。

基于 QoGIS 的地理信息服务发现与选择首先从大量的相似地理信息服务候选者中发现和选择最优质的地理信息服务。质量语义被认为是通过分层组织不同的质量信息并向计算机描述用户 QoGIS 要求来帮助服务发现的有前景的解决方案，从而实现进一步的智能和高效的服务发现（Zhang et al.，2010）。众包技术的发展，如 VGI 和 PPGIS，允许最终用户通过公众参与为完善地理信息服务的数据质量做出贡献（Dodge and Kitchin，2013）。用户可以通过提交更新和更正来帮助提高空间数据和元数据的完整性和准确性。然而，众包技术也会产生问题。例如，本地居民可能对自己的家乡或地区有更好的了解，但他们的非专业性可能导致提交的信息不适合使用的制图规则，甚至可能是错误的。因此，充分利用这些 VGI 信息需要严格的质量审核和检查。此外，QoGIS 还可以通过将最终用户背景信息整合到用户推荐模型中来帮助服务发现。通过先前的选择上下文或用户配置文件对可能需要的地理信息服务提供建议，可以有效促进服务发现。这个领域的一个可能趋势是在用户偏好和其配置文件之间建立语义链接。

从开发人员和系统架构师的视角展开的研究提供了优化和改进地理信息服务 QoGIS 的方法。开发人员利用可用性测试来调整和改进地理信息服务的用户界面和 HCI 工作流程的设计（Qi et al.，2016）。地理信息服务经常处理大量的地理数据集并且非常耗时，因此业界已经提出了异步调用和状态跟踪机制来提高地理信息服务链执行阶段的可用性和处理状态的可见性。开发人员还通过从服务器端日志中挖掘用户访问模式并调整空间索引，以适应并行计算环境来优化地图切片缓存策略（Li et al.，2013；Wang et al.，2009）。在保证性能的情况下，可以考虑地理空间数据内容的其他质量问题，如定位数据集的准确性或 VGI 的空间关系的拓扑完整性。系统架构师专注于更高水平服务的改进，通过使用组访问模式来处理不断变化的用户访问行为带来的服务器压力。为了找到访问模式，研究人员基于时间序列分解方法挖掘和分析服务器日志（Box et al.，2015）。基于这些访问模式，系统架构师可以设计负载均衡和自动伸缩策略，从而扩展更多的计算节点来处理访问期间的负载均衡问题，并在低访问期间释放计算资源。系统架构师还需要考虑服务器的地理分布（Li et al.，2010），因为部署服务的响应时间通常与服务器和客户端之间的网络距离和带宽有关。一般来说，地理位置接近的服务提供更好的性能和更快的响应时间（Yang et al.，2011）。该规则可以适用于大多数基于 Web 的应用程序，但由于数据传输问题，该规则对数据密集型地理信息服务更为关键。

为了更好地支持地理信息服务的发现和交互，应该将建立一个质量感知的地理信息服务框架作为重要的研究议题。为此，Hu 等（2019a）提出 QoGIS-aware 地理信息服务框架，如图 4-18 所示。基于 OASIS Web 服务质量模型，添加一个额外的关联，即服务审计，并将质量保证和发现代理的角色结合在一起，在框架中形成一个扩展的服务代理，从而引入了质量审计、认证和保证机制。服务审计起到服务质量审核和认证的作用，收集、监控和评估来自服务提供者、内置或第三方监控器以及用户反馈的质量信息。当服务提供者将带有新的质量声明的地理信息服务注册到服务代理时，将触发监听过程。由于质量的可变性，服务审计还需要定期更新质量评估。在找到匹配的服务后，消费者可以验证自己的质量声明，并获得第三方中立质量认证进行服务选择。因此，质量描述和

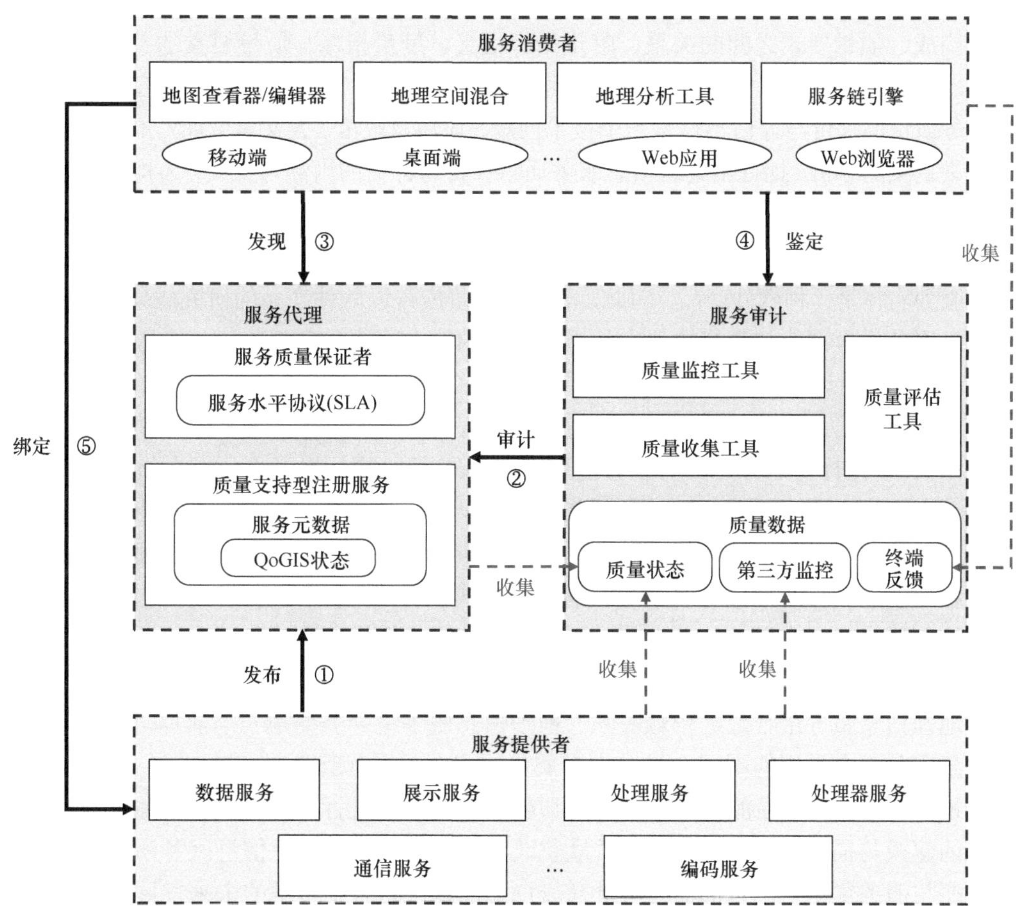

图 4-18　QoGIS-aware 的地理信息服务框架

认证被引入服务发现过程。整个交互模式相应地从“发布—发现—绑定”变为“发布—认证—发现—审计—认证—绑定”。此外，扩展服务代理通过使用服务提供者和消费者之间协商的服务水平协议（SLA）在交互期间提供运行保证，同时相应地建立补偿和惩罚机制。

4.6 本章小结

本章详细介绍了地理信息服务质量的理论体系，从地理信息服务质量的内涵谈起，介绍了地理信息服务质量的参考模型、要素模型，以及评价方法。在此基础上，将单个地理信息服务质量拓展到对地理信息服务组合（服务链）质量的研究。

地理信息服务质量参考模型涵盖了与空间信息服务质量相关的术语、概念及它们之间的关系，并指导了质量要素模型与评价模型的建立。

地理信息服务质量的要素模型确定质量的内容。对地理信息服务质量所进行的各种操作，包括评价与评估，都必须以明确质量的构成为基础。质量由质量要素构成，对质量要素进行定量、定性的分析，依赖度量指标的参与。质量要素模型明确回答了质量要素的构成、质量要素之间的关系、度量指标语义、度量指标与质量要素的关系等问题。

地理信息服务质量的评价与评估是促进地理信息服务广泛应用的基础性工作。地理信息服务质量的评价与评估不仅是一个技术问题，还涉及政策、人文等方面。本章首先通过对质量定义的分析，挖掘出地理信息服务质量评价与评估的内涵与意义，为构建全面的评价与评估框架、开展实际评价操作提供语义与理论基础。由于地理信息服务的双重含义，服务质量的评价应该分成两种类型，分别是服务实体质量评价与服务执行质量评价。地理信息服务实体是一种软件产品，因此，其质量评价应该以软件产品的研究成果为基础。地理信息服务质量评价与传统软件产品质量评价的最大不同就在于其还包含服务执行质量的评价，本章对地理信息服务执行质量评价的概念与内涵进行了全面的分析。

对于地理信息服务组合质量的研究，本章从质量评价指标体系和评估模型进行了详细介绍。评价指标体系分为面向服务链用户的 QoS 评价指标以及面向服务链性能和成本的 QoS 评价指标两大类，不同的评价指标体系从不同角度整合评价指标。地理信息服务组合质量评估模型包括两种类型：过程质量评估与成果质量评估。由于地理信息服务组合过程质量评估与地理信息服务组合的控制模式密切相关，本章在目前基于工作流服务组合控制模式研究成果的基础上，引用了五类基本组合模型，并分别为其提出了质量的评估算法。地理信息服务组合成果质量评估与组合过程的数据流模式密切相关，因此，分析地理信息服务组合数据依赖关系、地理信息服务组合类型是一个前提工作，根据地理信息服务组合类型的不同，最终成果质量的演变关系有所区别。

最后，本章还就当前地理信息服务质量的研究热点进行了探讨，包括地理信息服务质量的建模与描述、地理信息服务质量获取与挖掘以及基于地理信息服务质量感知的应用程序与服务优化三个方面。这些研究热点为地理信息服务质量的未来发展方向提供了参考。

第 5 章　语义网技术与地理信息服务

随着地理信息数据和处理服务的不断累积，一个开放虚拟的地球空间信息环境逐渐形成，并正在演化成为一个庞大的空间信息知识库系统。海量的地理信息服务为解决复杂地学问题提供了前提条件。然而，整合跨平台的地理信息服务功能，联合跨领域的研究者，解决规模更大、问题更复杂、领域涵盖更广的地学问题，实现空间数据和处理服务的智能发现与集成，以及复杂地理信息处理流程的智能化构建，仅依靠服务组合与服务链技术是无法实现的，需要将语义技术引入地理信息领域，建立地理信息服务语义表达体系，探索研究地理信息服务组合的智能构建方法。当前，地理信息科学与语义网技术的融合研究受到国际学术界的广泛关注，这种跨学科的合作为地理信息服务的智能化应用提供了理论基础和技术支持。

为了更好地阐述语义网技术在地理信息领域的应用，本章采用循序渐进的方式进行阐述，首先介绍语义网技术的发展历程——语义网络、本体论、万维网、语义网、关联数据、知识图谱。然后介绍语义网技术在地理领域的扩展——地理本体、地理关联数据以及地理知识图谱的相关内容，最后对本章内容进行总结。

5.1　语义网技术发展历程

语义网技术经历了不同的发展阶段，最早可以追溯到 1960 年产生的语义网络，经过本体论、万维网、语义网、链接数据等一系列技术的继承发展，最终产生了知识图谱，并实现了在各个行业、领域的大规模应用，如图 5-1 所示。本节将从知识图谱的源头——语义网络讲起，然后讲述本体论、万维网、语义网、链接数据的相关背景及知识，最后讲述知识图谱的相关内容。

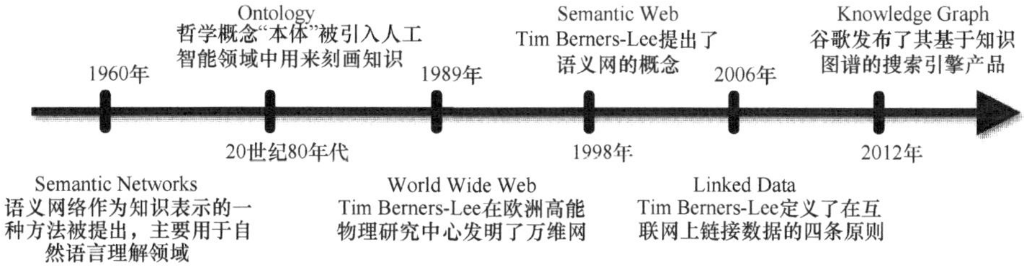

图 5-1　知识图谱发展历程

5.1.1　语 义 网 络

语义网络（semantic networks）是由 Quillian 于 1968 年提出的一种知识表达模式，

是一种由节点和弧组成的有向图。在图中，节点表示实体，包括各种事物、概念、情况、属性、状态、事件、动作等，弧表示它连接的两个实体之间的语义关系。语义网络由语义单元/语义基元组成，语义基元由三元组描述，如（节点 A，弧，节点 B）。

图 5-2 为一个语义网络的示例，图片中间是哺乳动物，狗是一种哺乳动物，且狗具有皮毛；熊也是一种哺乳动物，且熊也有皮毛；鲸鱼也是一种哺乳动物，且鲸生活在水中；鱼是一种动物，且生活在水中；哺乳动物也是动物的一种类型，且哺乳动物有脊椎。如果采用语义网络三元组的形式进行表达，即（狗，是，哺乳动物），（狗，有，毛），（熊，是，哺乳动物），（熊，有，毛），（鲸，是，哺乳动物），（鲸，住在，水），（鱼，是，动物），（鱼，住在，水），（哺乳动物，是，动物），（哺乳动物，有，脊椎）。

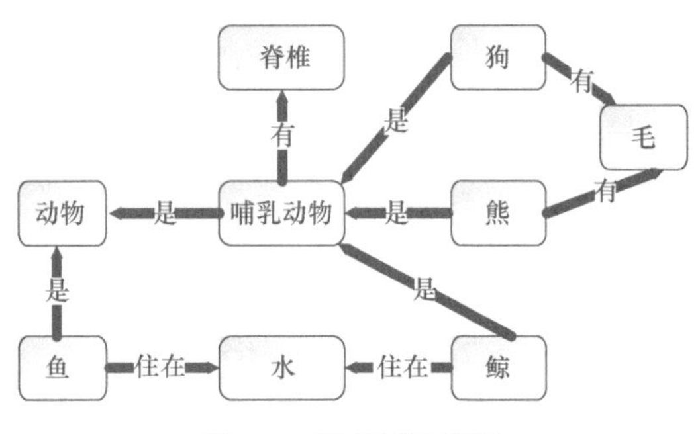

图 5-2　语义网络示例

语义网络主要是通过三元组的形式表达实体以及实体之间的语义关系，利用其进行知识表达具有以下优点：

（1）表达结构清晰。语义网络通过三元组的形式显式地表达了实体的属性以及实体间的语义关系，结构清晰明确，是一种结构化的知识表示方法。

（2）语义网络中的下层节点可以继承、新增和变异上层节点的属性，从而实现信息共享。这类似于编程语言中的子类与父类的关系，子类可以继承父类的属性，同时可以新增或者修改父类的属性。

（3）缩小搜索空间。在语义网络中搜索知识时，只需从某一节点出发，沿着弧的方向进行搜索，无须查找整个语义网络知识库，有效避免了组合爆炸问题。

（4）易于与自然语言的转换。语义网络直接且明确地表达实体之间的语义关系，模拟人的语义记忆和联想方式，符合人们表达事物间关系的习惯，易于将自然语言转换为语义网络。

然而，语义网络在推理规则和标准化上仍然存在一些缺点，具体如下：

（1）语义网络存在推理规则不明确，且表达范围有限的问题，当语义网络中节点数量增加到一定规模后，推理难以进行。

（2）语义网络中实体以及关系的定义缺乏标准规范，完全依赖用户定义。这个问题促使了本体的出现，本体的目的就是解决知识表达的规范问题。

5.1.2 万　维　网

1989 年 Tim Berners-Lee 发明了万维网（world wide web，WWW），实现了网页文档间的相互链接。万维网是对基于客户机/服务器模式的信息发现技术和超文本技术的综合，万维网服务器通过超文本标记语言（HTML）将信息组织成为图文并茂的超文本，利用超链接技术从一个网页跳转到另一个网页，从而彻底摆脱了以前的查询工具只能按特定路径一步步地查找信息的限制，使互联网进入了一个新的发展阶段。

万维网的工作原理是，当用户想要访问万维网中的网页时，首先需要在浏览器中输入该网页的统一资源定位符（uniform resource locator，URL），或者通过超链接的方式链接到该网页，现在通常采用搜索引擎进行网页和资源的搜索。然后该 URL 会被域名系统解析，得到该网页所在的 IP 地址。后续的流程是用户浏览器向该 IP 地址发送 HTTP 请求，该网页包含的 HTML 文本、图片、视频以及相关脚本都会被逐一请求并发送回浏览器。最后浏览器对接收到的文件的内容进行可视化。

万维网的出现极大地降低了用户信息获取的难度，特别是随着搜索引擎的出现，用户对信息的获取只需要在搜索引擎（Google、Baidu 等）中输入关键字，搜索引擎会自动返回相关的网页，从此用户无须从门户网站中查找网页和记录大量网页地址。此外，万维网极大地促进了数据、资源、服务的共享，资源发布者只需将数据、资源、服务发布到万维网上，全世界其他用户都可以通过万维网访问这些资源。科学研究者将相关的科学数据发布到万维网上，全世界的科学研究者和科研爱好者都可以进行下载、访问和研究，使得相关领域的研究更加活跃，从而促进了该学科领域的发展。

5.1.3 本　体　论

本体论（ontology）是一个哲学术语，最早起源于古希腊，是一套对客观世界进行描述的概念体系，哲学中的本体关心的是客观现实的抽象本质。自 20 世纪 90 年代以来，本体被逐渐引入人工智能、生物医学、信息科学、计算机科学等领域，用于知识分类、表达、共享和重用。

在人工智能领域，本体是在语义层次上描述知识，可以看成描述某个学科领域知识的一个通用概念模型，相似于数据库中的 Schema，本体用来定义类和关系，以及类层次和关系层次等。德国学者 Studer 在 1998 年给出了本体的具体定义“本体是共享概念模型的形式化规范说明”（Studer et al.，1998）。该定义包含四层含义，即共享（share）、概念化（conceptualization）、明确性（explicit）和形式化（formal）。

（1）共享：指本体所表示的知识被领域成员普遍认同与接受，使其在该领域内被广泛使用，从而实现知识共享。

（2）概念化：指本体对于事物的描述表示为一组概念，即对事物的描述进行抽象，所表达的含义无关于具体的环境状态。

（3）明确性：指本体中全部的概念、属性，以及概念之间的关系和约束都有明确的定义，即不能产生歧义。

（4）形式化：指本体的构建与表达需满足既能被计算机处理，又易于人类理解的要求，从而支持通过编程或人工智能技术对本体的有效处理。

由于本体在知识分类、表达、共享和重用方面的优势，相关学者开发了一些通用的本体知识库以促进人工智能的发展，如 WordNet（Miller，1995）和 Cyc 项目（Lenat，1995）。WordNet 是普林斯顿大学的心理学家、语言学家和计算机工程师联合设计的一种基于认知语言学的英语词典。区别于传统的字典，WordNet 将词汇分成五个大类：名词、动词、形容词、副词和虚词。此外，WordNet 包含语义信息，其根据词条的含义进行分组，具有相同含义的词条组称为一个 synset（同义词集合）。WordNet 为每一个 synset 提供了简短、概要的定义，并记录不同 synset 之间的语义关系，包括反义关系、上下文关系和部分关系。在 WordNet 的 2.0 版本中，包含 115424 个同义词集合，其中名词同义词集合 79685 个。

Cyc 项目于 1984 年由 Douglas Lenat 创建，作为知识工程时代一项重要研究进展，其最初目标是将上百万条知识编码成机器可用的形式，从而建立人类最大的常识知识库。Cyc 知识库主要由术语（terms）和断言（assertions）组成，术语包含概念、关系和实体的定义。断言用来建立术语间关系，通过形式化谓词逻辑进行描述，包括事实描述和规则描述。Cyc 主要特点是基于形式化的知识表示方法表达知识，优势是可以支持复杂推理，但是缺乏可扩展性和灵活性。目前最新的 Cyc 知识库包括 50 万条术语和 700 万条断言。

虽然本体在知识表达、推理方面具有优势，但是其包含的内容主要是概念，缺乏对客观存在的实体的表达，如本体中概念有河流，但是没有实体长江，因此本体在实际应用中只能作为一个上层的框架，提供逻辑上的规范，还需要包含具体的实体才能有效支撑下游的应用。这个问题就促使了关联数据、知识图谱的产生。

5.1.4 语　义　网

Tim Berners-Lee 于 1998 年提出了语义网（semantic web）的概念，相对于语义网络（semantic network），语义网（或称语义 Web）倾向于描述万维网中资源，对 Web 上的信息赋予相应的含义，旨在通过为万维网中的资源赋予明确的、机器可读的含义，以促进人与机器，以及机器之间的协同工作。“Semantic”就是用更丰富的方式来表达数据背后的含义，让机器能够理解数据。“Web”则是希望这些数据相互链接，组成一个庞大的信息网络，正如互联网中相互链接的网页，只不过基本单位变为粒度更小的数据。根据 W3C 的定义：语义 Web 提供了一个通用框架，允许在应用程序、企业和社区之间共享和重用数据。因此，语义 Web 是对现有的万维网的扩展，使其具有语义信息，并提供了相应的语言用于数据的共享与重用，其目标是使机器能够理解 Web 上的信息，并且可以进行知识推理，促进高效的信息共享与重用。

自从语义网的概念提出后，相关技术逐渐兴起，发展出了一个庞大的技术栈——语义 Web 标准栈（semantic web stack），用于直观地展示语义 Web 的体系结构，各个组件之间的功能和关系如图 5-3 所示。

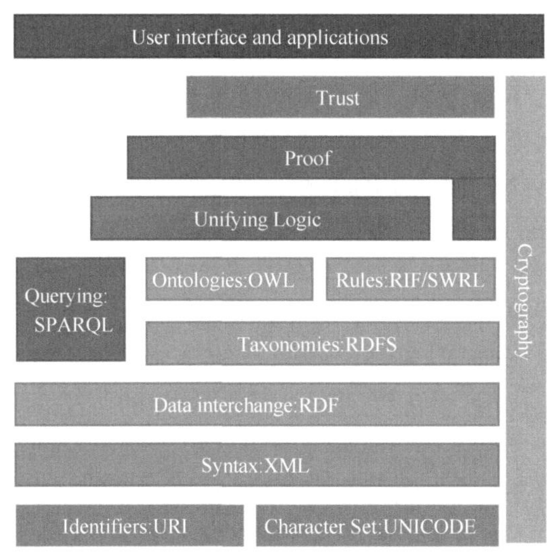

图 5-3　语义 Web 技术栈

语义 Web 标准栈包括七个层：基础层、语法层、数据交换层、知识概念化与形式化功能层、逻辑层、验证层、信任层。

基础层，包括 Unicode 和 URI。其中，Unicode 采用两个字节对 Web 上的信息进行统一编码，可以编码任何语言的字符，解决了计算机跨语言、跨平台进行文本转换和处理的问题，使得语义网具有跨语言能力。URI 即统一资源标识符（uniform resource identifier，URI），用于唯一标识语义网资源。URI 是当前 Web 上用来标识资源的一种方式，但只能采用 ASCII 字符集编码，极大地限制了其表示能力，因此出现了国际化资源标识符（IRI），允许使用所有的 Unicode 字符标识资源。语法层，主要是 XML。通过标签的形式组织数据，标签的嵌套结构定义了文档中数据之间的层次关系。XML 不仅可以作为标记语言的元语言，也可以作为语义网的描述语法。

语法层，主要包括 XML、NS 以及 XML Schema。XML 通过标签的形式组织数据，标签的嵌套结构定义了文档中数据之间的层次关系，具有结构化、平台无关、易扩展、可伸缩的特性，广泛应用于网络信息的描述与交换。NS 是命名空间，能够明确表示 XML 文档中来自不同词汇表的元素和属性，有效地保证了 URI 的唯一性。XML Schema 定义了 XML 文档中元素、属性、数据类型以及文档结构，提供了 XML 文档的校验机制，保证了 XML 文档的完整性、有效性和一致性。

数据交换层，主要是资源描述框架（resource description framework，RDF）。RDF 是一种描述 Web 资源及其关系的数据模型，其目标是建立一种描述网络资源的通用框架，由“主–谓–宾”三元组的形式组成。RDF 解决了 XML 语法不具备语义描述能力的问题，其支持不同的序列化格式，如 RDF/XML、Turtle 和 N-Triple。

知识概念化与形式化功能层，包括 RDF Schema、OWL、RIF、SPARQL。RDF Schema，简称 RDFS，是 RDF 的扩展，提供了对类和属性的简单描述，从而给 RDF 数据提供了词汇建模的语言。OWL（web ontology language），用于帮助用户构建领域本体，是 RDF Schema 的扩展。OWL1.0 有 OWL Lite、OWL DL、OWL Full 三个子语言，其表达能力依次增强。RIF（rule interchange format），是语义 Web 规则交换格式。其采用 XML 语言表达 Web 规则，可以被计算机执行。RIF 提供了多种版本，称作方言，包括 RIF 基本逻辑方言（RIF-BLD）和 RIF 产生式规则方言（RIF PRD）。SPARQL 协议和 RDF 查询语言，是 W3C 为 RDF 数据模型所开发的查询语言，能够检索和操作以 RDF 格式存储的数据。

后续三层是当前语义网仍在努力实现的技术：

逻辑层，提供了公理和推理规则，用于逻辑推理操作，从而使语义网更加智能。

验证层，对语义网的推理结果进行验证，证明其有效性。

信任层，通过 Proof 交换以及数字签名，建立一定的信任关系。

目前，W3C 还在不断完善语义 Web 的体系结构，相关的技术规范标准也在制定中。

万维网的目的是建立网页之间的连接，语义网的目的是为万维网上的网页加上语义信息（语义“元数据”），使得计算机可以理解，从而使整个万维网成为一个通用的信息交换媒介，并且变得更加智能。然而，语义网技术栈太过复杂，实现难度较大，以至于大多数人无法理解，阻碍了语义网技术的推广与应用。因此，关联数据作为语义网技术一个更简洁、简单的描述得到发展。

5.1.5　关 联 数 据

关联数据（linked data）的概念由 Tim Berners-Lee 于 2006 年提出，也称作链接数据，是语义网技术一个更简洁、简单的描述。他认为与其要求用户将数据规范化，不如将数据公开发布，建立数据之间的链接，促进数据资源的共享与利用（Berners-Lee，2006）。

关联数据是在万维网上使用标准格式和接口发布数据的一系列技术。遵循关联数据相关标准的数据称为关联数据，其强调了在不同的数据集间建立链接，促进知识的共享与重用。Tim Berners-Lee 提出了关联数据的四个原则：

（1）使用 URI 命名事物，即为每一个事物添加一个唯一标识符。

（2）使用 HTTP URI 以便于用户查找事物名称。

（3）当用户查找 URI 时，通过 RDF、SPARQL 等标准提供有用的信息。

（4）包含指向其他 URI 的链接，以便于用户发现更多的信息，即扩展数据的范围。

在此基础上，Tim Berners-Lee 提出了关联数据的五星评分系统，用于评价关联数据的质量，其具体内容如下：

★数据以任何格式存在并可用（如图像）。

★★数据可作为机器可读的结构化数据（如 Excel 电子表格）。

★★★数据以非专有的格式存在并可用（如 CSV ）。

★★★★数据采用 W3C 制订的开放数据标准发布。

★★★★★上述几条规则均适用，数据还能链接到其他用户的数据。

五星评分系统是逐步累积的。每增加一颗星，表示数据符合前一步的标准。达到五星标准的关联数据可以关联到其他用户的数据，促进数据的开放共享与融合。如果没有达到五星标准，意味着需要做更多工作，如将数据转换为符合五星标准的格式、增加更多的链接或请求数据源提供质量更高的数据。

关联数据易于与其他关联数据进行组合，从而产生新的知识。传统的数据管理技术使得大部分用户数据被封闭在不易重组的数据孤岛中。在执行特定的任务之前，用户需要通过编程的方式来查询、获取、转换以及合并孤岛中的数据。而关联数据将有助于数据孤岛问题的解决，因为关联数据的合并容易实现。

此外，关联数据是自文档化（self-documenting）的：在互联网上解析某个术语时，就能立即了解它的含义，从而使数据共享变得更加容易。设想从不同的数据源采集数据，以执行分析或混搭（mash-up）操作。我们可以从 DBpedia 和互联网的其他关联数据中抓取数据，对其进行组合，从而获得所需的数据集。

在关联数据的共享方面，W3C 语义网教育和拓展兴趣组（Semantic Web Education and Outreach Interest Group）于 2007 年发起了一个关联开放数据（Linked Open Data，LOD）项目，用于为所有人提供免费的数据。在互联网上发布的关联数据的集合称为 LOD 云（https://lod-cloud. net/），主要包括政府、出版物、生命科学、用户生成内容、交叉学科、媒体、地理、社交网络以及语言学等类别。LOD 云的可视化如图 5-4 所示。

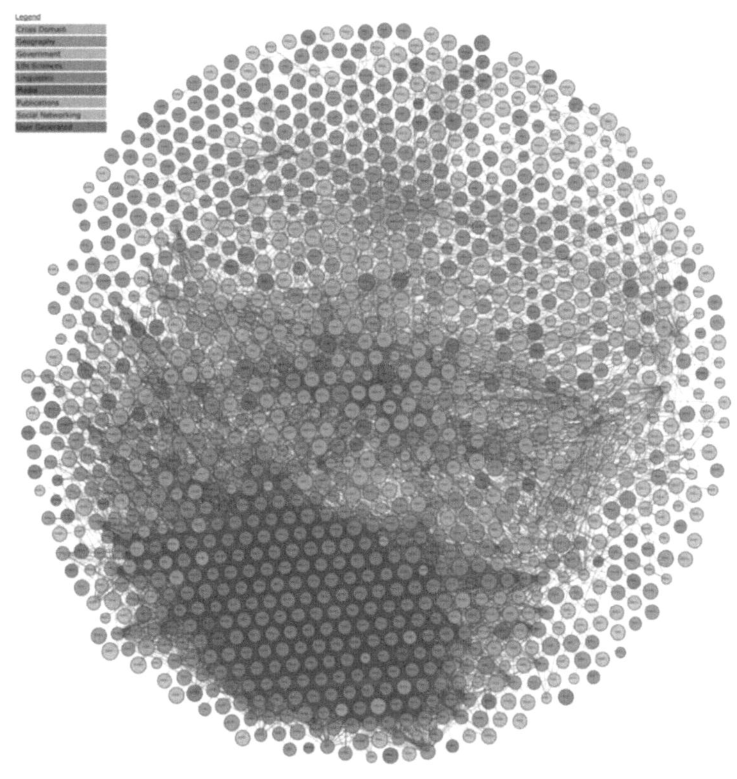

图 5-4　LOD 云

关联数据技术的产生使得互联网中发布了大量的关联数据，研究人员和用户可以很方便地下载这些数据，并对其进行分析，促进相关研究及应用的发展。但是关联数据只是关注数据的共享与发布，建立与其他数据集的链接，并没有过多关注数据集的模式规范，而这对于企业内部的应用至关重要，从而促使了知识图谱的产生与使用。

5.1.6　知识图谱

随着信息技术的进一步发展，通过结合本体论、语义网络、关联数据相关技术，产生了知识图谱。知识图谱是人工智能三大分支之一——符号主义最新的研究成果，其本质上是一种语义网络，通过结合本体使得知识图谱相对于语义网络更加规范化。知识图谱（knowledge graph，KG）最早由 Google 公司于 2012 年正式提出，其初衷是用于优化搜索引擎返回的结果，增强用户搜索质量及体验。知识图谱把复杂的知识领域通过数据挖掘、信息处理、知识计量和图形绘制而显示出来，揭示知识领域的动态发展规律，为学科研究、企业管理、政府决策等提供切实的、有价值的参考，也为商业服务提供强大的数据来源。

知识图谱以图的形式表达客观世界中的实体、概念及其之间关系的知识库，其基本组成单位表示为（h，r，t）或 r（h，t）的三元组形式，包括“实体—关系—实体”或“实体—属性—属性值”的三元组，如图 5-5 所示。

图 5-5　知识图谱三元组关系示意图

在概念层面上，知识图谱和关联数据非常相似。其不同之处在于，关联数据更强调不同 RDF 数据集的相互链接，如图 X 中的每一个 RDF 数据集可能是一个独立存在的知识图谱；而知识图谱不一定要与外部的知识图谱相互关联，更强调数据集内部数据或事物之间的链接，因此知识图谱的具体实现并不一定完全遵循上文中 Tim Berners-Lee 提出的关联数据的四个原则。

知识图谱逻辑结构上分为模式层与数据层。逻辑层通过本体库管理对知识图谱中的实体、属性及关系进行明确的界定。可以将本体与知识图谱数据层的关系类比于计算机程序设计领域中的“类与对象”的关系，本体库相当于类，数据层存储的数据则是实例化的具体对象。

具体而言，模式层是知识图谱的概念模型和逻辑基础，对数据层进行规范约束，其构建在数据层之上，主要是通过本体库来规范数据层的一系列事实表达。本体是结构化知识库的概念模板，通过本体库而形成的知识库不仅层次结构较强，并且冗余程度较小。如果知识图谱不需要支持推理，则知识图谱可以没有模式层，只有数据层。在知识图谱的模式层中，节点表示本体概念，边表示概念之间的关系。

数据层以“实体—关系—实体”或“实体—属性—属性值”的三元组形式存储一系列真实数据，形成一个图结构的知识库。其中，实体是知识图谱的基本元素，包括具体的人名、组织机构名、地名等。关系是两个实体之间的语义关系，是模式层所定义关系的实例。属性是对实体的说明，是实体与属性值之间的映射关系。在知识图谱的数据层中，节点表示实体或属性值，边表示实体间关系或实体的属性。

从知识图谱覆盖的领域来看，知识图谱分为通用知识图谱与行业知识图谱。通用知识图谱可以细分为百科知识图谱与常识知识图谱。百科知识图谱是由事实构成的，通常是确定性的知识；常识知识图谱则集成了语言知识和概念常识，通常是具有一定概率的不确定的事实。行业知识图谱则是面向各个行业构建的知识图谱，主要是用来为各个行业的企业提供知识服务，可以看作一个“基于语义技术的行业知识库”。

知识图谱的构建是一个迭代更新的过程，通过自动或半自动的技术方法，从结构化、半结构化或非结构化的数据中抽取知识，使用模型层和数据层组织存储，每一次迭代过程主要包括信息抽取、知识表示、知识融合、知识存储四个子过程。知识图谱的构建可分为自顶向下与自底向上两种方式。对于自顶向下的构建方式，需要定义好本体，再基于输入数据完成信息抽取到知识图谱构建的过程，适用于行业知识图谱的构建。自底向上的构建方式，首先从不同类型数据中抽取置信度高的知识实体，再根据实体构建顶层本体模式，完成知识图谱构建，适用于通用知识图谱的构建。

知识图谱基于图结构组织了现实世界中大量概念、实体关系，包含海量的信息，因而具有广泛的应用场景，包括推荐、搜索、问答等。例如，在推荐系统中，知识图谱可以帮助挖掘用户的兴趣；还有医学领域，对于药物的属性、疾病的属性以及药物和疾病之间关系的已有信息，可以辅助去发现新的药物和疾病间的联系，从而更好地去对抗疾病。然而，知识图谱具有动态性和复杂性。图谱更新过程中会增加新的内容和知识，随着知识图谱规模的增大，会出现关联关系未被挖掘，导致图谱信息不完整，妨碍知识图谱的应用。针对该问题，知识图谱领域提出了关系预测（也称为图谱推理）任务，旨在通过推理机制挖掘并预测图谱中尚未显式表示的关系，以实现图谱的自动补全。知识图谱补全是根据已有图谱和关系，去推理出图谱中的一些缺失的边。可将知识图谱的推理方法分为三类：基于规则学习的推理、基于图谱表示学习的推理、基于神经网络的推理（详见本书 5.4.3 节），这些知识推理方法的发展进一步推动了知识图谱的完善与发展。

从知识图谱的发展历程可以看出，知识图谱发展中涉及的各项技术是一个循序渐进的过程，语义网络的提出是为了表达概念以及概念之间的关系，但是缺乏标准规范，因而产生了本体论的发展。而后万维网将网络上的文档相互连接起来，但是缺乏语义信息，从而导致了语义网的产生。但是语义网相关技术栈过于复杂，很多公司以及用户无法理解，阻碍了语义网技术的进一步发展，进而出现了关联数据，即将数据按照关联数据的方式进行发布，促进数据的共享。最后，通过借鉴之前的语义网、本体论、关联数据的相关技术，知识图谱应运而生，并逐渐成为目前语义网技术中最成熟、实用的方案。语义网与知识图谱技术在地学领域的拓展，正在成为地学数据、知识分类、服务组织与管理、可视化与共享发现的新工具。

5.2 地 理 本 体

5.2.1 地理本体的概念模型

20 世纪 90 年代末，本体概念及其思想被引入地理信息科学领域，并产生了地理本体。地理本体在学术界受到广泛关注，但不同的研究者对地理本体的理解并不相同。例如，陈建军等（2006）认为，地理本体是将地理科学领域内的知识、信息和数据抽象化为一系列具有共识的对象（或实体），形成一套由特定关系构成的知识体系，并经过概念化处理与明确定义，最终通过形式化的表达方式呈现的理论与方法。黄茂军（2005）定义了地理本体的三重含义，即哲学本体、信息本体和空间本体，并用实例说明如何将本体应用到地理信息服务中；安杨等（2006）将地理信息本体归纳为由一系列的性质和行为相同的地理实体组成的实体类，每个地理实体又可以映射为计算机世界中的一个对象，每个对象都具有几何（空间）属性、时间信息以及与其他对象的拓扑、语义关系等。综上，可以看出地理实体的本质是进行地理信息科学领域中概念模型共享的、明确的、形式化的规范说明，是对地理信息科学领域知识理解、扩展与应用的一种方式。

关于地理本体的定义，本书采用陈建军等（2006）在《地理本体的研究进展与分析》中对地理本体的定义，即地理本体就是把有关地理科学领域的知识、信息和数据抽象成由一个个具有共识的对象（或实体），并按照一定的关系而组成体系，同时进行概念化处理和明确的定义，最后以形式化表达的理论与方法。地理本体需要按照一定的体系结构，通过一系列的属性对地理概念及其相互间的关系进行描述。

地理本体在地理信息科学领域受到广泛关注，为数据、服务的语义表达和推理提供了有效的手段，在多源异构数据集成、空间信息检索、数据挖掘抽取等方面发挥了重要的作用，且相关研究较多。地理本体包含地理领域相关的概念及其之间的关联关系，可以为地理信息服务网络的构建提供语义支持。

5.2.2 地理本体的逻辑结构

地理本体的逻辑核心是具有可判定性的描述逻辑，旨在通过自顶向下的方式构建层级结构清晰、明确的概念体系，从而将离散的地理概念构建为逻辑严密、层级结构清晰且完备的对象集。地理本体的逻辑结构主要分为三元组、四元组、五元组、六元组与七元组结构。

1. 三元组结构

崔巍（2004）将地理本体表示为由图 G 的概念节点、边集合和一组规则 R 组成的三元组的形式，记作 $O=<N,E,R>$。其中，N 表示组成本体的一组概念，E 表示概念之间的语义关系，R 表示该本体系统与其他本体系统的概念之间的语义关系，是不同本体系统集成与互操作的基础。地理本体的三元组结构表达方式较为简单，虽然强调了与其他地理本体的集成，但是缺乏对概念约束的定义。

2. 四元组结构

Tomai 和 Kavouras（2004）则将地理本体模型表示为一个四元组的形式，记作 $<Concepts, Lexicon, Relations, Axioms>$。其中，Concepts 表示术语集；Lexicon 表示概念定义的词典，用于强调概念的非形式化文档定义对地理本体构建的重要性；Relations 表示概念之间的关系，包括语义关系、语义属性以及关系之间的关系，其中语义关系表示概念之间的关系，语义属性表示概念的属性，“关系之间的关系”则表示不同关系之间存在的关系；Axioms 表示公理，即概念或者关系的约束。

3. 五元组结构

Rodríguez（2000）提出的地理本体模型采用五元组的形式描述，即 $O =< CD, RD, FD, ID, AD >$。其中，CD 表示类定义集；RD 表示关系定义集；FD 表示函数定义集；ID 表示实例定义集；AD 表示公理定义集。

4. 六元组结构

安杨等(2006)将地理本体模型表示为一个六元组结构，即 $O =< C, A^C R, A^R, H, X >$。其中，$C$ 表示概念的集合；A^C 表示概念的属性集合；R 表示关系的集合；A^R 表示关系属性的集合，每一个属性集都对应一个关系；H 表示概念之间的层次关系；X 表示公理的集合。

5. 七元组结构

黄茂军（2005）将地理本体模型表示为一个七元组结构，即 $O =< C, R, H, P, P^R, P^C, I >$。其中，$C$ 表示概念；R 表示概念之间的关系；H 表示概念之间的层次关系；P 表示属性，分为对象属性与数据属性；P^R 表示属性的约束；P^C 表示属性的特征；I 表示实例。

总体而言，地理本体的逻辑结构有三元组、四元组、五元组、六元组到七元组，其考虑的信息越来越多，表达能力越来越强，但是逻辑结构也越来越复杂。在实际应用过程中，可以根据业务的实际需求，综合考虑逻辑结构的复杂性与表达能力，从而选择更适合业务的本体逻辑结构。

5.2.3　地理本体的构建方法

本体的构建是一件费时费力的工作，特别是构建用于自动推理的完全形式化的本体更加困难。关于本体的构建准则，目前学界并没有完全达成共识，但是许多学者依据实践提出了一些有影响力的准则，如 Gruber 于 1995 年提出的五条本体构建准则（Studer et al.，1998），即清晰性、一致性、可扩展性、最小编码偏差和最小本体承诺。

清晰性：用自然语言对所定义的概念术语给出清晰的、客观的语义描述；

一致性：根据术语所推导出的推论与术语本身的含义是不互相矛盾的；

可拓展性：当添加通用或专业术语时，不需要修改现有的内容；

最小编码偏差：本体尽可能处于知识层面，独立于具体的编码语言；

最小本体承诺：本体约定应该最小，对待建模对象应给出尽可能少的约束。

在此基础上，其他具有影响力的准则还包括以下几个。

本体描述原则：本体中的类应该是互不相交的；

概念层次多样化：即增强本体多继承机制的能力；

模块化设计：以最小化模块化之间的耦合度；

语义距离最小化：使兄弟概念之间的语义距离最小化，尽可能把含义相似的概念抽象出来，用相同的元语来表示；

命名标准化：尽可能使用标准的名字命名。

本体的构建主要是面向具体应用领域的，即领域本体（domain ontology）。如果缺少统一的本体构建方法，容易造成不同领域间的本体模型无法保持一致的问题，违背了本体的共享性原则，不利于本体的扩展与融合。因而，本体的构建遵循一定的构建方法。现有的领域本体构建方法可以归纳为三类：构建领域本体的知识工程方法、基于叙词表的领域本体构建方法，以及基于顶层本体构建领域本体的构建方法。这些本体构建方法并没有本质的差异，对于领域本体的构建，并非只有一种方法，可以因地制宜地选取最合适的方法。

构建领域本体的知识工程方法强调构建本体时要按照一定的规范和标准。相对于一般的系统，本体更强调共享、重用，可以为不同系统提供一种统一的语言，因此本体构建的工程性更为明显。目前，本体工程中比较常用的方法包括 IDEF-5 方法、METHONTOLOGY 方法、骨架法（skeletal methodology）、评价法和七步法。

基于叙词表的领域本体构建方法使用叙词表向本体进行转换。叙词表又称主题词表，是一种语义词典，它按照一定顺序排列，收录了某一领域的所有叙词和非叙词，包含丰富的领域概念和一定的语义关系，能反映某学科领域的语义相关概念。可以看出，叙词表在知识结构表达上与本体有着天然联系。因此，基于叙词表进行本体的构建受到国内外学者的广泛关注。具体思路有两种：一是直接利用某种本体语言表达叙词表中的词汇关系构建本体；二是仅将叙词表作为本体概念的来源，在此基础上对相关词汇、关系进行删减、修订、增补，完善本体构建。

基于顶层本体构建领域本体的构建方法针对已有本体构建存在的问题，包括本体构建与本体应用脱节、本体构建与应用脱节、叙词表转换表达不精确、本体构建概念体系不规范等，借鉴知识工程中的骨架法和七步法思想，融合了叙词表和顶层本体资源，对概念体系的规范化校验和本体的标准化处理提出了具体的方法和步骤（丁晟春等，2007），该方法具体流程如图 5-6 所示。

上述本体的构建原则和构建方法适用于地理本体的构建，即通过需求分析确定地理本体的应用场景，然后建立地理共享概念，构建地理本体并采用本体语言进行表达，最后对构建的地理本体进行评估、更新以及存储（张莹等，2015）。综上，地理本体的构

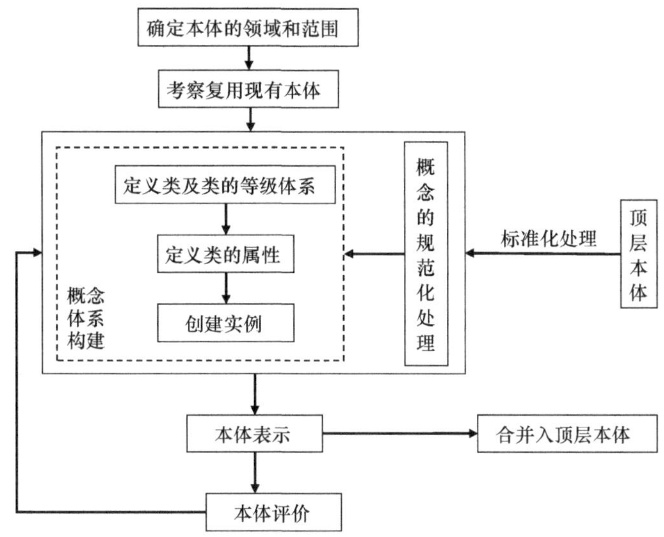

图 5-6　基于顶层本体构建领域本体的构建方法

建流程如图 5-7 所示。此外，将描述同一类事物的本体集合起来就形成了本体库。当前地理信息领域本体库主要有词汇语义网 WordNet 以及地球与环境术语语义网（semantic web for earth and environmental terminology，SWEET）、地震灾害本体（马林兵等，2020）、滑坡地理本体（魏家旺等，2020）等。

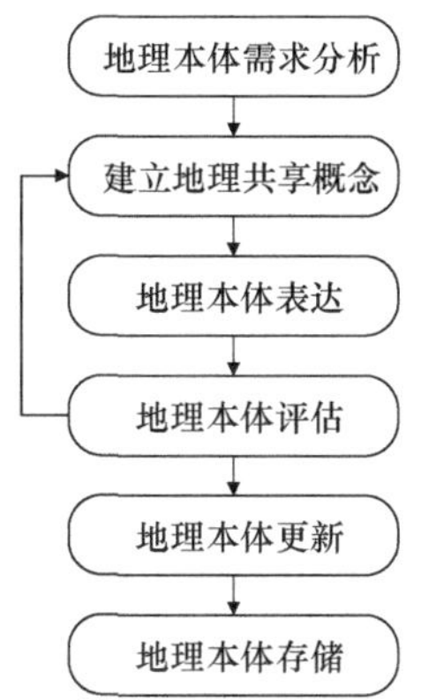

图 5-7　地理本体构建流程

（1）地理本体需求分析。地理本体的构建首先需要确定建立地理本体的目的、用途以及使用该地理本体的用户范围。在需求分析阶段，需要详细调研地理本体的应用场景、应用方式、应用范围以及目标用户范围，并严格按照需求分析调研情况，形成需求分析报告。

（2）建立地理共享概念。根据需求分析报告，定义应用所需的概念及其关系，主要包括概念名称、概念属性、概念之间的关系，如上下位关系，同义关系、空间语义关系、时间语义关系等。依据构建的概念关系，创建具体的实例，即将概念实例化，如对于概念“河流”，则“长江”是其一个具体实例。

（3）地理本体表达。采用本体语言（如 OWL、RDF 等）对地理本体进行形式化描述，经过形式化语言描述的地理本体模型便于计算机的处理与逻辑推理。

（4）地理本体评估。目前，尚未产生统一的地理本体评估方法，常用的地理本体评估指标包括正确性、一致性、可扩展性、有效性及本体描述能力。

（5）地理本体更新。由于地理信息的复杂性和各部门专家参与的程度不同，已经构建好的地理本体并不能实时地反映全面及动态变化的地理知识，因此需要对地理本体作进一步推理、更新，以产生新的知识。

（6）地理本体存储，即将构建好的地理本体进行存储，通常采用文件的方式进行存储。

本体的构建需要专业的本体构建工具进行辅助构建，本体构建工具是指用于本体的构建、编辑、开发与维护的软件系统。目前，国内外已有许多成熟的本体开发平台软件，大致可分为两类：第一类是基于 Web 的本体描述语言的构建工具，主要包括 Protégé、OntoEdit、WebODE 等，这些工具具有良好的可扩展性，可以处理多种建立于 Web 之上的本体描述语言格式（XML、OWL、RFDS 等）；第二类是基于某种特定的本体描述语言的构建工具，主要包括 Ontolingua、OntoSaurus、WebOnto 等。

Protégé 是目前使用最广泛的，由斯坦福大学开发的一种可用于领域本体构建的开源本体建模工具。它支持 OWL 语言规范，构建的本体保存为 OWL 文件，同时，Protégé 也支持其他的形式，如 RDFS、XML Schema 等。Protégé 的操作界面有类（classes）、对象/数据属性（object/data properties）、实例（individuals by class）、本体可视化（OntoGraf）等若干个主要的功能标签。本体模型的构建涉及对类及其结构、属性及其约束值，以及类间关系及其属性的明确定义。构建好的本体在 Protégé 软件中以树状层次结构展示，如图 5-8 所示。

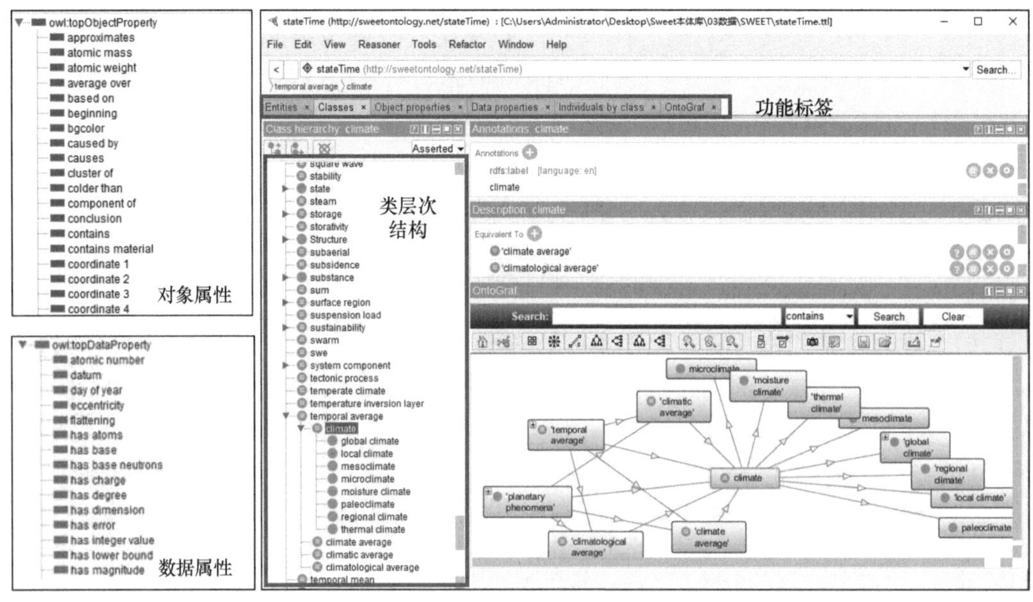

图 5-8　Protégé 的编辑主界面

相比其他构建工具，Protégé 有以下许多优点：

（1）Protégé 是一个开源软件，允许用户二次开发，且目前拥有的注册用户最多；

（2）Protégé 的版本更新迭代较快；

（3）Protégé 软件的可扩展性强；

（4）Protégé 支持多种方式存储本体，包括多种数据库格式和纯文本格式；

（5）Protégé 支持多种数据输入格式，可定制输出格式，包括 XML、RDF、OWL 等；

（6）Protégé 的操作界面简单友好；

（7）Protégé 拥有大量可视化插件的支持，概念关系一目了然。

5.2.4　地理本体的应用

地理本体的概念出现以来，大量关于地理本体的研究工作相继展开，主要分为地理本体的理论研究和应用研究两个方面。在理论研究方面，主要研究地理本体理论的构成、地理本体的构建方法等；在应用研究方面，主要研究如何将地理本体的理论与方法的相关研究成果应用于地理信息的集成、检索等领域。

1. 地理本体理论研究

地理本体的理论研究主要关注地理本体的定义、地理本体的形式化表达方法以及地理本体的构建方法。例如，孙敏等（2004）探讨了地理本体的核心问题及构建方法，总结了地理本体论的概念、研究现状及研究的必要性，并提出了一种地理本体论的定义，其认为地理本体论是研究地理信息科学领域内不同层次和不同应用方向上的地理空间信息概念的详细内涵和层次关系，并给出概念的语义标识；黄茂军（2005）归纳了地理本体的三重含义，即哲学本体、信息本体和空间本体。其中，哲学本体体现在对地理目标域的关注，涉及地理概念、类别、关系和过程的研究，以及地理时空本体、不确定性本体、尺度本体等；信息本体体现在对共享的地理概念的形式化定义，主要应用于地理信息的共享、互操作、集成以及服务检索等方面；空间本体是地理本体的特色，其不仅具有属性特征，而且具有空间特征。在此基础上，黄茂军设计了地理本体的逻辑结构，实现地理本体在地图服务中的应用。

2. 地理本体应用研究

地理本体在应用方面的研究主要关注地理信息的集成、地理信息数据的检索以及地理信息服务的检索。在这些应用中，地理本体可以提供一个上层的逻辑框架，将下游的地理信息数据、用户角色、等级等信息按照地理本体进行组织，并进行逻辑推理，从而实现语义层面的地理信息集成与检索。

在地理信息集成方面，Fonseca 和 Egenhofer（1999）提出了一种基于本体的地理信息集成框架，该框架集成了多个地理信息资源的底层本体，并定义了等级和角色，实现了多层级、高集成度的地理信息集成。崔巍提出了一种基于本体的空间信息语义网格的较为完整的理论框架和实现技术，融合了本体和轻量目录访问协议，为地理信息社会化以及与其他领域信息系统的融合做出了有益探索（崔巍和李德仁，2005）。李军利等（2014）提出一种基于描述逻辑的地理本体融合方法，通过直接推理、传递推理的方式探讨了两个本体间的概念、角色，以及等价、蕴涵、重叠与相离等匹配关系，并通过基础地理信息数据和土地利用数据的融合实验，验证了该方法的有效性。

地理信息检索分为传统的地理信息数据的检索与地理信息服务的检索。在地理信息数据检索方面，许泉立等（2015）论述了本体驱动的空间信息检索机制的原理方法，并探索了本体驱动的空间信息检索机制的框架构建、信息本体模型和服务本体模型的设计。刘纪平等（2011）提出了一种由本体驱动的、与地理空间事件相关的信息自动检索方法，使用户仅通过地理空间事件发生的基本信息就能够从海量地理空间数据库中智能地提取与该地理空间事件相关的信息。段红伟等（2014）为实现地理语义数据的快速有效的空间查询，提出了一种结合 RDF 数据组织方法和空间索引技术的地理空间四元组（GeoQuad）模型，在该模型基础上构建了地理语义空间索引，并实现了支持 SPARQL 的地理语义空间查询。

在地理信息服务检索方面，针对传统的基于关键字匹配的地理信息服务检索中存在的一词多义、多词同义等语义歧义问题以及语义缺失问题，相关学者将语义标注引入地理信息服务领域。语义标注的目的是将服务与响应的本体建立关联，从而使地理信息服务检索的方式由基于关键字的检索转变为基于语义的检索。Zhao 等（2009）介绍了多个领域知识本体，作为描述和推理地理空间数据和服务的知识库的基础，并提供了一种支持语义查询的地理空间目录服务，以实现地理空间数据和服务的高效发现与自动化集成。梁汝鹏（2013）创建了面向服务语义标注的地理本体三层架构，开发了面向语义标注的领域本体与应用本体，实现了服务的多本体标注，并通过构建的基于语义标注的地理信息智能服务原型系统，验证了该方法的可行性和应用价值。柳佳佳和葛文（2013）将地理信息服务中的本体概念语义相似度与服务接口间的依赖关系相结合，共同计算地理信息服务相似度，用于地理信息服务的匹配。

本节主要从地理本体的定义、逻辑结构、构建方法，以及应用四个方面讲述了地理本体的相关知识。地理本体包含地理领域相关的概念以及关联关系，提供了一个语义丰富的地理知识库，是构建地理关联数据和地理知识图谱的基础。

5.3　地理关联数据

5.3.1　地理关联数据的生成、发布与应用

地理关联数据是关联数据在地理领域的扩展，主要是将地理、空间相关的数据采用关联数据的方式进行发布，由于关联数据在数据共享方面的优势，许多地理关联数据集被创建出来，促进地理数据在不同业务领域中的应用。

1. 地理关联数据的生成

在地理关联数据的生成方面，通过采用关联数据原则集成多学科、多时相、多分

辨率、多语种、多格式的数据资源，将气象数据、地理数据集以及统计数据等不同数据发布为地理关联数据（geographical linked data），实现了机构内数据关联、跨机构数据关联、机构数据与关联开放数据集关联，促进了地理数据的共享与利用（Vilches-Blázquez et al.，2014）。针对 YAGO 知识库缺少具体的实例及实例之间关系的定义，以及缺少时间、空间信息的问题，采用关联数据技术，将其关联到 Wikipedia、Wordnet 和 GeoNames 等知识库，从而为 YAGO 知识库的实体增加了时间、空间维度的信息，产生了时空增强的知识库 YAGO2，丰富了知识库的内容，有效提升了知识库的价值（Amarilli et al.，2014）。

2. 地理关联数据的发布

地理关联数据的发布是为了实现对地理数据的共享，通过关联数据的方式对地理数据进行发布，并对外提供查询服务的过程，其发布流程主要包括以下几个步骤：地理数据建模、地理实体命名、地理实体 RDF 化、地理实体关联化、地理实体发布、地理实体开放查询，其步骤如图 5-9 所示。

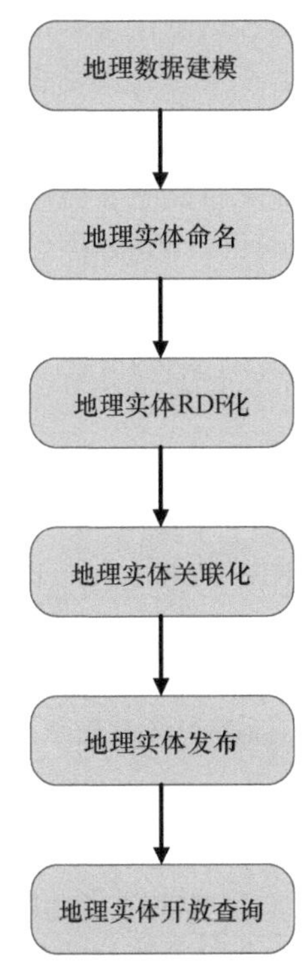

图 5-9　地理关联数据的发布示意图

（1）地理数据建模：定义待发布的地理实体的属性，选择或设计合适的 RDF 词表，对需要发布的信息进行标注，定义待发布实体之间的语义关系。地理数据建模的目的是使地理实体的关联结构形式化、规范化。

（2）地理实体命名：为每个地理实体赋予一个全局唯一的 URI，由于地理数据有许多名称相同但含义不同的术语，还有许多名称不同但含义相同的术语，因此需要对地理实体进行标准化。地理实体命名的目的是使每个地理实体具有一个“Web 上可访问”的名字，即通过 URI 可以直接定位到一个唯一的地理实体。

（3）地理实体 RDF 化：采用 RDF 描述地理实体，将每一个地理实体描述为符合 RDF 数据模型的语义三元组形式，即通过现有 RDF 词表定义类名与属性名，从而形成适用于关联数据环境的 RDF 描述文档；当现有的 RDF 词表无法满足需求时，可以自定义 RDF 词表。地理实体 RDF 化的目的是使实体的描述达到“程序可理解”。

（4）地理实体关联化：采用 RDF 链接描述地理实体之间的关联，即将地理数据中原本存在的数据关联转换为 RDF 文档中实体或概念间的语义链接，同时构建地理数据指向外部关联数据集的语义链接，从而体现关联数据的语义关联特性。地理实体关联化的目的是使地理数据集具有跨实体发现的能力，扩大实体查询的范围。

（5）地理实体发布：配置关联数据发布服务器，解析每个地理实体的 URI，并根据内容协商（content negotiation）原则返回正确的网页描述和 RDF 描述。地理实体发布的目的是实现通过网络访问地理实体。

（6）地理实体开放查询：当地理关联数据发布到网络中后，需要提供关联数据的查询功能，如配置 SPARQL 服务端点（SPARQL service endpoint），对外开放 SPARQL 语义查询接口。开放查询的目的是提供一个具有语义查询能力的数据集。

由上可知，地理关联数据的发布主要包括地理数据建模、地理实体命名、地理实体 RDF 化、地理实体关联化、地理实体发布、地理实体开放查询六个步骤，其目的是将地理数据发布成网络上可访问的地理实体，并对外提供服务。此外，如果地理数据发布方只发布地理关联数据集，那么可以省略地理实体发布与地理实体开放查询两个步骤，在完成地理实体关联化后直接将 RDF 文档发布到网上供用户下载即可。

3. 地理关联数据的应用

在地理关联数据具体业务领域的应用研究方面，Kostis Kyzirakos 等将关联数据的 RDF 模型扩展为包含时间和空间信息的 stRDF 模型（spatial and temporal RDF），将关联数据的 SPARQL（simple protocol and RDF query language）查询语言扩展为 stSPARQL（spatial and temporal SPARQL），在此基础上开发了地理空间数据库管理系统 Strabon 和时间演变几何体可视化系统 Sextant，并应用于实时火灾监测，提高了火灾监测的智能化水平。国内研究人员也对关联数据开展了相关研究。例如，国内学者夏翠娟则将关联数据技术引入中国历史地理领域，设计了面向数字人文的“中国历史地理知识库”建设方案，包括基于本体的时空模型设计，提出了利用关联数据技术在 Web 上发布历史地理数据和提供应用程序接口的技术实现方案，实现了中国历史地理数据库的开放共享。乐鹏等探索了关联数据与 Web 地理处理工作流的集成，将数据产品、处理步骤、工作流结果作为关联数据公开，实现了异构地理空间资源的语义发现和集成，并提高了数据共享和处理的透明度。

5.3.2 地理关联数据集

当前，关联开放数据云（the linked open data cloud）是关联数据集的重要来源，汇集了大规模的关联数据集，主要包括政府、出版物（包括图书馆和博物馆数据）、生命科学、用户生成内容（博客、讨论、图片等）、交叉学科、媒体、地理、社交网络以及语言学九大类。截至 2021 年 5 月 5 日，关联开放数据云共有 1301 个数据集和 16283 个链接，地理领域是关联开放数据云的重要组成部分，其中地理领域相关的数据集共有 44 个，常用的数据集包括 GeoNames、LinkedGeoData、GeoWordNet、Linked Sensor Data、Linked Observation Data、Clinga 等。

1. GeoNames

GeoNames 是一个最常用的地名数据库，可提供免费的全球地理数据库，包含将近 200 种语言的 1100 万个地名和 200 万个别名。GeoNames 包括地点的坐标、行政区划、邮政编码、人口、海拔和时区等详细的信息，数据来源于美国的国家测绘机构、国家统计署、国家邮政局以及美国陆军等。

2. LinkedGeoData

LinkedGeoData 是一个基于 OpenStreetMap 的空间数据集创建的大规模空间知识库。在本体层面，LinkedGeoData 定义了 500 多个类、50 个对象属性和大约 15000 个数据类型属性，主要包括城市、河流、国家、湖泊、机场等类。在数据层面，LinkedGeoData 由超过 30 亿个节点和 3 亿条边组成，生成的 RDF 数据包含大约 200 亿个三元组。这些数据依据关联数据原则发布，并且建立了与 DBpedia 和 GeoNames 的链接。

3. GeoWordNet

GeoWordNet 是一个大型的地理知识库，由意大利特伦托大学的 Fausto Giunchiglia 教授创建。GeoWordNet 由 WordNet、GeoNames 和 MultiWordNet 的意大利部分的数据构建而成。GeoWordNet 包含 3698238 个实体，3698237 个实体之间的部分关系，334 个概念，概念之间的 182 个关系，3698238 个实体和概念之间的关系以及 13562 个（英语和意大利语）替代实体名称。

4. Linked Sensor Data

Linked Sensor Data 是一个由 Kno.e.sis 中心创建的气象领域的数据集，数据来源于 MesoWest，其包含 2 万个气象站的详细描述信息。通常，每个气象站包含五个传感器，用于测量温度、能见度、降水量、压力、风速、湿度等。另外，Linked Sensor Data 不仅包括气象站的经纬度、海拔等位置信息，而且还提供了指向气象站附近的 GeoNames 地点的链接与距离。目前，Linked Sensor Data 包含 1.6 亿个观测值的描述信息，可以应用于气象领域的数据分析工作。

5. Linked Observation Data

Linked Observation Data 也是由 Kno.e.sis 中心创建的气象领域的数据集，数据同样来源于 MesoWest，该数据集不仅包括对温度、能见度、降水量、压力、风速、湿度等现象的测量结果，还包括每种现象的测量单位以及测量的时间点。Linked Observation Data 数据集包含几个大风暴活跃期间整个美国的观测数据，包括飓风卡特里娜、艾克、比尔、伯莎、威尔玛、查理、古斯塔夫，以及2002年内华达州的一场大暴风雪。这些观测结果是由Linked Sensor Data数据集中描述的气象站生成，目前该数据集共包含超过10亿个三元组。

6. Clinga

以中文语言发布的地理关联数据较少，阻碍了中文和跨语言知识的整合和共享。为了促进中文地理关联数据领域的发展，南京大学创建了一个中文地理关联数据集——Clinga，其数据来源于中文维基百科。Clinga 构建了一个新的地理本体，对地理领域的相关概念进行了分类，包括自然地理和人文地理的相关概念，并且自动构建了与现有的知识库的链接。目前，Clinga数据集共包含50多万中文地理实体。

综上所述，采用关联数据形式发布的地理数据集较多，主要包括地名、气象以及通用地理知识等方面。地理关联数据集的发布促进了地理数据的共享，通过对这些发布的地理关联数据集的分析、应用，可以促进地理领域相关研究与应用的发展。

5.4　地理知识图谱

5.4.1　地理知识图谱的概念模型

地理知识图谱是由地理知识组成的一个地理知识库，依据地理知识的类型、特征及其逻辑关系构建地理知识图谱概念模型，可分为地理数据层与地理模式层，如图5-10所示。

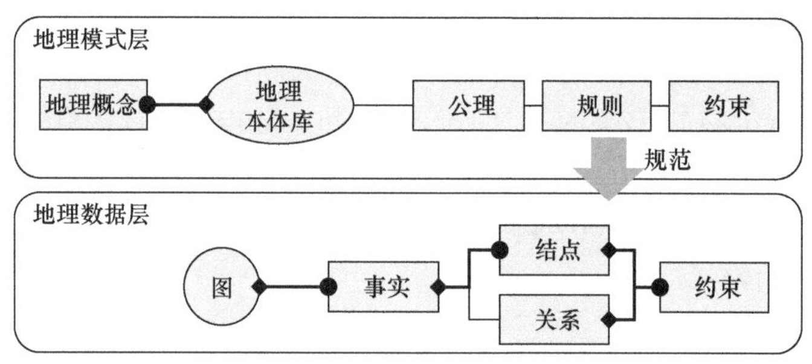

图5-10　地理知识图谱概念模型示意图

地理模式层位于地理数据层之上，是对地理数据层中知识的抽象与表达，其定义了地理数据层的基本结构与关系，相当于关系数据库中的表结构以及表之间的关联。通常，采用地理本体作为地理知识图谱的模式层，借助于地理本体对公理、规则和约束的支持能力，将地理实体、关系、实体类型和属性之间的关系标准化，从而使得构建的地理知识图谱更加规范。地理模式层包含地理概念及其之间的关系，地理概念是反映地理事物本质特征的知识，是地理理性知识的基本形式，其形成是在感知的基础上，经过思维活动揭示地理事物本质的过程。依据学科的不同，地理概念分为自然地理与人文地理；依据时空尺度的不同，地理概念分为区域地理、历史地理、城市地理等。通常情况下，地理概念的表达需要参照特定的分类体系，且在同一个地理知识图谱中，需要采用统一的地理概念分类体系，从而保证地理知识在逻辑上的统一。

在地理数据层中，地理知识采用 RDF 三元组模型来表示数据，即“实体—关系—实体”或“实体—属性—属性值”存储于数据库中。鉴于标准 RDF 三元组不易表达空间信息，影响空间索引构建和空间查询的效果，为此，针对地理语义关系数据，当前研究普遍在 RDF 模型中增加空间声明，如空间类型陈述、空间关系谓词集合等，以构建适于空间索引和查询的空间类型元组（Brodt et al.，2010；Liagouris et al.，2014）。其中，地理实体是地理概念的实例，含有具体的地理属性。地理实体包括时间、空间、属性、行为、状态、过程等特征。时间特征与空间特征是地理实体区别于普通实体的重要特征，属性特征是用于表达地理实体本身性质的信息，不同类型的地理实体可以具有不同的属性特征。行为特征用于表达地理实体的各种活动。对于一个地理实体，在特定的时间、空间条件下，其属性特征与行为特征确定了该地理实体的状态，根据状态之间的时序关系，表达了地理实体的演变过程。地理关系包括概念关系、实体关系以及概念与实体之间的关系。概念关系是指在同一分类体系中，不同地理概念之间的语义关系，包括等同关系、上位关系、下位关系、同位关系和相关关系等；实体关系是指不同地理实体之间的关系，包括时间关系、空间关系、属性关系、状态关系、过程关系等；概念与实体之间的关系主要指实体是概念的实例，如“青海湖”是“湖泊”的具体实例。

5.4.2　地理知识图谱的构建方法

区别于通用知识图谱的构建，地理知识图谱的构建需要考虑地理知识的特殊性与地理知识来源的数据形式的多样性，因此地理知识图谱的构建更加复杂，需要结合地理领域的相关知识来完成构建。地理知识图谱的构建主要包括地理数据准备、地理信息抽取、地理知识融合与存储三个部分的内容。

1. 地理数据准备

地理数据准备是构建地理知识图谱的基础工作，其由数据需求分析、数据调查、数据收集、数据清洗与验证组成。首先，结合地理本体，进行应用场景的数据需求分析，主要分析用途、用户等级和用户群组、特定的应用场景以及其他潜在的应用场景。其次，根据应用场景确定数据需求，进行数据调查和数据收集工作，主要调查数据量、数据类型、典型数据样本，以及数据需求与可用数据源之间的差异，并初步确定数据范围。依据应用场景数据需求分析和数据调查的结果，确定数据采集范围，使用人工或专用数据采集工具进行数据采集，建立地理领域知识数据库。最后，对获取的数据进行清洗和验证。针对数据可能存在的缺失、异常、不一致等问题，通过数据填充、去除冗余、对比验证等操作提高数据质量，满足构建地理知识图谱的输入数据需求。

2. 地理信息抽取

地理知识单元是从数据源中提取的地理知识的基本元素，包括地理实体、地理实体之间和地理属性的关系。基于地理知识单元，相关学者建立了一系列高质量的地理知识表示。针对结构化的数据，主要采用映射的方式进行地理实体和关系的抽取；针对半结构化和非结构化的数据，主要采用自然语言处理技术进行实体、关系与属性的自动化抽取。

地理实体抽取指由计算机自动从文本中抽取地理实体名称，是命名实体识别在地理领域的分支。地理实体识别方法主要包括地名字典匹配法、机器学习模型法，以及基于深度学习的方法。地名词典匹配法是早期的地理实体识别主要采用的方法，易于实现、准确性高，但是依赖于词典的完备性和时效性。机器学习模型法主要包括隐马尔可夫、最大熵、支持向量机、条件随机场等，显著提高了地理实体识别的性能，但是对语料库具有较强的依赖性。基于深度学习的方法可以自动学习文本的上下文特征，无须手工构建特征，显著降低了对语料库的依赖性，且地理实体识别性能较好，因此成为当前实现地理知识图谱自动构建和自学习过程的研究热点。此外，针对在地理实体抽取过程中存在的一词多义问题，需要借助地名词典、地理本体、上下文特征等进行地理实体消歧。

地理关系抽取是指从文本中抽取两个地理概念或地理实体之间的语义关系，如时间关系、空间关系、属性关系等。目前，研究者主要关注于时间关系和空间关系的抽取。关于时间关系的抽取，主要采用基于规则的方法进行抽取。关于空间关系的抽取，由最开始的基于规则的抽取方法，发展为基于机器学习的抽取方法，以及基于深度学习的抽取方法。此外，通过构建本体、事实和同义词相结合的地理关系知识库，来对地理关系抽取的结果进行筛选。

属性信息抽取是抽取与地理实体相关的属性类型及其属性值，目前常用的方法主要包括本体法、规则匹配法、监督学习法、弱监督学习法。此外，从文本中抽取的属性信息还需要进行属性值的标准化。

3. 地理知识融合与存储

由于不同来源的地理知识描述存在差异性，如分类体系不统一、地理实体歧义、特征描述详略不同、实体关系冲突等信息冗余和不一致问题，因而可以从概念、实体、特征和关系四个层次进行地理知识融合。首先，在统一的概念分类体系下，使用实体对齐技术（如基于词嵌入的地理实体类别对齐方法）（徐召华等，2021）对地理知识进行概念映射，解决地理知识的粒度和等级的差异问题；其次，综合利用地理实体的类型、属性特征等，借助于文本相似度匹配技术，建立各个概念层次的地理实体链接，解决不同数据源中地理实体的歧义问题；最后，采用冲突检测、真值发现等技术，对不同地理实体关系知识进行去重、关联和合并。

地理知识图谱的存储主要是对 RDF 数据的存储，目前采用两种方式：基于关系数据库存储方式与基于图数据库的存储方式。①基于关系数据库的知识图谱存储是采用关系数据库作为知识图谱存储的介质，如 MySQL、Oracle、SQL Server 等关系数据库，将 RDF 三元组拆分后映射为关系数据模型，直接在传统关系数据库中存储。该存储方式的关键问题是如何设计合理的表结构，以表达和索引复杂的元组关系（引用）。主要的存储方案有三元组表、水平表、属性表、垂直划分、六重索引和 DB2RDF 等。②基于图数据库的知识图谱存储是采用图数据库作为知识图谱的存储介质，包括基于 RDF 图的存储（如 gStore 图数据库）与基于属性图的存储（如 Neo4j 图数据库）等。若将 RDF 三元组视为带标签的边，RDF 数据则可以自然地转换为图结构，非常适合图数据库存储。但这种方式除要考虑边上的标签成为查询对象的问题外，还要解决知识图谱规模增大对查询时间复杂度的影响。相比较而言，关系数据库的知识图谱存储的搜索效率较为低下，而基于图数据库的知识图谱存储更利于数据读写、存储和查询。但是，通用的知识图谱数据存储管理技术并不能完全适用于地理知识图谱，通常采用对原始数据库进行扩展的方法。例如，对 RDF 关系数据库引擎进行扩展，实现空间信息的存储、索引和查询；在 RDF 图数据引擎的基础上增加语义和空间混合索引，开发融合空间信息的图数据库引擎。

总体而言，地理知识图谱的构建是将分散的地理知识构建成一个相互关联的地理知识库的过程，主要包括地理数据准备、地理实体和关系抽取、地理知识融合与存储三个部分的内容。地理数据准备是为了给地理知识图谱的构建提供基础的数据支撑，主要包括地理数据的需求分析、数据调查、数据收集、数据清洗与验证。地理实体和关系抽取是采用自然语言处理技术自动从文本中抽取地理实体、关系、属性等信息。地理知识融合与存储是在统一的概念分类体系下对不同来源的地理知识进行融合，并对最后得到的地理知识进行存储。

5.4.3　地理知识图谱的推理

知识图谱有一个非常重要的概念——开放世界假定（open-world assumption，OWA），即当前未陈述的事情是未知的。换句话说，知识图谱没有包含的信息是未知的。因此，需要认识到两点：一是虽然知识图谱包含大量有价值的结构化数据，但无法包含完备的信息；二是随着知识图谱信息的动态变化和增长，知识图谱信息本身就是残缺的。对于知识图谱三元组模型 $r(h, t)$，若 r、h 或 t 是未知的，则需要通过推理方法将缺失的实体或者关系预测出来，即知识图谱推理。地理知识图谱是地理信息与知识图谱的结合，因此地理知识图谱的推理方法与其他知识图谱的推理方法相似。

推理（reasoning）是运用已知知识来推测未知知识的过程。根据推理方式的过程可以分为演绎推理（deductive reasoning）和归纳推理（inductive reasoning）两大类。演绎推理指的是根据严格的逻辑关系，在给定的假设下，得出必然成立的结论。演绎推理能够确保推理结果的完全准确。常见的演绎推理方法包括基于描述逻辑的推理、基于逻辑编程的推理，以及基于产生式规则的推理等。

1）基于描述逻辑的推理

描述逻辑（description logic，DL），是一种用于知识表示的逻辑语言和知识推理的形式化工具。基于 DL 的知识表示系统包括四个部分：描述语言（description language）、术语盒（terminology box，Tbox）、断言盒（assertion box，Abox），以及基于 Tbox/Abox 的推理机制，如图 5-11 所示。

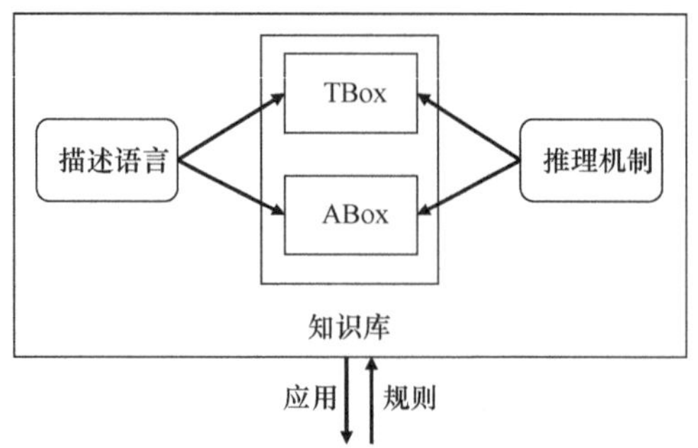

图 5-11　基于 DL 的知识表示系统

Tbox 和 Abox 组成了描述逻辑的知识库。其中，Tbox 由领域内的词汇表组成，声明了概念或角色之间的关系；Abox 是关于个体实例的断言。描述逻辑的推理有 Tbox 推理和 Abox 推理两种，Tbox 是基于概念术语的推理，用来判断概念之间的关系。包含推理（subsumption reasoning）是 Tbox 推理中最基本的推理，用来判断一个概念是否被另外一个概念包含。Abox 是基于实例的推理，用来判断个体之间以及个体与概念之间的关系，其中最基本的推理是判断一个个体是否属于某一给定概念的一个实例，即实例检查（instance checking）。通过 Tbox 和 Abox，可以把知识库中复杂的实体关系推理问题转化为一致性的校验问题，从而简化推理实现过程。例如，“学生 ∩ 一起上课 = 同班同学”这属于概念断言，放在 Tbox 中；“过道里有 8 个学生，其中 3 个一起上课”，这属于实体断言，放在 Abox 中。基于 Tbox 和 Abox，可以推理出在过道的 8 个学生中有 3 个是同班同学，其余 5 个学生是其他班的。

语义网技术使用 OWL 来创建本体，OWL 的逻辑表达基础是 DL，因此语义网技术本体的推理是建立在描述逻辑基础上的推理。OWL 本体的抽象句法由注释、公理和事实三部分组成。其中，注释用于描述本体的外在信息，以及对其他本体的导入信息。公理和事实是本体的主要载体，提供类、属性和个体的信息。OWL 本体的抽象句法和描述逻辑存在对照关系，本体的公理和事实（个体）分别对应着逻辑描述的知识库，即 Tbox 与 Abox，如图 5-12 所示。

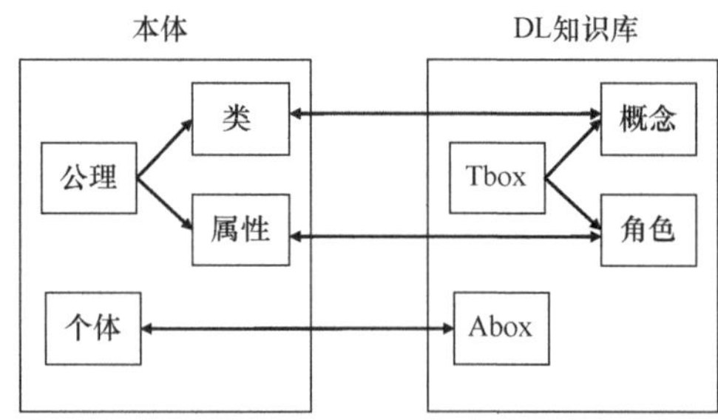

图 5-12　OWL 本体的抽象句法与描述逻辑知识库对应关系

鉴于 OWL 缺乏对规则表达的内在支持，利用 OWL 构建的本体推理系统主要局限于基于类别的关联性推理，而对于形如“If…Then…”这类逻辑条件表达的规则推理则显示出能力的不足。为了解决以上问题，语义网规则语言（semantic web rule language,

SWRL）被提出，通过本体结合规则的方式来提供更强大充分的知识表示能力和推理能力。SWRL 拓展了 OWL 公理集以包含 Horn-like 规则，使之与 OWL 知识库结合，并提供了高度抽象的语法来描述本体中的 Horn-like 规则，并为其提供明确的语义。SWRL 在设计上加入了规则的表达能力，规则中用到的词汇也必须是定义好的，不能在规则的知识领域中自定义新词。SWRL 能够将本体与规则分离，用 SWRL 语言描述的规则可以很方便地转换为现存系统中的规则。

2）基于逻辑编程的推理

逻辑编程是一种编程典范，它设定答案需符合的规则来解决问题，而非设定步骤来解决问题，即事实+规则=结果。基于逻辑编程的推理方法的主要载体是 Datalog 语言，该语言是 Prolog 语言的改进。Prolog 全称为 Programming of Logic，即逻辑编程，该语言设立来专门解决逻辑问题，只需要我们给出规则和事实，它就会自动分析其中的逻辑关系，并且允许用户通过查询的方式来完成复杂的逻辑运算。Datalog 可以看成是 Prolog 语言的一个子集，它的好处是能够方便地与大型数据库进行交互，是一种完全的声明式语言，便于撰写规则和实现推理。

3）基于产生式规则的推理

产生式规则系统是一种前向推理系统，即按照一定机制执行规则并达到某些目标。产生式规则的语义是：如果前提满足，则可得结论或者执行相应的动作，即后件由前件来触发。前件是规则的执行条件，后件是规则体。产生式规则系统由产生式规则库、综合数据库、推理引擎组成。其中，产生式规则库是用于描述相应领域内知识的产生式集合；综合数据库是一存放问题求解过程中各种当前信息的事实集合；推理引擎是系统核心，主要用于控制系统的执行，如图 5-13 所示。

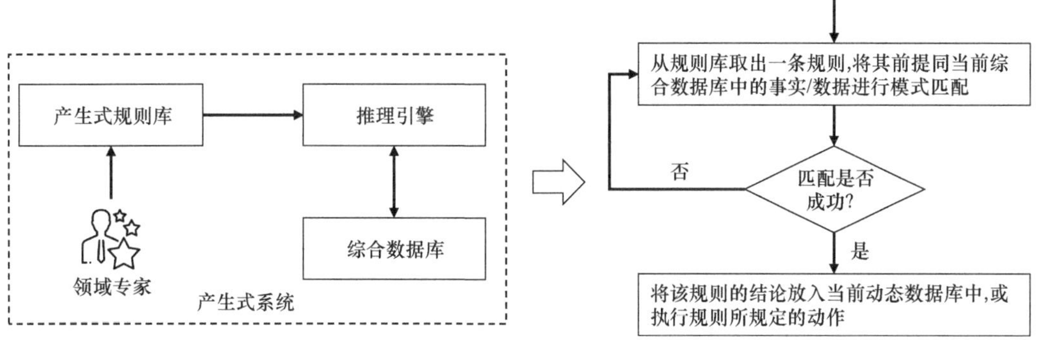

图 5-13　产生式系统结构与过程

在产生式规则系统中，事实与产生式的前提中所规定的条件进行匹配时，可以是“精确匹配”，也可以是基于相似度的“不精确匹配”，只要相似度落入某个预先设定的范围内，即可认为匹配。Rete 算法是推理引擎中最流行的模式匹配算法。当前较为流行的三个产生式规则系统 Drools、Apache Jena 和 GraphDB 都是基于或改进 Rete 算法实现的。

相应地，归纳推理基于已有的部分观察结果，推断出一般化结论。归纳推理不能确保推理结果的完全准确。常见的归纳推理方法有基于规则学习的推理、基于图结构的推理、基于图谱表示学习的推理、基于神经网络的推理。

1）基于规则学习的推理

基于规则学习的推理通过定义或学习知识中存在的规则进行挖掘与推理。该过程涉及识别出具有较高置信度的规则，并将这些规则应用于推理任务。例如，根据出生地（born in）和城市（city of）两个关系，用来推断国籍（nationality），再反过来去做关系预测。基于规则学习的推理的代表算法是基于不完备知识库的关联规则挖掘算法（association rule mining under incomplete evidence，AMIE）、AMIE+等算法（Galárraga et al.，2015）。图 5-14 展示了 AMIE 的基本原理，对于每种关系，从规则体为空的规则开始，通过三种操作（添加悬挂边、添加实例边、添加闭合边）拓展规则体部分，保留支持度大于阈值的候选规则。其中，悬挂边是指边的一端是一个未出现过的变量，而另一端（变量或常量）是在规则中出现过的；实例边与悬挂边类似，边的一端也是在规则中出现过的变量或常量，但另一端是未出现过的常量，即知识库中的实体；闭合边则是连接两个已经存在于规则中的元素（变量或常量）的边。

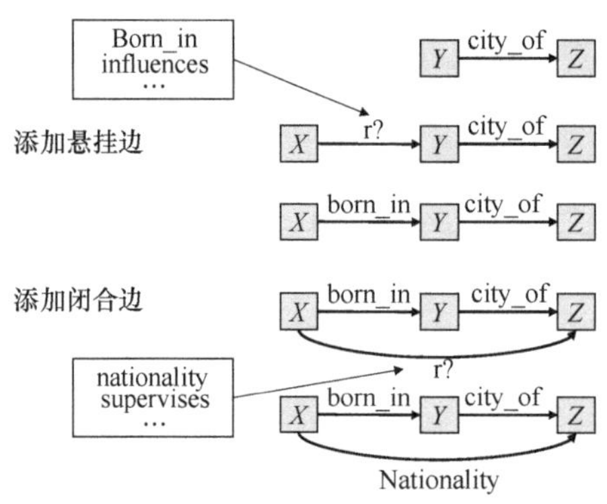

图 5-14　AMIE 的工作流程示意图

该类方法的优点在于可解释性强，且能自动发现推理规则，但缺点是对规则的搜索空间大，生成的规则覆盖度低，如果想要得到比较好的结果就要尝试大量的逻辑规则，导致效率较低。

2）基于图结构的推理

基于图结构的推理根据知识图谱图的数据结构的特点，利用实体之间的路径关系进行推理计算，其实质是摒弃人为编写规则的模式，让机器借助模式识别等方式自动学习规则和特征。基于图结构的推理的典型方法是路径排序算法（path ranking algorithm，PRA）。PRA 的基本思想是通过发现连接两个实体的一组关系路径来预测实体间可能存在的某种特定关系，它利用实体与实体之间的路径作为特征，从而对链接路径进行统计推理。例如，假设一个知识图谱中有三类实体：湖泊实体、城市实体、省份实体。东湖位于武汉市，武汉市是湖北省的城市，那么东湖属于湖北省的水体资源。西湖位于杭州市，杭州是浙江省的城市，那么西湖属于浙江省的水体资源。通过统计可以发现，“位于”“是某省份的城市”这两种关系组成的路径与“属于某省份的水体资源”在图谱中经常出现，而且与湖泊实体、城市实体、省份实体的具体实例没有关系，因此能够得出一种重要的推理关系。

3）基于图谱表示学习的推理

知识图谱表示（又称为知识图谱嵌入，knowledge graph embedding）的方法是最常用的图谱推理方法，基本思想是将每一个实体或者关系做向量嵌入，通过这些向量表示来进行推断找到缺失的边。因此，该类方法的核心是找到一种映射函数，将符号表示映射到向量空间进行数值表示，从而减少维数灾难，同时捕捉实体和关系之间的隐式关联。常见的方法包括 TransE（translating embedding）系列算法、RESCAL、DistMul 等，可用于下游任务，如节点分类、链接预测等。

以 TransE 系列算法中的 TransE 为例，将实体和关系都表示为向量，对于某一个具体的关系，即头实体、关系、尾实体（head，relation，tail），把关系的向量表示解释成头实体的向量到尾实体的向量的转移向量（translation vector），也就是说，向量的和就是信息的积累。如果在一个知识图谱中，某一个三元组成立，则它的实体和关系需要满足关系 head+relation≈tail，即 head 和 relation 向量的和要尽可能贴近 tail 向量，其原理如图 5-15 所示。由于 TransE 算法适合处理一对一的关系，不适合处理一对多或多对一的关系，因此 TransE 系列其余算法 TransH、TransR、TransD 依据相同思想对其进行改进，在尽量不增加模型复杂度和训练难度的情况下处理一对多、多对一、多对多的关系。

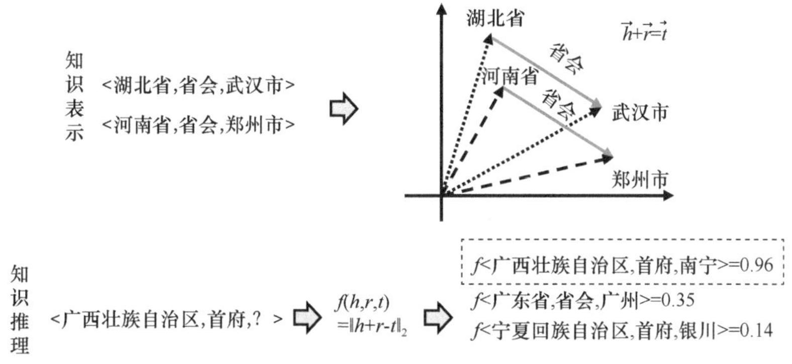

图 5-15　TransE 算法示意图

与基于规则学习的推理方法相反，基于图谱表示学习的推理方法通常能有较好的预测效果，效率较高，但是其模型往往缺乏可解释性。

4）基于神经网络的推理

基于神经网络的知识推理方法具备更强的推理能力和泛化能力，它可以通过非线性变换将输入数据的特征分布从原始空间变换到另一个特征空间，并自动学习特征表示。因此对知识库中实体、属性、关系和文本信息的利用率更高，推理效果更好。神经网络长期以来一直用于知识图谱推理，成果众多，早期成果包括单层模型（SLM）、表达神经张量网络（NTN）、共享变量神经网络模型（ProjE）、神经关联模型（NAM）、深度神经网络（DNN）和关系调制神经网络（RMNN）等，多项推理任务的实验表明，DNN 和 RMNN 都可以胜过传统方法。随着深度学习的兴起，将深度学习技术引入知识推理领域成为热点，根据深度学习的类型，可将推理方法细分为基于卷积神经网络的知识推理、基于循环神经网络的知识推理，以及基于强化学习的知识推理，常用方法简介和参考如表 5-1 所示。

表 5-1 基于神经网络的推理方法

类型	名称	描述	参考文献
基于卷积神经网络的知识推理	DKRL	使用两个编码器来表示实体描述的语义，包括一个连续词袋（CBOW）模型和一个深度卷积神经模型，这可以减少数据稀疏性对推理模型性能的影响	Xie 等（2016）
	ConMask	使用依赖关系的内容掩码来突出显示与任务相关的单词，然后训练一个完全卷积的神经网络（FCN）用于目标融合	Shi 和 Weninger（2018）
	MT-KGNN	通过在推理过程中编码属性信息来学习实体、关系和属性的表示。由 RelNet 和 AttrNet 组成。RelNet 对知识图谱的结构和关系进行建模，而 AttrNet 对实体和相应的属性进行建模	Tay 等（2017）
	ConvE	将嵌入表示（*s*，*r*）pair 转换成矩阵，将卷积神经网络应用于知识图谱表示学习被当成一张图片，用卷积核提取特征	Centola 等（2018）
基于循环神经网络的知识推理	Path-RNN	以非原子方式对多跳关系的连接进行推理，使用路径排序算法为每种关系类型找到不同的路径，然后将路径中的二元关系嵌入作为输入向量进行学习	Das 等（2016）
	Single-Model	在循环神经网络的所有目标关系中共享关系类型表示和组合矩阵，能够在减少参数数量的同时表示相同的训练数据，显著提高了基于 RNN 的 Horn 子句链推理的准确性和实用性	Das 等（2016）
	DSKG	对实体层和关系层使用独立的 RNN 单元，能够在关系多样化和复杂时获得更好的性能，不仅可以预测实体，还具有推断三元组的能力	Guo 等（2019）
基于强化学习的知识推理	DeepPath	利用 TransE 和 TransH 来获取实体和关系的表示向量。图谱中的所有关系都定义了动作空间。两个实体的不同嵌入定义了状态向量，并设计三个评分标准的奖励函数评估找到的路径的质量	Xiong 等（2017）
	MINERVA	学习如何根据输入查询引导图找到预测路径，将环境表示为确定性的部分观察马尔可夫决策过程（POMDP），以减少动作空间，并使用长短期记忆网络（LSTM）对其过去做出的决策历史进行编码	Das 等（2017）
	MARLPaR	基于多智能体和强化学习的路径推理方法，联合训练两个代理，一个用于关系选择，另一个用于实体选择。关系选择代理用于查找特定查询关系的公共逻辑路径。实体选择代理用于从关系的尾部实体集中选择最合适的实体，以准确找到候选实体	Li 等（2018）

基于神经网络的推理方法试图利用神经网络强大的学习能力来表示知识图中的三元组，从而获得更好的推理能力。然而，神经网络模型的可解释性仍需进一步解决，如何解释神经网络的推理能力值得研究。迄今为止，关于基于神经网络的推理方法的研究还很少。但其强大的代表能力和在其他领域的出色表现前景广阔，将现有的神经网络方法扩展到知识图谱推理领域仍在不断探索中。

5.4.4　地理知识图谱的应用

地理知识图谱中包含大量的地理知识，且知识之间包含丰富的关联关系，可以为其他下游的应用提供知识支撑。目前，地理知识图谱的应用主要包括基于地理知识图谱的智能语义搜索、地理知识智能问答、基于地理知识图谱的决策支持系统、为机器人等智能平台提供地理空间知识库、为地理学科教育提供支持、可解释 AI 等。

当前，语义网与知识图谱等相关技术在面向地学领域的智能搜索、智能问答、自然语言理解、决策支持、推荐系统、可解释 AI 等研究中得到广泛的应用，提供了强大的知识库，有力地推进了这些研究的发展。

1. 基于地理知识图谱的智能语义搜索

语义搜索是知识图谱的一个常见的应用场景，地理知识图谱中包含地理相关的知识，应用于地理相关的搜索系统，为用户提供更好的搜索体验以及搜索的准确度。地理知识图谱通过概念和实体的相互关系扩展用户搜索的关键词，从而扩大搜索的范围。基于地理知识图谱的搜索结果通常以知识卡片的形式返回，将与该搜索关键词相关联的实体都返回给用户。例如，用户查询武汉站的信息，则将武汉站、武昌站、汉口站的信息都返回给用户（武汉站、武昌站、汉口站都属于武汉），从而为用户提供了更全面的信息。

2. 地理知识智能问答

智能问答是比语义搜索更高级的一个应用，其对系统智能化水平的要求更高，也是知识图谱的一个常见的应用场景。基于地理知识图谱的智能问答系统是一个高度智能化的系统，能够满足地理信息快速、准确、启发式获取信息的需求。首先，通过自然语言处理技术规范化用户的查询语句，将自然语言转换为 SPARQL 等 RDF 查询语言并在知识图谱中执行，最后将查询结果返回。由于地理知识图谱相比文本、结构化数据库等具有更丰富的语义表达、更精确的数据内容和更高效的检索方式等优势，地理知识智能问答是地理知识图谱的一个重要的应用方向。

3. 基于地理知识图谱的决策支持系统

决策支持系统是一个高度智能化的系统，其从各种来源收集原始数据、文档和个人知识的混合物，目的是组织和分析业务数据，为政府、企业等组织的决策提供高质量的支持。知识图谱中包含丰富的知识以及知识之间的关联，能够为决策支持系统提供更好的数据支撑。基于地理知识图谱，通过数据挖掘相关算法，如分类、聚类、社区发现、相似节点发现、离群点检测等方法，实现地理实体关联分析、地理事件聚类分析等功能，为相关决策系统提供智能支持，从而有效提高政府、企业的决策质量。

4. 为机器人等智能平台提供地理空间知识库

随着深度学习、强化学习等技术的发展，机器人等智能平台在对环境的动态感知能力方面有了很大的提升，但是缺少对环境的理解能力。地理知识图谱中包含地理空间实体之间的关联关系，如方位关系，一个实体位于另外一个实体的东方等。这些信息对于机器人等智能平台具备的地理空间认知能力、空间推理能力至关重要。地理知识图谱可以为机器人等提供地理空间相关知识，以及地理对象之间的关联关系，使其具备地理空间理解能力，从而更有效地为人类提供智能服务，提高整个机器人行业的智能化水平。

5. 为地理学科教育提供支持

地理知识图谱包含丰富的地理知识及地理知识之间的关联，可以辅助学生学习地理知识，提高学生的地理水平。南京大学以 GeoNames 和 Wikidata 为基础，对来自不同来源的不同格式的地理数据进行转换和整合，包括 NetCDF 中的网格温度数据、HDF5 中的降水数据、AAIGrid 中的太阳辐射数据、GPKG 中的多边形数据、气候和海洋图像中的当前数据和表格中的政府数据，构建了高中地理知识图谱 CKGG 知识图谱，并开发了教育信息原型系统，提供了位置搜索、实体浏览和导航、问题搜索和链接等功能，以图形化的方式展示地理知识，提高教师、学生对地理知识的理解程度。

6. 可解释 AI

AI 的可解释性是一种以人类认识的语言为人类解释 AI 模型的能力。知识图谱中包含大量的概念、实体、属性及其之间的语义关系。相比于传统的知识表示形式，知识图谱具有规模海量、语义丰富、结构友好、质量精良等优点。知识图谱的这些优点使其能够成为 AI 理解的重要背景知识，促进可解释 AI 的发展。地理知识图谱中包含大量的地理领域的知识，可以作为背景知识提供给 AI 模型，提高 AI 模型对地理世界的认知水平，增强其可解释性。

本节从地理知识图谱的概念模型、地理知识图谱的构建以及地理知识图谱的应用三个方面讲述了地理知识图谱的相关知识体系。首先介绍了地理知识图谱的概念模型，即地理知识图谱的逻辑结构与表达方式。随后介绍了地理知识图谱的构建流程，包括地理数据准备、地理实体和关系抽取、地理知识融合与存储三个部分。最后介绍了地理知识图谱的应用，包括智能语义搜索、地理知识智能问答、决策支持系统、可解释 AI 等方面。与地理本体、地理关联数据类似，地理知识图谱中包含大量的地理知识及其之间的关联关系，是一个语义丰富、相互关联的大型地理知识库，可以提供更好的语义支持，为其他智能化的应用提供技术支撑。

5.5 本章小结

语义网与知识图谱相关技术是人工智能三大分支之一的符号主义的研究成果，其主要采用符号的方式进行知识的表达与推理。语义网与知识图谱技术经过不断的发展，逐渐走向成熟，并且在很多领域得到了广泛的关注与应用。特别是知识图谱，在很多行业中得到了广泛的应用与实践，促进了这些行业的知识服务的发展，提高了其智能化水平。

本章主要讲述了语义网与知识图谱相关的知识，为了使读者对语义网与知识图谱相关技术体系有一个系统的了解，本章介绍了知识图谱发展历程中的相关技术，从语义网络、本体论、万维网、语义网、关联数据到知识图谱。语义网与知识图谱技术在地理信息领域的扩展与应用主要是地理本体、地理关联数据，以及地理知识图谱，它们包含丰富的知识结构与知识内容，可以为地理领域相关研究提供知识支撑。以地理信息服务领域为例，地理本体、地理关联数据、地理知识图谱包含地理领域大量的知识，可以更为形象、全面地组织和表达服务之间的关系，如计算服务之间语义相似度时可以利用地理知识图谱提供的语义信息，使得构建的服务关系更加精确。总而言之，语义网技术与地理信息服务的结合将进一步辅助地理信息服务的发现、推理，实现智能化的服务组合并最终达到服务协同。

为此，将地理信息服务、语义网技术以及其他信息技术集成起来建立表达模型，将多源异构的地理信息服务之间的关联关系显式地体现在模型中，我们将该模型称为地理信息服务网络。在地理信息服务网络中，通过地理知识图谱提供的语义信息以及服务自身的语义信息提前构建好服务之间的关系，当用户提交服务组合请求时，直接从服务网络中检索出相应的子网络，这样极大地提高了服务组合的效率。关于如何构建地理信息服务网络，将在第 6 章中详细介绍。

第 6 章　服务网络与地理信息服务

不同地理信息服务在语义、I/O 和网络拓扑上的关联关系本质上构成了复杂的地理信息服务网络结构，通过对该网络中节点和关系的定义以及网络框架的设计，原本分散的地理信息服务之间的关系得到显式的表达，提高了服务组合过程中的服务查找、聚合与连接的效率。因此，地理信息服务网络的构建是实现地理信息服务协同的重要基础，即构建地理信息服务网络的目的是，通过对离散的地理信息服务的网络化组织，根据网络中的关联关系，为不同地学问题的求解提供合适的服务组合流程。

地理信息服务网络是所有地理信息服务及其关系组成的总和，是一种对地理信息服务进行统一表达的逻辑结构。建立高性能、智能化的地理信息服务网络，将数据、服务、终端、应用、用户等地理信息服务资源进行语义关联，是支撑复杂地理空间决策的可靠举措。其中，地理信息服务数据资源、处理资源（包括算法和模型等）是建立语义关联的核心对象，地理信息服务网络通过预先构建这些地理信息服务之间的关联关系，在进行地理信息服务的集成使用时，依据网络中的路径关系直接推导，从而有效缩短服务组合的时间与搜索空间，提高地理信息服务组合与协同的效率。

基于本书第 5 章的介绍，地理本体、地理关联数据以及地理知识图谱等包含大量的地理知识以及地理知识之间的关联，这些信息可以辅助地理信息服务网络的构建与应用，即将地理本体、地理关联数据、地理知识图谱等外部知识库作为服务网络中关联关系识别、语义推理的基础。例如，可以辅助构建地理信息服务关系时语义相似度的计算，提高服务之间关联关系构建的精确度，进而提高地理信息服务网络的质量；基于知识库中的本体、知识图谱内部节点及其关系的逻辑推理，可挖掘网络中缺失的关联关系，或是在服务组合的过程中，自动化、智能化地提取符合业务需求的子网络，该子网络可以直接是一个完整的业务解决方案，或仅需用户进行轻量级的添加或删减等，即可满足需求。

服务网络的概念最早来自于计算机领域，地理信息服务网络是服务网络在地理信息服务领域的扩展与应用，因此，服务网络有关的研究成果可以作为地理信息服务网络的基础。本章将首先介绍服务网络的概述、构建与分析等成果；在此基础上，讨论地理信息服务网络的概念模型与构建方法。

6.1　服务网络的概述

服务网络是一种建立在语义和社会化交互关系基础上的基础设施，通过分析服务的语义信息，建立服务之间的关联关系，从而形成一个基于语义和社会化关系、动态演化的服务生态系统（陈世展，2010）。服务网络本质上是一个由节点和边组成的图，其中的节点表示服务，边表示服务之间的语义和社会化关系。因此，对于服务网络的表达，可以借鉴图的表达形式对服务网络进行定义。

定义服务网络（service network，SN）为抽象服务节点集合 ASSet、具体服务节点集合 CSSet、服务语义关系集合 SemanticRelations、服务推理规则集合 Rules 的集合［式（6-1）］：

$$\text{SN} =< \text{ASSet}, \text{CSSet}, \text{SemanticRelations}, \text{Rules} > \tag{6-1}$$

抽象服务（abstract service，AS）节点：抽象服务节点将具体服务按照语义功能聚合，形成一个语义功能单元，是对具体服务的抽象与简化，一个抽象服务节点可以对应多个具体服务节点，相当于具体服务节点的索引。抽象服务节点是对具体服务的名称、关键词、描述信息等信息进行分析后自动生成的，包含服务共有的必要的信息，包括名称、关键词、描述信息、类别、输入、输出参数的集合等。当信息存在缺失时，需要从集合的其他具体服务中抽取相应信息，或者使用默认信息填补。抽象服务节点与其集合定义如公式（6-2）所示：

$$\text{AS} =< \text{ID}, \text{Name}, \text{Title}, \text{Descp}, \text{Category}, \text{Input}, \text{Output} > \text{ASSet} = \{\text{AS}_1, \text{AS}_2, \text{AS}_3, \cdots, \text{AS}_n\} \tag{6-2}$$

式中，ID 为抽象服务的唯一标识符；Name 为抽象服务名称；Title 为抽象服务标题；Descp 为抽象服务描述；Category 为抽象服务的类别；Input 为抽象服务的输入参数集合；Output 为抽象服务的输出参数集合。

具体服务（concrete service）节点：具体服务节点是在现实世界中真实存在的服务，对应服务网络中注册的地理信息服务，其是某一个抽象服务的实例。具体服务是在服务执行过程中实际调用的服务，因此具体服务节点需要记录服务的调用地址、输入、输出参数的具体信息。具体服务节点与其集合定义如式（6-3）所示：

$$\begin{aligned} &\text{CS} =< \text{ID}, \text{URL}, \text{Name}, \text{Title}, \text{Descp}, \text{Input}, \text{Output}, \text{Type}, \text{Ver}, \\ &\text{Category}, \text{Prov}, \text{Con}, \text{QoS} > \text{CSSet} = \{\text{CS}_1, \text{CS}_2, \text{CS}_3, \cdots, \text{CS}_m\} \end{aligned} \tag{6-3}$$

式中，ID 为具体服务的唯一标识符；URL 为具体服务的链接地址（统一资源定位符）；Name 为具体服务名称；Title 为具体服务标题；Descp 为具体服务描述信息；Input 为具体服务输入的参数集合；Output 为具体服务输出的参数集合；Type 为具体服务的规范类型及其说明，如 Restful 服务、SOAP 服务，也可以是用户定义的私有服务规范协定等；Ver 为服务版本号；Category 为具体服务的类别信息集合，包括语义标签、服务分类名、分类编码、行业类型和业务类型等信息；Prov 为具体服务的提供者的信息集合；Con 为具体服务的约束集合；QoS 为具体服务的服务质量信息集合，常用的服务质量信息包括安全性、响应时间、费用、信誉度、可靠性、稳定性、吞吐量、异常处理能力等。

服务语义关系（SemanticRelations）：服务语义关系是服务间的社会化交互关系，定义如式（6-4）所示：

$$\text{SemanticRelations} \subseteq S_i \times S_j \tag{6-4}$$

式中，S_i、S_j 为服务节点，且 $S_i, S_j \in (\text{AS} \cup \text{CS})$，即服务语义关系既可以描述抽象服务之间的关系，也可以描述具体服务之间的关系，或者两者之间的映射关系。语义关系简称为关系，表示从语义节点 i 到节点 j 的（有向）边，代表服务之间操作上、结构上或语义上的约束及关联。服务网络中的关系都是二元关系，记作 $<S_i,S_j,T>$，其中 T 是关系的类型，包括成员关系、扩展关系、相似关系、前驱关系、后继关系、相似关系等。

成员关系是指抽象服务与具体服务之间的关系，即具体服务是抽象服务的一个实例，记作 $\text{RS}_{\text{mem}}(\text{AS,CS})$，其中 CS 为具体服务，AS 为抽象服务，CS 是 AS 的一个实例。通常，一个 AS 对应多个 CS。

扩展关系是指对于两个具体服务，一个具体服务是对另一个具体服务功能的扩展，记作 $\text{RS}_{\text{ext}}(\text{CS}_i,\text{CS}_j)$，其中 CS_i 、CS_j 为两个具体服务，CS_i 扩展了 CS_j 的功能。扩展关系类似编程语言中的继承，既可以在已有的服务功能上增加新功能，也可以重写已有的功能。

后继关系是指抽象服务 AS_i 的输出与 AS_j 的输入相匹配，表明 AS_i 和 AS_j 可以一起协作完成一个更大的任务，且 AS_j 应在 AS_i 之后才可被调用，具体分为完全匹配和部分匹配。完全匹配是指 AS_i 的输出参数是 AS_j 的输入参数的超集，即 AS_i 可驱动 AS_j 。部分匹配是指 AS_i 的输出参数是 AS_j 的输入参数的子集，即 AS_i 不能独立驱动 AS_j ，需要与其他服务一起驱动 AS_j 。

相似关系是指对于两个服务（包括抽象服务与具体服务），其功能在语义上相似，包含权重参数，表示两个服务之间的相似程度，如式（6-5）所示：

$$\text{RS}_{\text{sim}}(\text{WS}_i,\text{WS}_j)=\{<\text{WS}_i,\text{WS}_j>|\,\text{Sim}(\text{WS}_i,\text{WS}_j)=D_{ij},D_{ij}\in[\alpha,1]\} \tag{6-5}$$

式中，WS_i 、WS_j 为两个服务；$\text{Sim}(\text{WS}_i,\text{WS}_j)$ 为服务语义相似度的计算方法，其输入为两个服务 WS_i 、WS_j，输出为两个服务的语义相似度值，该相似度值如果大于阈值 α，则判定两个服务之间相似。如果该相似度值等于 1，则两个服务之间存在等价关系。通常，相似关系不存在传递性，即如果服务 WS_i 与 WS_j 相似，WS_j 与 WS_k 相似，不能判定 WS_i 与 WS_k 相似。但是如果服务 WS_i 与 WS_j 等价，WS_j 与 WS_k 等价，则可以判定服务 WS_i 与 WS_k 等价。

依据服务关系的对称性可将服务关系分为非对称（asymmetrical）关系和对称（symmetrical）关系。非对称关系是单向的，即如果存在从节点 A 到节点 B 的关系 $\text{SR}_T<A,B>$，并非一定存在从节点 B 到节点 A 的类型为 T 的关系 $\text{SR}_T<B,A>$；即使 $\text{SR}_T<B,A>$ 关系存在，也可能 $\text{SR}_T<A,B>\neq\text{SR}_T<B,A>$ 。而对称关系则是双向的，即如果存在从节点 A 到节点 B 的关系 $\text{SR}_T<A,B>$，则一定存在从节点 B 到节点 A 的类型为 T 的关系 $\text{SR}_T<B,A>$，且 $\text{SR}_T<A,B>=\text{SR}_T<B,A>$ 。在服务网络中，等价关系是对称关系，其他类型的关系一般都是非对称关系。

服务推理规则是为服务关系推理和演算提供支持的公理、规则的集合。例如，采用产生式规则进行服务推理的表达，推理规则由前提和结论组成，包括前提（条件）

和结论（动作）两部分。如果前提（条件）得到满足，则得到相应的结论（执行相应的动作）。即后件由前件来触发，前件是规则的执行条件，后件是规则体。通常，由专家制定服务的推理规则，并存储于规则库中，推理时从该规则库中依次提取每条规则，将其前提与输入的数据进行匹配，若匹配成功则得到规则体中相应的结论或执行相应的动作，若匹配不成功则继续读取规则进行匹配，直到成功匹配到相应的规则或者所有规则读取完毕。此外，服务推理规则也可以依据语义网和知识图谱的其他推理方法建立。

综上所述，本书将服务网络定义为由抽象服务节点、具体服务节点、服务关系以及服务之间推理规则的四类对象构建的逻辑架构，如图 6-1 所示。服务网络包含服务之间丰富的语义关系，以及让计算机学习和使用这些语义关系的推理规则，可以作为服务发现、服务组合、服务推荐，以及服务协同的基础设施。

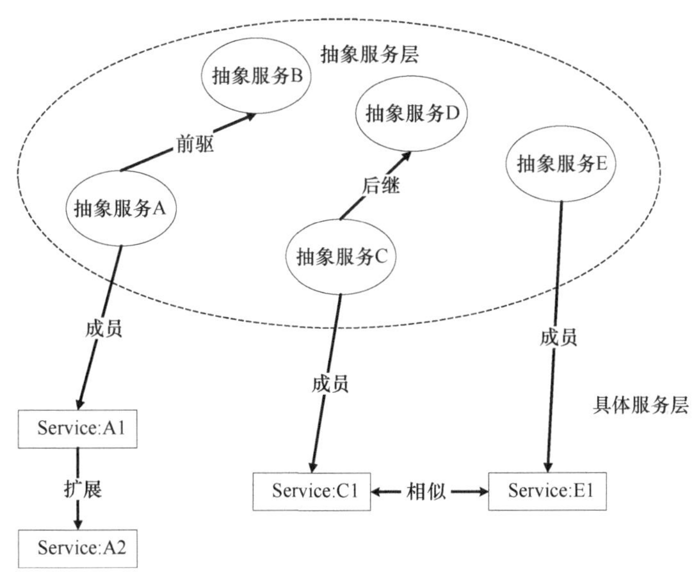

图 6-1　服务网络示例图

6.2　服务网络的构建与分析

6.2.1　服务网络的构建

服务网络的构建核心是利用服务的语义信息和服务之间的关系，对服务注册中心中的服务进行组织，形成一个由语义关联的图数据结构。服务网络的构建流程主要包括四个步骤，如图 6-2 所示。

1. 服务本体设计

设计服务本体，用于描述服务的语义信息以及服务之间的语义关系，即对抽象服务、具体服务以及服务关系进行形式化的表达。该阶段是服务网络构建的基础，服务本体设计的质量关系到整个服务网络构建的质量，也关系到该服务网络能否提供更好的服务发现、推荐、组合与协同的能力。关于服务本体及关系的设计，参见 6.1 节服务网络的概念模型中关于具体服务节点、抽象服务节点和服务语义关系的描述。

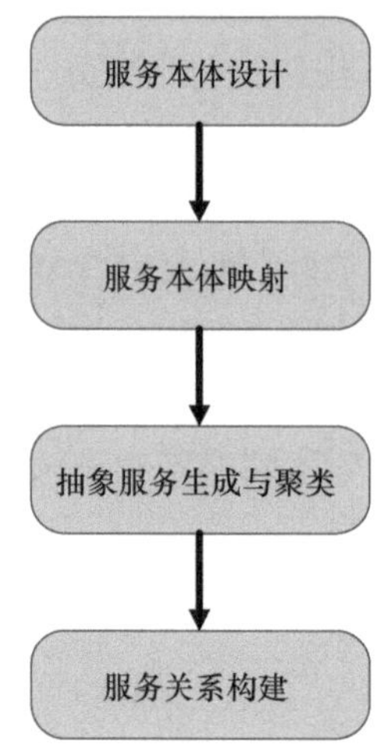

图 6-2　服务网络构建流程

2. 服务本体映射

服务本体映射是将 WSDL、OWL-S 等语言描述的 Web 服务映射为服务本体，即将具体 Web 服务的描述文档转换成上一步定义的具体服务本体的过程。该阶段的目的主要是生成服务网络中的具体服务节点，涉及的技术主要是服务语义标签的提取。

服务语义标签的提取主要有两种方式：一种是可以读取服务注册时用户提交的标签；另一种是需要通过解析服务描述文档自动提取服务语义标签。服务语义标签的抽取算法类似于自然语言处理中对文本关键字的抽取，但又有其特殊的需求，主要表现在以下两个方面：

（1）服务描述文件中存在不规范的表述。在服务描述文件中，服务名称、操作、接口、参数名称等信息可能是缩写、合写以及错误的拼写，这些不规范的表述会影响服务语义标签抽取的准确度，进而影响对服务功能的分类。

（2）服务描述文件中的单词在语义上所占的比重不一致。服务描述文件具有结构信息，区别于文本中的单词，各个字段的重要程度并不一致。服务名称、操作名称、服务的说明性信息都是语义标签提取的重要依据。因此，对这些信息提取时，需要对其进行加权，使得提取的语义标签更加准确。通常来说，服务名称、操作名称有一个或者几个具体的单词，服务的说明性信息是一个或者几个句子，提取语义标签时，服务名称、操作名称占用的权重应该更大。

在语义标签提取前，通常需要进行数据的预处理工作，一般采用 WordNet 等语义词典，对服务描述文件中的单词进行词形还原、词干提取等操作。服务语义标签主要从 WSDL 文档中的操作、参数、消息的名字、描述性文本以及 OWL-S 中参数的概念本体中提取。

3. 抽象服务生成与聚类

由于服务网络中包含抽象服务节点与具体服务节点，而抽象服务节点原本并不存在，因此需生成抽象服务节点。抽象服务生成是根据具体服务的语义描述信息，自动生成抽象服务的过程。若具体服务不属于已有的抽象服务，则需要重新生成抽象服务。该过程主要包括语义标签的生成与抽象服务的聚类两部分内容，具体如下：

（1）根据具体服务的语义标签归纳出抽象服务的语义标签，通过对具体服务的输入输出参数进行抽象概括，得到概念层次上的输入输出参数。当新的 Web 服务注册时，根据服务的语义描述信息，判断该 Web 服务是否属于已有的抽象服务，否则需要重新生成抽象服务。该阶段的目的是根据具体的 Web 服务生成抽象服务，但是通常来说，抽象程度较低。

（2）通过对抽象服务进行聚类，得到抽象程度较高的服务类别。将抽象服务的语义标签、描述等信息作为特征，采用聚类算法，如 K 均值聚类、层次聚类以及深度学习相关聚类算法对抽象服务进行聚类，以产生高抽象程度的抽象服务类别，减小服务检索与组合时的搜索空间。

抽象服务生成与聚类的目的是依据具体服务生成抽象服务，即相当于为具体服务构建索引，在服务检索与组合阶段可以先定位到抽象服务，然后再将抽象服务索引的具体服务返回，这样有效减少了搜索空间。抽象服务聚类的目的是对抽象服务进行更高层级的抽象，将具有相似功能的抽象服务聚为一类，以进一步减少服务检索与组合时的搜索空间，提高服务检索与组合的效率。

4. 服务关系构建

服务关系构建包括抽象服务之间、具体服务之间，以及具体服务和抽象服务之间关系的具体表达，并最终形成一个网状的数据结构。主要构建的服务关系包括：成员关系、扩展关系、相似关系、后继关系。成员关系是抽象服务与具体服务之间的关系，其在抽象服务生成时已经构建完成。扩展关系是指一个具体服务扩展了另一个具体服务的功能，该关系是在服务注册阶段时建立的。后继关系是指一个抽象服务的输出与另一个抽象服务的输入相匹配，主要是通过服务的输入、输出参数进行判断。在所有关系中，相似关系的提取是相对重要且难度较大的，因此本节对相似关系的提取展开说明。

相似关系的提取分为具体服务相似关系的提取以及抽象服务相似关系的提取，其中具体服务抽象关系的提取相对于抽象服务相似关系的提取更为复杂，本节以具体服务相似关系的提取为例进行介绍，其主要包括以下几个步骤：

（1）预处理阶段，对两个 Web 服务进行预处理，主要提取 Web 服务的操作接口列表、语义标签列表以及输入输出参数列表。这些信息包含 Web 服务的语义信息，是服务相似度计算的基础。

（2）相似度计算阶段，主要是通过自然语言处理的相关技术对两个 Web 服务进行语义相似度的计算。具体计算过程为，分别对两个 Web 服务的操作接口列表、语义标签列表进行相似度计算，并对各个相似度分量进行加权求和，得到 Web 服务的总相似度，如式（6-6）所示：

$$\mathrm{Sim}(\mathrm{CS}_i,\mathrm{CS}_j)=a\cdot f_{\mathrm{itf}}(\mathrm{CS}_i\cdot \mathrm{itfList},\mathrm{CS}_j\cdot \mathrm{itfList})+(1-a)\cdot f_{\mathrm{tag}}(\mathrm{CS}_i\cdot \mathrm{tagList},\mathrm{CS}_j\cdot \mathrm{tagList}) \quad (6\text{-}6)$$

式中，itfList 为服务的操作接口列表；tagList 为服务的语义标签列表；f_{itf} 为计算服务的接口相似度的函数；f_{tag} 为计算服务的标签相似度的函数；a 为用于调节两个相似度的权重。

（3）依据步骤（2）得到的两个 Web 服务之间的总相似度，利用设定的阈值进行判断，如果超过阈值，则判定两个 Web 服务之间存在相似关系，否则两个服务之间不存在相似关系。如果两个 Web 服务之间存在相似关系，则将其更新到服务网络中。

服务网络的构建是将 Web 服务描述文件转换为服务本体，并从中提取出抽象服务，以及对抽象服务进行聚类，然后运用数据挖掘技术和文本分析方法提取服务之间的各种关联关系，从而完成服务网络的构建。构建完成的服务网络中包含服务之间的各种显式和隐式的语义关系，是一个语义关系丰富的服务基础设施，相比于基于目录管理的服务注册中心，其更易于服务的精确发现与动态服务组合。

6.2.2　服务网络的分析

服务网络的分析是指通过网络分析算法对服务网络的结构、特性进行分析，识别出服务网络中的关键服务与社团结构，以优化网络结构，辅助服务的组合与发现。通过网络分析方法识别出服务网络中的关键服务后，当用户进行服务组合时，可以将其作为同一类别中排序靠前的服务优先推荐给用户。对于服务网络中发现的服务社团结构，在进行服务替换时可以缩小服务的搜索范围，提高服务替换的效率。例如，当服务链中的一个服务出现故障时，可以从该服务所在的服务社团中选择服务进行替换，无须从整个服务网络中选择服务，这样极大地缩小了搜索空间。

关于服务网络的分析，主要包括关键服务识别与服务社团结构发现两部分内容，通常采用基于复杂网络的方法，因此本节首先介绍复杂网络的相关知识，然后再介绍服务网络分析的相关工作。

1. 复杂网络

复杂网络最早源于数学中的图论（graph theory）。20 世纪 60 年代由 Erdös 和 Rényi 建立的随机图理论（random graph theory），从数学角度开创了复杂网络理论的系统性研究，在其后的 40 年中，随机图理论一直是复杂网络研究的基本理论。

Watts 和 Strogatz 于 1998 年 6 月在 *Nature* 杂志上发表了题为 *Collective Dynamics of 'Small World' Networks* 的文章，该文根据美国哈佛大学的社会心理学家 Stanley Milgram 做的小世界实验，构造出了一个小世界网络，该模型反映了社会关系网络的一种特性：较短的平均路径长度和较高的聚类系数。随后，Barabasi 和 Albert 于 1999 年 10 月在 *Science* 杂志上发表了 *Emergence of Scaling in Random Networks* 的文章，提出无标度网络模型（度分布为幂律分布），刻画了网络中普遍存在的“富者更富”的现象。这两篇文章分别揭示了复杂网络的小世界特征和无标度性质，并建立了相应的模型，以阐述这些特性的产生机理，从此开启了复杂网络研究的新纪元。

从 Watts 给出的“小世界模型”到如今近 10 年的时间，复杂网络的相关研究得到非常迅速的发展，其研究领域也从最初的统计物理学快速扩展到其他领域，如生物学、计算机科学等，并取得许多突破性进展。复杂网络的研究内容也从最初的研究网络结构及其统计特性，到如今复杂网络上的传播动力学，复杂网络上的社团结构，复杂网络中的搜索、同步、控制等内容，其相关研究也呈现爆发式的增长趋势。

关于复杂网络的定义，学术界并未形成完全统一的观点。但通常所说的复杂网络是指，具有复杂的网络拓扑结构以及动力学行为的大规模网络，其包含大量的节点以及连接节点的边。从数学的观点来看，复杂网络是大量节点与边构成的具有一定状态和功能的图结构。从统计学来看，复杂网络是一个包含大量个体以及个体之间相互作用的系统，可以描述人与人之间的社会关系、生物分子之间的关系、计算机之间的网络连接等。为此，钱学森提出了一种严格的复杂网络定义形式：具有自组织、自相似、吸引子（网络的内聚倾向）、小世界（相互关系的数目可以很小但却能够连接世界的事实）、无标度中部分或全部性质的网络称为复杂网络。

2. 复杂网络统计量

在复杂网络理论中，统计量通常用于刻画网络的拓扑特性、动力学特性等，对于描述复杂网络的性质具有重要的意义。下面对复杂网络中一些基本的统计量进行介绍。

1）节点的度

度（degree）是复杂网络中最常用同时也是最简单的概念。对于无向网络，节点的度是指与该节点相关联的边数。对于有向网络，节点的度通常是指出度和入度之和。出度是指以该节点为起点的边的数目，入度是指以该节点为终点的边的数目。度衡量了一个节点在网络中的重要性，直观上看，节点的度越大，则说明该节点越重要。

2）度分布

节点的度分布（degree distribution）是指复杂网络中度恰好为 k 的节点出现的概率，用分布函数 $p(k)$ 描述度分布，其具体计算方法如式（6-7）所示：

$$p(k)=\frac{N(k)}{N} \tag{6-7}$$

式中，$N(k)$ 为复杂网络中度为 k 的节点的数量；N 为复杂网络中节点的总数。度分布函数 $p(k)$ 直观地反映了不同的度的节点在整个网络中的数量比例。根据不同类型的度分布，可将网络分为均匀网络（homogenous network）、非均匀网络（inhomogeneous network）。均匀网络是度数分布较均匀的网络，其又可以进一步细分为规则网络、完全随机网络、小世界网络等；而非均匀网络度数分布极度不均匀，如 Barabasi-Alert（BA）无标度网络。

3）结点距离

网络中两个节点 v_i 和 v_j 的距离 d_{ij} 是指两个节点间最短的路径长度。

4）网络直径

网络直径（diameter）是指对于网络中任意两个节点 v_i 和 v_j 它们之间距离的最大值，使用 D 表示，其具体计算方法如式（6-8）所示：

$$D=\max_{1\leqslant i\leqslant j\leqslant N} d_{ij} \tag{6-8}$$

5）平均路径长度

网络的平均路径长度（average path length）表示为网络中任意两个节点 v_i 和 v_j 之间距离的平均值，其描述了网络中节点间的分离程度，即网络有多小。使用 L 表示平均路径长度，其具体计算方法如式（6-9）所示：

$$L=\frac{1}{\frac{1}{2}N(N+1)}\sum_{1\leqslant i\leqslant j\leqslant N} d_{ij} \tag{6-9}$$

式中，N 为网络中的节点数。网络中的网络直径和平均路径长度可以衡量网络的传输性能和效率。研究表明，尽管许多网络节点规模很大，但是平均路径长度相比之下很小，即具有“小世界”效应。

6）介数

介数（betweenness）是用来表述节点或边重要程度的一种统计量，反映了相应的节点或者边在整个网络中的作用和影响力，具有很强的现实意义，其分为节点介数和边介数。节点的介数 B_i 表示网络中所有最短路径经过节点 v_i 所占的数量比例，其具体计算方法如式（6-10）所示：

$$B_i=\sum_{\substack{1\leqslant i\leqslant j\leqslant N\\ j\neq i\neq l}}\left[n_{jl}(i)/n_{jl}\right] \tag{6-10}$$

边的介数 B_{ij} 是指网络中所有最短路径中经过边 e_{ij} 所占的数量比例，其具体计算方法如式（6-11）所示：

$$B_{ij}=\sum_{\substack{1\leqslant l\leqslant m\leqslant N\\ (l,m)\neq(i,j)}}\left[N_{lm}(e_{ij})/N_{lm}\right] \tag{6-11}$$

介数是网络拓扑结构中的一个全局特征量，可以衡量网络中节点对网络连通性的贡献度。具有最高介数值的节点成为网络的中心节点。

7）聚类系数

结点的聚类系数（clustering coefficient）是指节点 v_i 的邻域内节点之间实际存在的边数 E_i 和理论上可能存在的边数 C_n^2 之间的比值，用 Ce 表示，其具体计算方法如式（6-12）所示：

$$Ce = \frac{E_i}{C_n^2} \tag{6-12}$$

聚类系数用来衡量网络的聚类特性，即每个节点的邻居之间也互为邻居的可能性。在此基础上，使用平均聚类系数（average clustering coefficient），即所有节点聚类系数的平均值，来刻画整个网络的聚类系数。

3. 复杂网络类型

在复杂网络的发展过程中，逐渐形成了多种类型的网络，主要包括规则网络、ER 随机网络、无标度网络、小世界网络等类型。这些网络具有不同的特点，适用于不同类型的真实世界的网络，本节将分别进行介绍。

1）规则网络

规则网络是具有平移对称性的网络，每个节点的度和聚类系数都相同。常见的规则网络包括全局耦合网络、最近邻耦合网络和星形耦合网络。

全局耦合网络是指网络中任意两个节点之间都有边直接相连的网络。其刻画的现实意义是在一个规模较小的组织内部，各个成员之间相互认识。我们将成员定义为节点，成员之间的“认识”关系定义为边，从而构成了一个全局耦合网络。但是当组织规模变大后，成员之间几乎不太可能相互认识，因此全局耦合网络适用于较小的组织。

最近邻耦合网络是指网络中每一个节点只与其周围的邻居节点相连的网络。通常，最近邻耦合网络包含围成一个环的 N 个节点，每个节点只与其左右各 $K/2$ 个邻居节点相连，K 为偶数。现实世界中的传感器网络符合这种特性，当两个传感器在可以感知的范围内时，才可以直接通信。最近邻耦合网络的一个重要特性是网络的拓扑结构由节点之间的相对位置决定，随着节点位置的变化，网络的拓扑结构也可能会发生变化。

星形耦合网络是指网络中有一个中心节点，其余的节点只与中心节点相连接，它们彼此之间不连接。星形耦合网络可以推广到多中心的星形耦合网络。其刻画的现实意义为，如果一个实验室的计算机都连接到一个公共的服务器，则形成了以该服务器为中心的星形耦合网络。

然而，大部分的规则网络过于简单，无法反映现实世界网络的异质性和动态性，因此，相关学者逐步提出了随机网络、小世界网络和无标度网络，以进一步解释现实世界网络的特性。

2）ER 随机网络

ER 随机网络模型，由匈牙利数学家 Erdős 和 Rényi 在 1959 年提出，旨在对通信系统与生命科学领域内的网络结构进行数学描述。该模型的构建方法是在一定数量的独立节点之间，依照固定的概率随机建立连接边，从而生成网络图。ER 随机网络模型简明扼要，广泛应用于计算机科学、统计物理、生命科学、通信工程等领域。ER 随机网络模型是一个机会均等的网络模型，其中每个节点与其他节点有连接的概率相同。

ER 随机网络的度服从泊松分布，具有平均距离短和聚类系数小等特点。在该网络中，如果存在 N 个节点，以一定的概率 p 随机在两个节点间添加连接，得到 M 条边，就形成了一个随机网络。然而，现实世界的网络并不是随机网络，以互联网为例，网站节点并非平等的，理论上人们可以从数十亿网站中选择并访问，但是大部分人只了解互联网中的一小部分网站，主要是拥有较多链接的网站，如 Google、Baidu 等搜索引擎。其他网站只要链接到这些网站，就相当于加强了对它们的偏好，即“择优连接”。针对网络的“择优连接”的新特性，相关学者提出了无标度网络模型。

3）无标度网络

在现实世界的网络中，很多网络的度分布服从幂律分布，即大量的节点拥有少量的连接，少量的节点拥有大量的连接。为了解释网络中度的幂律分布产生的机理，Barabasi 和 Albert 提出了 BA 无标度网络模型，其主要考虑了网络的增长性与择优连接机制。

BA 模型的构建主要遵循以下机制。

（1）增长：每次加入一个新的节点。增长性指网络的规模不断增长变大，如互联网中新网页的创建、高铁网络中新高铁站的建造、社交网络中新用户的注册、知识图谱中新实体的生成等。

（2）择优连接：新增的节点更加倾向于与度数高的节点建立连接。在模拟现实的网络中新网页优先链接到知名的网站，社交网络中新用户会优先关注明星账户、新机场会优先考虑建立与大机场之间的航线等。新节点与网络中已存在节点 v_i 的连接概率 p_i 与 v_i 的度 k_i 满足如式（6-13）所示的条件：

$$p_i = \frac{k_i + 1}{\sum_j k_j + 1} \tag{6-13}$$

由于考虑了系统的增长性和择优连接机制，BA 无标度网络模型相比于随机网络更加符合现实世界的网络，但是这两个特性过于简单，与现实的网络仍有较大的差距。因此，相关学者对 BA 无标度网络模型进行了扩展，主要是根据现实中的网络，增加某些假定，如择优选择的成本、边的重新连接、网络的初始状态等，以进一步探索复杂网络的规律。

4）小世界网络

小世界网络起源于社会网络中的小世界现象。小世界现象，又称六度空间理论、六度分割理论，是指世界上所有互不相识的人只需要很少中间人（平均 6 个）就能建立起联系。1967 年哈佛大学的心理学教授斯坦利·米尔格拉姆根据小世界现象做过一次连锁信件实验，证明平均只需要五个中间人就可以联系任何两个互不相识的美国人。在小世界网络中，每个人是网络中的一个节点，节点间的连接表示两个相互认识的人。

1998 年，Watts 和 Strogatz 提出了 WS 小世界模型，该模型是一个介于规则网络和完全随机网络之间的单参数小世界网络模型，具有平均路径长度较短且聚类系数较高的特性，是最常用的小世界模型。WS 小世界模型的构建是基于规则网络，采用随机化重连的策略，以一定概率随机地重新连接网络中的每条边（边的一个节点固定，另一个节点随机选择），且两个不同的节点间只能有一条边，以及不能有自连接。

WS 小世界模型的随机化重连策略存在破坏网络连通性的问题，因此，Newman 和 Watts 提出了一种新的小世界模型——NW 小世界模型（Girvan and Newman，2002）。NW 小世界模型的构建也是基于规则网络，但是并没有采用随机化重连的策略，而是采用随机加边的策略，即以概率 p 随机选取一对节点加边，且两个不同的节点间最多有一条边，以及不能有自连接。

区别于 WS 小世界模型，NW 小世界模型没有破坏规则网络中的原始边，而是以概率 p 重新连接一对新的节点，同时具有平均路径长度较短且聚类系数较高的特性，且使得 NW 小世界模型不会存在孤立节点的问题。当户足够小和节点足够多时，NW 小世界模型本质上就等同于 WS 小世界模型。

4. 基于复杂网络的服务网络分析

关于服务网络的分析，主要是采用基于复杂网络的方法，识别出服务网络中的关键服务，以及进行服务网络的社团发现。关键服务的识别较为简单，主要是根据服务网络中的服务节点的度、介数等统计指标进行判断，当这些指标超过一定阈值后即可判断为关键服务，本节不再展开说明。服务网络的社团发现算法较为复杂，涉及整个服务网络结构层面的分析，因此本节将重点介绍。

服务网络的社团发现是在构建好服务网络后，将服务网络按照服务之间的交互关系划分为若干服务社团，每个社团反映了服务的业务主题和功能，有助于提高服务发现及服务选取的质量。例如，对于服务发现问题，可以在特定的社团内部进行检索，从而提高服务发现的质量和效率；对于服务选取和服务替换等问题，服务社团代表完成特定任务目标的服务群体，因此可以直接从服务社团中进行服务的选取与替换，提高服务选取和替换的效率和质量。

服务网络的社团发现算法的目的是对服务网络进行社团划分，即将服务网络中的服务节点进行聚类，形成一个个服务社团。关于服务社团的定义，目前并没有统一标准，通常认为，如果某些服务属于同一个服务社团，则这些服务之间的关联关系相对稠密；如果这些服务不在同一个服务社团，则它们之间的连接则相对稀疏。总而言之，连接紧密的服务之间为同一个社团，连接稀疏的服务之间为不同的社团。

关于社团发现算法的度量标准，则以 Newman 提出的模块度较为通用（Girvan and Newman，2002）。对于一个服务网络，划分的方式不同对应的模块度也就不同，如果模块度越大，说明相应的社团划分方式越合理；如果模块度越小，则说明这种划分方式相对较差，存在社团划分不合理的问题。此外，不同的网络能够划分出的最高的模块度一般也不相同，社团结构明显的网络能够得到模块度更高的社区划分，如果一个网络本身社区结构不明显，那么它最好的社团划分所对应的模块度也相对较低。

关于服务网络的社团发现算法，常用的算法主要是基于 Girvan-Newman 算法及在其基础上的改进算法。因此，本节主要介绍基于 Girvan-Newman 算法的社团发现，该方法主要根据网络的边介数中心性（edge betweenness centrality，EBC）值，通过迭代去除网络中的边来发现服务社团结构，其中边介数中心性最大的边最先被移除。

边介数中心性的定义为网络中通过一条边的最短路径的数量，根据网络中所有节点之间的最短路径，为每条边计算一个边介数中心性值。其中，最短路径是指网络中任意两个节点之间距离最小的路径。边介数中心性值的计算是一个迭代的过程，每次从网络中提取一个节点，并计算从该节点到其他节点的最短路径，基于最短路径计算所有边的边介数中心性值，然后对网络中的每个节点重复该过程，最后将每条边的边介数中心性值求和，如果是无向图则需要除以 2 得到最终的边介数中心性值。

基于 Girvan-Newman 算法的社团发现包括以下步骤：

（1）计算服务网络中所有边的介数中心性值；

（2）去除边介数中心性值最高的边；

（3）重新计算去除边后的服务网络中所有边的介数中心性值；

（4）跳至步骤（2），重新计算，直至服务网络中没有边存在。

基于服务网络的社团发现算法目的是发现服务网络中的联系紧密的社团，每个社团的主题反映了该社团内的服务在某一方面的共性，在进行服务发现时可以从满足用户需求的社团中检索服务，缩小服务检索范围。此外，基于服务网络进行服务替换时，可以从该服务所在的社团中检索相关服务进行替换，因此，当服务规模较大时，服务替换的效率与质量相较于人工的方法或常规检索方法更高。

总体而言，服务网络的分析可以发现服务网络中的关键服务以及服务网络的社团结构。对于发现的关键服务，在进行服务组合时，将其作为同一个社团结构中排名靠前的服务优先推荐。对于发现的社团结构，在进行服务选择与替换时，可以从社团结构中检索服务，缩小搜索空间。因此，服务网络的分析可以优化服务网络的结构，提高服务网络支撑下游的服务选择、替换等任务的能力。

6.2.3 服务网络的应用

服务网络是一个通过关联关系将服务联结起来的网络结构。在服务网络中，节点是服务，边是语义关系，服务不仅与直接相连的服务具有关系，而且可以通过服务网络间接连接到其他服务，相比于传统的注册中心，其具有更加丰富的间接关系，可以提供高质量的服务发现、服务推荐与服务组合的能力。

1. 服务发现

服务发现是根据服务请求者的需求来查找和定位服务注册中心中现有服务的过程。基于服务网络的服务发现是在服务网络中定位可以满足用户需求的服务以及检索服务描述文档的过程。服务网络中的服务在注册时提供了服务的描述信息，如服务名称、关键词、类别、服务提供者信息、服务的 QoS 信息，这些信息被转换到服务本体中。由于服务网络并没有对服务发现算法添加约束条件，因此原有的服务发现方法都可以应用于服务网络中，包括传统的基于关键词匹配的服务发现方法、基于本体的服务发现方法，以及基于向量嵌入的服务发现方法。

基于关键词匹配的服务发现方法主要是利用信息检索技术，如向量空间模型（vector space model）、词频-逆文档频率（term frequency-inverse document frequency，TF-IDF）模型，将用户的查询与服务本体中的各个属性的关键词进行匹配，计算两者之间的语义相似度，从而得到满足用户需求的服务（Crasso et al.，2008；Jones，1972）。Platzer等提出了一种基于向量空间模型的新型分布式 Web 服务搜索引擎，解析服务的描述信息获取关键词，并创建向量空间，每个文档代表其中的一个向量，并结合 TF-IDF 模型对文档向量进行优化，最后采用余弦函数度量相似性（Platzer and Dustdar，2005）。

基于本体的服务发现方法是随着语义网的发展而产生的，目的是实现服务发现的自动化，减少人工的参与，提高服务发现的效率。其基本思路就是利用基于本体的形式化描述语言对服务描述和用户查询进行语义标注，再通过逻辑推理的方法进行服务描述与用户查询的匹配。文俊浩等（2011）提出了一种基于功能语义标注的 Web 服务发现方法，其定义了 Web 服务的领域功能语义模型，对 Web 服务描述进行了语义扩展，在进行 Web 服务发现时，首先进行服务功能的语义相似度匹配，对于超过设定阈值的服务再进行接口匹配，这样缩小了搜索范围并且提高了查准率。

基于向量嵌入的服务发现方法主要是将服务与用户需求嵌入为向量，然后通过计算两个向量之间的距离，从而判断该服务是否满足用户需求（张科，2018；桑一萍，2020）。张科提出了一种基于 Word2vec 进行语义扩充和隐含狄利克雷分布（latent Dirichlet allocation，LDA）文本聚类的 Web 服务发现模型，采用 Word2vec 计算词向量，通过词与词之间的相似性对的文本进行语义扩充，并通过 LDA 主题模型进行聚类，提取主题词并与用户需求进行相似度计算，将相似度最大的类簇提供给用户，从而提高服务发现的准确性。在服务网络中利用向量嵌入的方法进行服务发现可以采用以下两种方式：一种是将服务网络中的服务直接进行向量嵌入；另一种是采用服务网络嵌入的方式，服务之间的关联关系在向量嵌入中得到保留。然后计算嵌入的服务向量与需求向量的距离，并设定阈值，低于该阈值的服务即为满足需求的服务。

总体而言，基于服务网络的服务发现算法与基于服务注册中心的服务发现算法区别较小，除了基于向量嵌入的服务发现方法中采用服务网络嵌入的方式以外，其他的服务发现算法，如基于关键词匹配的服务发现方法、基于本体的服务发现方法等，都可以应用于服务网络与服务注册中心。

2. 服务推荐

服务推荐是根据用户的需求快速地从服务注册中心中推荐用户所需服务的过程，是面向服务的架构（service-oriented architecture，SOA）中的一个重要环节，目的是快速响应需求的动态变化而快速地构建面向服务的软件系统，这对 SOA 的成功应用具有重要的意义。基于服务网络的服务推荐是在服务网络中快速筛选出可以满足用户需求的服务的过程。服务网络中包含服务之间丰富的关联关系，相比于服务注册中心可以提供更多的信息，从而有效提高服务推荐的质量。

基于服务网络的服务推荐方法主要是将服务网络作为推荐的数据来源，并基于服务网络结构挖掘服务之间关联的信息，从而为用户推荐合适的服务。基于服务网络的服务推荐方法与电子商务中的物品推荐方法区别较小，主要是数据类型的差异，因此物品推荐方法可以直接，或者经过少量改动、加入一些服务本身的特征后应用于基于服务网络的服务推荐。物品推荐相关的方法较多，常用的方法包括基于协同过滤的推荐方法、基于内容的推荐方法、基于深度学习的推荐方法等。这些方法经过少量改动，即可应用于基于服务网络的服务推荐中。

基于协同过滤的推荐方法是协同大量用户的反馈、评价、意见对海量的物品进行过滤，从中筛选出目标用户可能感兴趣的物品的方法，其核心是通过分析评分矩阵，得到用户、物品之间的依赖关系，进一步地预测新用户与物品之间的关联关系，其分为基于用户的协同过滤、基于物品的协同过滤、基于模型的协同过滤三种类型。

基于内容的推荐方法是基于物品相关信息、用户相关信息及用户对物品的操作行为来构建推荐算法模型，为用户提供推荐服务。基于内容的推荐方法的基本原理是根据用户的历史行为，获得用户的兴趣偏好，为用户推荐与其兴趣偏好相似的物品。其一般包括三个步骤：基于用户信息及用户操作行为构建用户特征表示、基于物品信息构建物品特征表示、基于用户及物品特征表示为用户推荐相关物品。

基于深度学习的推荐方法主要是基于深度学习强大的学习能力以及特征交叉能力，发掘用户行为记录隐藏的潜在特征表示，捕获用户与用户、用户与物品、物品与物品之间的非线性关系的交互特征，从而克服传统推荐技术中遇到的一些障碍，实现更精确的推荐。基于深度学习的推荐方法主要分为基于深度神经网络的推荐（Cheng et al.，2016；Covington et al.，2016）、基于循环神经网络的推荐（Cui et al.，2018；Huang et al.，2018）、基于卷积神经网络的推荐（Gong and Zhang，2016；Kim et al.，2016）以及基于图神经网络的推荐（Yang et al.，2018）。

3. 服务组合

服务组合在本书第 3 章已详细介绍。当单个服务不能满足用户需求时，通过组合现有的基本服务，形成一个可以满足需求的组合服务的过程，实现服务的增值，这既是服务资源重用的一种重要方式，也是构建基于服务的复杂应用系统和软件的一种新的途径。

基于服务网络的服务组合是传统服务组合方法在服务网络上的拓展，其原理是根据服务网络对服务和服务关系的表达，提取满足用户需求的路径或者子网络，并生成可执行的服务链。由于服务之间的关系已经预先构建完成，基于网络结构的服务组合方法可以采用图路径搜索算法，快速从服务网络中提取出满足用户需求的服务链，从而提高服务组合的效率。例如，Shang 等（2013）将 Web 服务及其关系建模为一个复杂的网络，应用图搜索算法来实现 Web 服务自动化组合，这展现出该方法的高效和灵活性；刘国奇等（2013）通过实验验证了对大规模的 Web 服务构建复杂网络模型和推荐服务链方法的可行性，同时通过计算网络中不同结构下 Web 服务组合的 QoS 值，实现了根据属性值推荐服务链。在地学领域中，邢华桥（2018）借鉴超图模型在多元关系表达中的优势，定义了地表变化检测服务关系超图，有效表达了服务间的多元关系，基于推理规则实现了服务链的按需生成。此类服务组合的优势是，只需要在已有的服务网络中查询服务节点和服务间关联关系，有助于提高服务链按需生成的效率。

综上所述，服务网络在服务发现、服务组合与服务推荐领域有着广泛的应用，相比于服务注册中心，服务网络显式地表达了服务之间的语义信息，可以提供精准、高效的服务。因此，可以将服务网络拓展并应用到地理信息服务领域。

6.3　地理信息服务网络

6.3.1　地理信息服务网络的概念模型

地理信息服务网络借助服务网络的构建思想，将地理信息服务数据资源和处理资源作为节点，节点之间的关系，包括数据资源、处理资源，以及数据资源与处理资源之间的关系作为边，构建多层次的网络结构。与传统的注册中心服务方式相比，地理信息服务网络借助于地理本体、地理关联数据、地理知识图谱、自然语言处理以及社会化网络的相关技术，能够更有效地分析地理信息服务的时空关联、属性关联、功能关联、主题关联等多维的语义关系，辅助地理信息服务的发现、组合与推荐。

地理信息服务网络的概念模型继承了服务网络结构，即抽象服务层和具体服务层，并作进一步的细分，将具体服务层划分为数据服务层和处理服务层，如图 6-3 所示。地理信息服务网络是抽象地理信息服务、地理信息处理服务、地理信息数据服务及其相互之间的关系，以及地理信息服务语义推理规则的集合，其定义如式（6-14）所示：

$$\mathrm{GSN} = (\mathrm{AGSSet}, \mathrm{CGPSSet}, \mathrm{CGDSSet}, \mathrm{GSRelations}, \mathrm{GSRules}) \tag{6-14}$$

式中，AGSSet 为抽象地理信息服务的集合；CGPSSet 为地理信息处理服务的集合；CGDSSet 为地理信息数据服务的集合；GSRelations 为地理信息服务关系的集合；GSRules 为地理信息服务语义推理规则的集合。

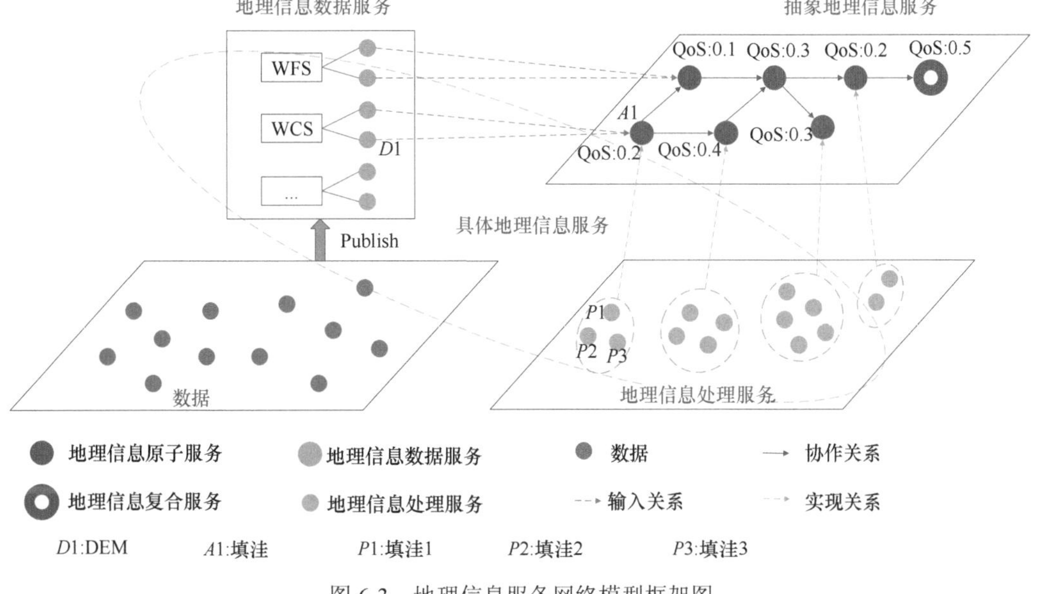

图 6-3　地理信息服务网络模型框架图

抽象地理信息服务，是将地理信息服务的操作按照语义功能进行聚合，形成一个语义功能单元，其对应一个或多个相同语义功能的操作，即存在多个操作实现同一个抽象服务功能。例如，一个由 SVM 分类器抽象形成的抽象服务可能包含若干个不同来源和输入输出参数类型的 SVM 分类原子服务。抽象地理信息服务包括服务的名称、关键词、描述信息，输入、输出参数的集合以及服务的 QoS 信息，分为原子地理信息服务（简称原子服务）和复合地理信息服务（简称复合服务）两种类型。由抽象地理信息服务及其关系形成的网络称为抽象地理信息服务层。

原子服务是最小粒度的、不可再分的地理信息服务，其定义如式（6-15）所示：

$$\mathrm{AGS}_{\mathrm{atom}} = \left(\mathrm{ID}, \mathrm{Name}, \mathrm{Title}, \mathrm{Descp}, \mathrm{Input}, \mathrm{Output}, \mathrm{QoS}\right) \tag{6-15}$$

式中，ID 为原子服务的唯一标识符；Name 为原子服务名称；Title 为原子服务标题；Descp 为原子服务描述；Input 为原子服务的输入参数集合；Output 为原子服务的输出参数集合；QoS 为原子服务的服务质量信息。

复合服务是由原子服务按照一定的结构组合而成的服务，其定义如式（6-16）所示：

$$\mathrm{AGS}_{\mathrm{com}} = \left(\mathrm{ID}, \mathrm{Name}, \mathrm{Title}, \mathrm{Descp}, \mathrm{Input}, \mathrm{Output}, \mathrm{QoS}\right) \tag{6-16}$$

式中，复合服务的 ID、Name、Title、Descp、Input、Output、QoS 与原子服务一致。复合服务的 Input 参数为组成复合服务的原子服务的外部输入参数的并集，Output 参数是组成复合服务的原子服务的外部输出参数的并集。复合服务可以看作是多个原子服务组合而成的服务链，也可以看作是一个全新的地学任务求解模型，相对于原子服务的处理而言更有针对性和目的性的，如图 6-4 所示。同时，复合服务的概念也与当下推崇的“模型即服务”（model as a service，MaaS）相吻合。

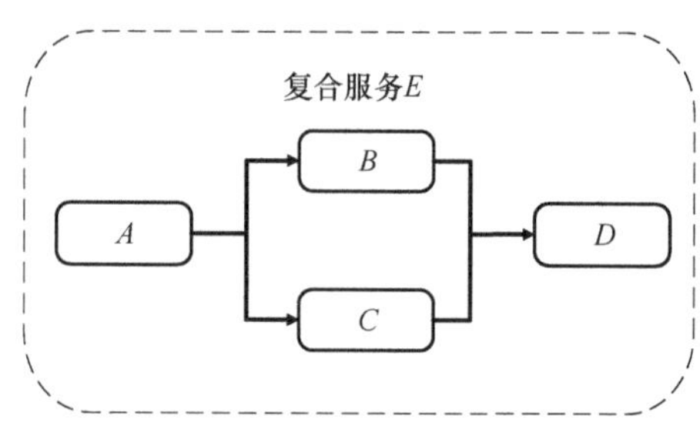

图 6-4　复合服务

具体地理信息服务是真实存在的地理信息服务，分为处理服务和数据服务两种类型。具体地理信息服务通常是使用服务规范进行表达的，对于非标准化的地理信息服务资源，通过服务集成，也可以用规范的方式描述。对于处理服务，包括 WPS 服务、RESTful 服务、SOAP 服务等类型，每一个处理服务一般包含一个或者多个操作，每个操作提供一定的功能；对于数据服务，包括 WFS 服务、WCS 服务等类型，每一个数据服务一般包含一个或者多个数据图层。在本节中，将处理服务简化为只包含一个操作，数据服务简化为只包含一个图层。由具体地理信息服务及其关系形成的网络称为具体地理信息服务层，又细分为数据服务层和处理服务层。

处理服务是提供具体功能的服务，其定义如式（6-17）所示：

$$\text{CGPS}=\left(\text{ID},\text{URL},\text{Name},\text{Title},\text{Descp},\text{Input},\text{Output},\text{Type},\text{Ver},\text{Prov},\text{GCon},\text{QoS},\text{RelCGPSs}\right) \tag{6-17}$$

式中，ID 为处理服务的唯一标识符；URL 为处理服务的链接地址；Name 为处理服务名称；Title 为处理服务标题；Descp 为处理服务描述信息；Input 为处理服务输入的参数集合；Output 为处理服务输出的参数集合；Type 为处理服务的类型，包括 WPS 服务、RESTful 服务、SOAP 服务；Ver 为处理服务的版本；Prov 为处理服务提供者；GCon 为处理服务的约束集合；QoS 为处理服务的服务质量信息；RelCGPSs 为该处理服务引用的处理服务集合，即通过集成多个已有的处理服务，生成一个新的处理服务。

数据服务是提供数据的服务，可以作为处理服务的输入，其定义如式（6-18）所示：

$$\text{CGDS}=\left(\text{ID},\text{URL},\text{Name},\text{Title},\text{Descp},\text{TFeat},\text{SFeat},\text{Type},\text{Ver},\text{Prov},\text{Format},\text{QoS}\right) \tag{6-18}$$

式中，ID 为数据服务的唯一标识符；URL 为数据服务的链接地址；Name 为数据服务名称；Title 为数据服务标题；Descp 为数据服务描述信息；TFeat 为时间特征，包括时间参照、时间、年份、季节、日期等；SFeat 为空间特征，包括空间参照、空间范围等；Type 为数据服务的类型，包括 WFS 服务、WCS 服务、RESTful 服务等；Ver 为数据服务的版本；Prov 为数据服务提供者；Format 为数据服务支持的数据格式；QoS 为数据服务的服务质量信息。

地理信息服务关系是定义良好的二元关系，体现了不同地理信息服务之间的社会化交互关系。地理信息服务关系分为抽象服务之间的关系、抽象服务与处理服务的关系、数据服务与抽象服务的关系，数据服务之间的关系，处理服务之间的关系。

对于抽象服务之间的关系，包括组成关系和协作关系。组成关系（composed-of）表示复合服务由原子服务组成，形式化表达为 composed-of（A，B），其中 A 为复合服务，B 为原子服务。复合服务一般由多个原子服务组成，因此其与原子服务一般存在一对多的关系。如图 6-4 所示的复合服务 E 与组成复合服务的原子服务之间的关系可以表示为 composed-of（E，A），composed-of（E，B），composed-of（E，C），composed-of（E，D）。

对于协作关系，可进一步细分为完全匹配、前驱包含、后继包含、交叉匹配关系，如图 6-5 所示。完全匹配关系是指前驱服务的输出参数与后继服务的输入参数完全匹配，形式化表达为 full-matching（A，B），其中 A 为前驱服务，B 为后继服务。前驱包含关系是指对于后继服务的输入参数，前驱服务的输出参数都可以匹配且有部分参数匹配不到对应的后继服务的输入参数，即前驱服务的输出参数有剩余，相当于前驱服务的输出参数包含后继服务的输入参数，形式化表达为 pre-contain（A，B），其中 A 为前驱服务，B 为后继服务。后继包含关系是指对于前驱服务的输出参数，后继服务的输入参数都可以匹配且有部分参数匹配不到对应的前驱服务的输出参数，即后继服务的输入参数有剩余，相当于后继服务的输入参数包含前驱服务的输出参数，形式化表达为 sub-contain（A，B），其中 A 为前驱服务，B 为后继服务。交叉匹配关系是指对于前驱服务的部分输出参数，后继服务的输入参数可以匹配，且存在前驱服务的部分输出参数、后继服务的输入参数无法匹配；对于后继服务的部分输入参数，前驱服务的输出参数可以匹配，且存在后继服务的部分输入参数、前驱服务的输出参数无法匹配，形式化表达为 cross-matching（A，B）。

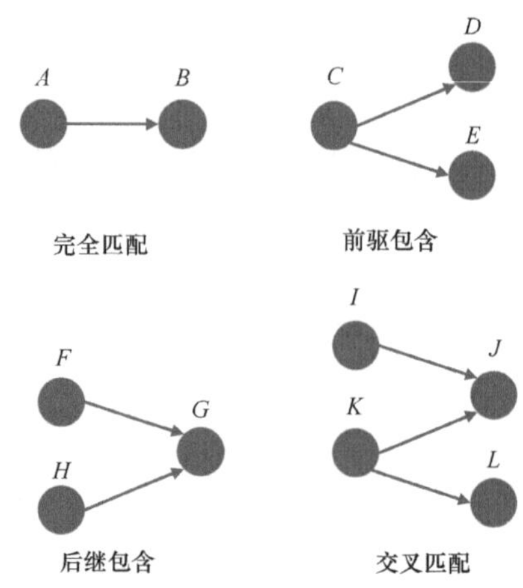

图 6-5　地理信息服务协作关系示意图

抽象服务与处理服务的关系为实现关系，即处理服务是抽象服务的具体实现，抽象服务是具体服务功能的抽象，并不能实现具体的功能，需要绑定具体的处理服务。实现关系形式化表达为 implemented-by（*A*，*B*），其中 *A* 为抽象服务，*B* 为处理服务。抽象服务的功能可以由多个处理服务实现，即存在一对多的关系。例如，implemented-by（*A*，*B*1），implemented-by（*A*，*B*2），implemented-by（*A*，*B*3）表示抽象服务 *A* 由 *B*1、*B*2、*B*3 这三个处理服务组成，即在使用抽象服务 *A* 进行服务组合绑定具体服务时，有三个可选服务。

数据服务与抽象服务的关系为输入关系。在建模阶段，数据服务可以输入抽象服务，将数据服务绑定到抽象服务的输入参数；在服务执行阶段，抽象服务绑定到具体的处理服务，将数据服务输入处理服务中，以完成特定的需求。数据服务与抽象服务的关系形式化表达为 input-by（*A*，*B*），其中 *A* 为抽象服务，*B* 为数据服务。

数据服务之间的最常见的关系是相似关系和拓扑关系，它们分别存在于数据服务的服务层面和数据层面。相似关系，即两个或者多个数据服务提供相似的数据，包括空间相似、时间相似、属性相似、来源相似等，如提供北京的道路数据的 WFS 服务与提供北京道路数据的 RESTful 服务之间存在相似关系，形式化表达为 similarity（*A*，*B*），其中 *A* 为北京道路的 WFS 服务，*A* 为北京道路的 RESTful 服务。拓扑关系则反映了数据间在数据层面上具体的时空关系，具体包括：包含于（within）、包含（contain）、重叠（overlap）、相接（touch）、相离（disjoint）等关系。

处理服务之间的关系包括引用关系、协作关系与相似关系。引用关系是指一个处理服务可以由一个或者多个其他处理服务组成，但是没有明确的链状或者图状的结构表达这些处理服务之间的顺序关系，形式化表达为 reference（*A*，*B*），其中 *A* 为合成的处理服务，*B* 为被引用的处理服务。协作关系是指两个或者多个处理服务共同组成一个处理服务，则这两个或者多个处理服务之间存在协作关系，形式化表达为 collaboration（*A*，*B*，count），其中 *A*、*B* 为两个具有协作关系的处理服务，count 为处理服务协作的次数。相似关系指两个处理服务的功能在语义上相似，形式化表达为 similarity_CGPS（*A*，*B*），其中，*A*、*B* 为两个具有相似关系的处理服务。

地理信息服务推理规则（GSRules）是一组专为地理信息服务关系推理与演算设计的推理规则体系。这些规则旨在提供对地理信息服务节点间关系的识别与推理的支持，从而辅助服务网络的构建。例如，邢华桥（2018）定义了确定地表覆盖变化检测服务中起始服务、后继服务、终点服务，以及数据预处理服务的推理规则，并采用 SWRL 语言进行形式化表达的方法，支持变化检测服务的关系判定和服务网络生成，在变化检测服务链按需生成时，仅在该网络中进行搜索，提高服务的查找效率。

地理信息服务推理规则既包括处理服务的规则，也包括数据服务的规则。通常，推理规则由专家根据研究领域的服务特点制定，且与定义的服务关系密切相关，建立好的推理规则存储于规则库中。6.3.2 节将融入推理规则，讨论地理信息服务网络的构建。

6.3.2 地理信息服务网络的构建

地理信息服务网络的构建是根据地理信息服务之间的关系将地理信息服务联结并组织成网络模型的过程，主要包括抽象服务的生成与地理信息服务关系的构建两个步骤。由于抽象服务是对具体服务的功能的抽象，在现实世界中并不存在，因此需要根据具体的处理服务依据特定的方法进行生成。当抽象服务生成以后，地理信息服务网络中的节点已经具备，需要根据服务节点之间的关系将节点联结起来，从而形成地理信息服务网络。

1. 抽象服务生成

抽象服务分为原子服务与复合服务，原子服务是直接根据处理服务的名称、描述、关键词等相关信息进行生成；复合服务是将原子服务组合成的服务链进行转化而生成。因此，本节将从原子服务生成和复合服务生成两个方面分别进行介绍。

1）原子服务生成

原子服务生成主要是根据具体处理服务的操作名称、关键词、描述信息、输入输出参数生成抽象服务的过程，分为参数级等价判别和操作级等价判别两个过程。

参数级等价判别是依据参数的名称、描述以及数据类型等信息，判别两个参数是否一致，即数据类型是否一致、参数名称是否一致，该过程需要借助于自然语言处理相关技术进行语义相似度的计算，如采用 WordNet 本体词典、TF-IDF、Word2vec 以及最新的预训练语言模型 Bert 等。

操作级等价判别是判断两个操作是否实现同一功能，即判别两个操作的名称、描述信息和输入、输出参数是否一致，主要基于语义相似度算法进行判断（如利用 WordNet 本体词典、TF-IDF、Word2vec 等计算语义相似度）。其中的输入、输出参数是否一致，采用参数级等价判别的方法进行判别。

原子服务生成的具体步骤如下：

（1）原子服务生成的初始状态，将抽象服务集合 AGSSet 置为空，操作集合为 OperSet。

（2）从操作集合 OperSet 中按照顺序抽取一个操作，将其转换为抽象服务的形式并添加到抽象服务集合 AGSSet 中，且将该操作的 ID 添加到该抽象服务的 Opers 集合中。

（3）继续从操作集合 OperSet 中抽取下一个操作，将其与 AGSSet 中的所有抽象服务进行参数级等价判别、操作级等级判别，若为假，则将操作转换为抽象服务的形式并添加到 AGSSet 中，若为真，则将操作的 ID 添加到对应的抽象服务的 Opers 集合中。

（4）重复步骤（3），直到操作集合 OperSet 遍历完成。

2）复合服务生成

复合服务的生成有两种方式：一是将用户构建或上传的服务链转变为复合服务进行存储。为了确保该服务链具有作为复合服务的意义，即该服务链表达的功能具有普遍性和复用价值，需要依据专家经验判断并审核，只有审核通过的服务链才能转变为复合服务，因此该过程一般需要人工介入；二是由系统通过挖掘服务网络的历史记录，自动提炼出服务网络中被经常使用的服务子链来生成复合服务。如图 6-6 所示，尽管右图中（a）~（d）四个服务链并不相同，但都包含“$A \to C \to E$”的串行子链，这表明该子链具有一定的使用价值，也可能出现在未来的地学任务中，因此适合以复合服务的方式呈现。

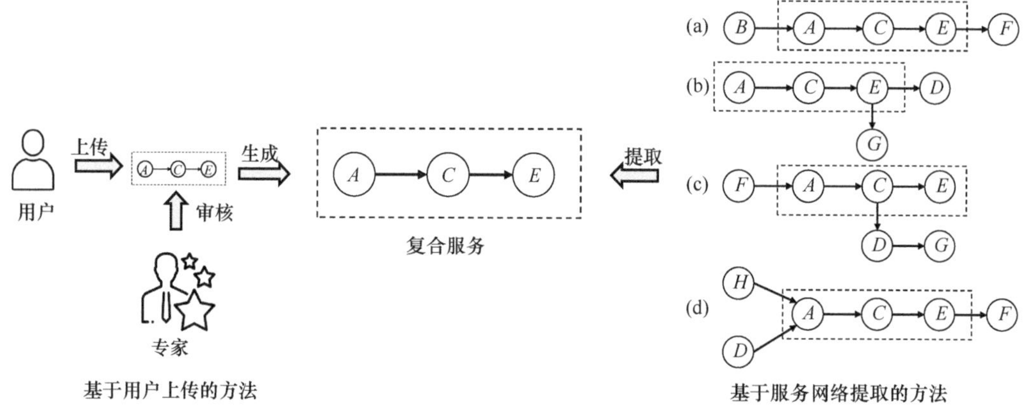

图 6-6　复合服务的生成方式

复合服务生成的过程较为简单，主要通过字段映射的方法进行，其原理是将多个原子服务的参数合并，生成一个全新的服务。具体而言，将服务链的外部输入合并为复合服务的 Input，将服务链的外部输出合并为复合服务的 Output，将服务链包含的原子服务存入 AGSscom，将原子服务之间的关系存入 AGSRscom。

由于复合服务存在于抽象服务层之中，因此使用复合服务同样需要将相应的抽象服务映射到处理服务节点中。该过程有两种方式：第一种方式是在生成复合服务时就将具体的处理服务节点绑定，该方法明确了复合服务的具体组成，复合服务的参数组成稳定，然而当某一个处理服务节点异常时会造成整个复合服务的失效。因此，第二种方式是允许动态选择复合服务关联的处理服务集合，如根据服务质量默认设置每个处理服务，若运行过程中服务出现异常，则根据质量排序选择后一位的处理服务进行替换，该方法保证了复合服务的鲁棒性。

2. 地理信息服务关系构建

由于地理信息服务关系包括抽象服务之间的关系、抽象服务与处理服务的关系、数据服务与抽象服务的关系、数据服务之间的关系、处理服务之间的关系，为了构建地理信息服务网络，需要分别完成这五种关系的构建。

1）抽象服务之间的关系构建

抽象服务之间的关系构建包括组成关系的构建与协作关系的构建两部分内容。组成关系是指复合服务与原子服务之间的关系，其在复合服务生成时已经构建完成，因此抽象服务之间的关系构建主要是协作关系的构建。协作关系的构建主要是通过抽象服务的输入输出参数的名称、描述，参数类型，服务名称、描述等信息构建服务之间的关联关系，分为参数匹配和服务匹配两部分内容。

A. 参数匹配

参数匹配，就是判断两个参数之间是否匹配，即两个参数的类型是否一致、参数的语义相似度是否大于阈值，主要包括以下两个步骤，如图 6-7 所示。

第一步，参数类型判断，即对服务的输入、输出参数的类型进行判断，如果前驱服务的数据类型与后继服务的数据类型一致，即进入下一步，否则即判定为不匹配。抽象服务的参数的数据类型包括复杂类型和简单类型。复杂类型为输入输出数据的格式，如 tiff、shapefile 等，简单类型为具体的数据类型，如 double、int 等。

第二步，语义相似度判断，即根据服务的名称、描述及输入输出参数的名称、描述对数据类型一致的参数进行语义相似度的判断。首先将服务的名称、描述加入参数的描述中，对参数的名称、描述进行预处理，包括分割词汇、删除停用词、词形还原。利用相似度函数计算服务输入、输出参数的相似性，大于阈值的参数关系即匹配。

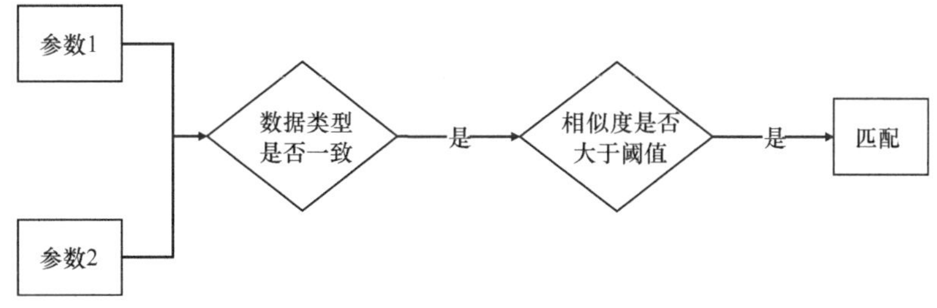

图 6-7 参数匹配

B. 服务匹配

服务匹配，判断两个服务之间是否存在协作关系，包括完全匹配、前驱包含、后继包含与交叉匹配，如图 6-8 所示。协作关系本质上是指一个前驱服务的输出参数集与后继服务的输入参数集之间存在交集，即前驱服务可以在一定程度上驱动后继服务。

对于抽象服务，将前驱抽象服务的输出参数集与后继抽象服务的输入参数集进行参数匹配，即将前驱抽象服务的每个输出参数，分别与后继抽象服务的输入参数进行参数匹配，如果前驱抽象服务的所有输出参数与后继抽象服务的所有输入参数完全一致，即完全匹配；如果前驱抽象服务的所有输出参数包含后继抽象服务的所有输入参数，即前驱包含；如果前驱抽象服务的所有输出参数包含于后继抽象服务的所有输入参数，即后继包含；如果前驱抽象服务的所有输出参数与后继抽象服务的所有输入参数有交集，且排除完全匹配、前驱包含、后继包含，即交叉匹配。

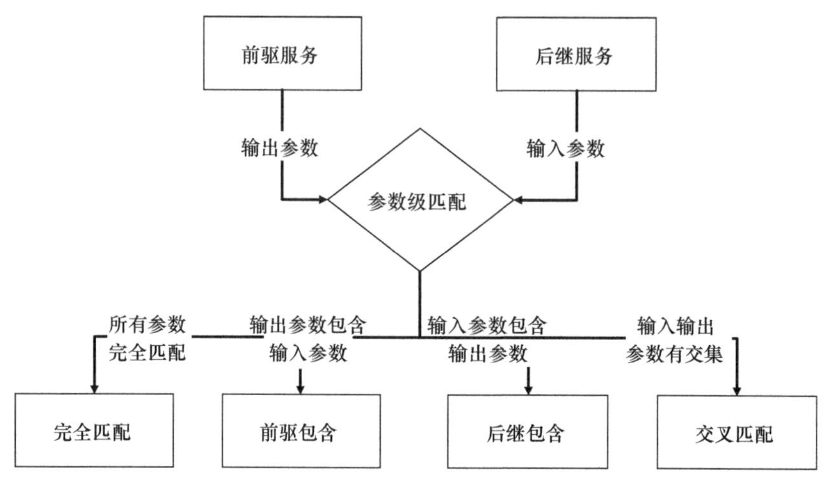

图 6-8　抽象服务匹配

2）抽象服务与处理服务的关系构建

抽象服务与处理服务关系的构建，即将抽象服务链接到对应的处理服务集合，在抽象服务生成时已经构建完成。抽象服务与处理服务关系为实现关系，抽象服务相当于处理服务的索引，当进行服务发现或者服务组合时，优先匹配抽象服务，然后根据抽象服务链接到对应的具体服务。

3）数据服务与抽象服务的关系构建

数据服务与抽象服务的关系为输入关系，即数据服务可以作为处理服务的输入。数据服务与抽象服务关系的构建类似抽象服务关系的构建，首先将数据服务的数据类型与抽象服务的输入参数集进行匹配，如果存在匹配的输入参数集，则将其记录，否则将其判定为不匹配，即该数据服务不能作为处理服务的输入。然后，对数据服务与记录的处理服务的输入参数进行语义相似度的判断，即将数据服务的名称、关键词、描述等信息与抽象服务的名称、关键词、描述以及输入参数的名称、描述等信息进行语义相似度的计算，判断其是否可以作为抽象服务的输入。

4）数据服务之间的关系构建

数据服务之间的关系构建考虑两个层次：一是服务层面的关系，二是数据层面的关系，下面分别对其讨论。

服务层面的关系构建基于服务的语法层和语义层两个层面展开。语法信息是服务的实现部分，规定了服务的描述和语法结构；语义信息是服务的概念部分，用来描述服务内容的含义。基于语义的服务描述中，语法和语义是绑定在一起的，数据本身具有一定的含义。因此，数据服务的服务层面的关系通过语义也反映了数据本身的关系。其中，相似关系是数据服务关系中最常用的关系。相似关系，即两个服务提供的数据相似。例如，"武汉市""武昌区""Wuhan"三个标签在语义上是相似的，这代表着这三个标签的服务至少在空间范围极可能存在相似性。数据服务之间相似关系的构建主要是根据两个数据服务的名称、关键词、描述等信息进行相似度的判断，超过设定阈值的判定为存在相似关系。服务之间语义相似度的判断可以采用自然语言处理领域的相关算法，如借助于本体进行服务之间语义距离的判断，采用深度学习模型对服务的描述进行相似度的判断。此外，也可以采用无监督聚类的方式进行数据服务相似度的判断，即同一个类别的服务之间的关系判定为相似。

数据层面的关系是数据之间的拓扑关系，即包含于（within）、包含（contain）、重叠（overlap）、相接（touch）、相离（disjoint）等关系。当定义好数据对象之间的拓扑关系类型后，进行对象间拓扑关系的建立，该过程包括两个步骤：①分析数据对象和对象之间的内容的时空信息，判断其拓扑关系类型，将两个数据服务相连并建立拓扑关系；②建立拓扑关系推理规则，根据空间对象间已知的拓扑关系，推理出空间对象间未知拓扑关系，该步骤能够完善数据之间的拓扑关系，优化数据服务网络的表达能力。

5）处理服务之间的关系构建

处理服务之间的关系构建包括引用关系的构建与协作关系的构建。引用关系是指一个处理服务由其他处理服务组合而成，但是并没有采用服务链的形式进行表达，只有对其他服务的引用信息。因此，引用关系的构建主要是在服务注册阶段，对处理服务注册时需提交其引用的其他处理服务的信息，如处理服务的 ID、名称等信息，通过对这些信息进行处理，构建该处理服务与其他处理服务之间的引用关系。

协作关系是指两个处理服务被同一个处理服务引用，因此协作关系的构建主要是通过对引用关系的挖掘，从而发现处理服务之间的协作关系。协作关系构建的具体步骤如下：

（1）遍历服务网络中的引用关系，按照合成的处理服务分组，如 reference（*A*1，*B*1）、reference（*A*1，*B*2）、reference（*A*1，*B*3）分为同一组。

（2）对各分组内的被引用的处理服务构建协作关系，即 collaboration（*B*1，*B*2，1）、collaboration（*B*2，*B*3，1）、collaboration（*B*1，*B*3，1）。如果现有的协作关系中已经存在，只需将当前协作关系的 count 与已有的协作关系的 count 求和，如现有协作关系 collaboration（*B*1，*B*2，3），则基于 reference（*A*1，*B*1）、reference（*A*1，*B*2）、reference（*A*1，*B*3）构建的协作关系为 collaboration（*B*1，*B*2，4）、collaboration（*B*2，*B*3，1）、collaboration（*B*1，*B*3，1）。

通过生成抽象服务与构建服务关系，完成了地理信息服务网络的构建，从而形成了地理信息服务的基础设施，可以为地理信息服务的发现、组合与推荐提供基础支撑。直观上看，地理信息服务网络和传统的服务注册中心有相似之处，主要体现在两者都能够对服务在逻辑上进行集成、提高服务组合的效率等。然而，正如前文所言，注册中心只是一个粗粒度的分类，缺少对地理信息服务在数据和操作上关联关系的描述，相比之下，地理信息服务网络能够反映服务之间深层次的隐式信息，包含更为丰富的语义关系。因此可以将地理信息服务网络看作是地理信息服务注册中心的“升级版”。

6.4 本章小结

服务网络是关于服务的基础设施，其包含服务之间丰富的语义关系，相比于服务注册中心，可以更好地辅助服务的发现、组合与推荐。服务网络主要由服务及其之间的语义关系组成，服务网络构建的核心是服务关系的构建，而服务关系的构建主要是借助本体、自然语言处理技术等计算服务之间的关系。关于服务网络的概念模型、构建及分析的相关研究成果，可以作为地理信息服务网络的基础。

本章主要讲述了服务网络以及服务网络在地理信息服务领域的扩展与应用——地理信息服务网络的相关概念、构建方法以及应用。首先，介绍了服务网络的概念模型，即服务网络是一种建立在语义和社会化交互关系基础上的关于服务的基础设施，其可以作为服务发现、组合、推荐的基础。随后，介绍了服务网络的构建流程、分析方法以及在服务发现、组合与推荐方面的应用。最后，介绍了借助于服务网络的相关概念及技术，提出了地理信息服务网络的概念模型以及构建流程。

地理信息服务网络是地理信息服务的基础设施，包含地理信息服务之间丰富的语义关系，借助本体与知识图谱的相关技术，可以对地理信息服务之间的关系进行推理以扩展现有的服务关系。基于地理信息服务网络包含的服务及其之间的关系，可以更加高效地进行地理信息服务的发现、组合、协同以及推荐。

第 7 章　地理信息服务协同

随着研究问题的不断深入、研究领域的不断扩展和处理数据规模的不断增长，地理信息服务使用者对地理信息问题的研究不再局限于针对领域单一或数据规模有限某一特定问题，设计地理信息服务执行流程实现地理问题的求解。对于地理信息服务使用者和研究者而言，他们需要进一步提升地理信息服务组合建模和执行过程的智能化和自动化控制水平，而不是仅通过人工的方法构建流程和处理异常问题；他们需要进一步拓展可使用的地理信息服务范围，而不是局限于常用的与专业相关的某几个服务；他们需要进一步加强和其他领域的研究者的交流来分析处理跨领域的综合性问题；而不是局限于单一领域或独自学习其他领域的专业知识；地理信息服务需要进一步提升自己的处理性能和执行的可靠性，而不是仅作为轻量化的工具或本地化处理的补充。

解决这些问题需要通过探索广泛的地理信息服务协同策略来实现。地理信息服务协同不仅要对各类地理信息服务构建基于领域、语义和逻辑的关联，而且要实现全过程、多角色之间的相互协作，这需要降低服务使用者和服务提供者之间直接沟通的协同成本，提高服务流程执行过程中的智能化构建和异常应对的协同机制，为不同领域的研究者提供无障碍协作建模的协同规范和平台，将网络中的计算资源有机组织起来应对海量地理信息数据的协同调度，从而提高地理信息服务资源的利用效率和研究者对复杂问题的协作研究能力，有效推动地理信息服务技术的跨领域发展和智能化应用。

本章首先概述地理信息服务协同理论体系，阐述了地理信息服务协同的概念和意义，明确本书中的地理信息服务协同的角色包含地理信息服务、服务提供者与各领域的服务使用者以及终端计算资源。在此基础上，将地理信息服务协同进一步细化，分别从地理信息服务的过程协同、对象协同和计算协同三个维度介绍了地理信息服务协同内涵。其中，地理信息服务过程协同介绍了基于网络、工作流、人工智能和模型驱动等理论的智能化地理信息服务集成与建模方法；地理信息服务对象协同介绍了与服务相关的服务提供者、服务调用者以及各领域的研究者等用户之间的协同，阐述了地理信息服务的快速检索、调用和面向过程的地理信息服务协作建模平台设计方法；地理信息服务计算协同阐述了顾及数据空间访问密度的数据服务请求负载均衡与基于任务规模和服务处理能力的去中心化服务调度方法。

7.1　地理信息服务协同概述

7.1.1　地理信息服务协同概念

地理信息服务协同包括“地理信息服务”和“协同”两方面。“地理信息服务”指代的是广义的地理信息服务，即地理信息服务资源，包括地理数据、方法、模型、知识，以及用户群体；“协同”反映的是一个结果，表明多个参与的地理信息服务对象能够高效有序地完成既定的地学任务。

当前，网络技术的发展使得地理问题求解过程中的原本被隔离开来的数据、功能与计算资源、用户（包括资源提供者、使用者，以及不同领域的研究者）之间通过网络直接联系到了一起。因此，地理信息服务协同的本质仍是研究基于地理信息服务的调用和任务建模，通过规范化的沟通与交流、合理的规划与调度，在整个任务流程中，为各类地理信息服务的选择和分配提供智能的选择机制、为不同对象用户提供高效的沟通环境、为各终端的计算资源提供合理的调度策略，使得整个任务流程中的各类角色相互协作，效率最大化地完成任务。

总的来说，地理信息服务协同可以归纳为三类角色之间的协同：地理信息服务、用户群体以及终端计算资源。其中，地理信息服务包含参与协同活动的所有数据服务和服务化的方法域模型；用户群体包括服务提供者、协作者、服务使用者，以及其他参与协同活动的用户对象；终端计算资源则是承载服务的运行环境以及计算资源。这些协同对象相互协作，构成地理信息服务协同活动的全过程。该过程包括地理信息服务协同的三个维度：过程协同、对象协同、计算协同。

过程协同是地理信息服务模型实现的技术支撑，涵盖地理信息服务模型构建、执行和优化的整个生命周期。地理信息服务种类繁多，地理信息服务的协同建模过程是将多个地理信息服务按照一定的任务需求和规则关联起来并执行处理功能，仅通过人工连接的方式挑选、连接和处理异常将非常烦琐，因此实现过程协同需要参考一定的理论方法，提高服务按需集成的智能化与执行控制的自动化水平，同时也提升服务模型执行过程中对异常问题的应对能力。可以看到，地理信息服务组合与过程协同在概念上存在交叉，可以近似认为过程协同是地理信息服务组合优化后的最终体现。因此，研究地理信息服务的过程协同可以从服务组合相关技术体系出发，探索其建模与处理过程的优化方法。

对象协同是地理信息服务调用和模型生成的重要保证。地理信息服务协同建模活动涉及多个协同活动的服务操作对象，包括地理信息服务的提供者和使用者、协作建模的研究者。网络技术建立起服务使用者与提供者、协作建模的研究者之间直接沟通的桥梁，因此对象协同研究的是在网络环境下不同对象之间的相互协作。如何基于服务者的真实意图从已提供的海量的数据资源中获取目标数据、如何让使用者减少服务的使用和学习成本而直接理解服务提供者对服务的功能描述、如何让不同领域的研究者们按照一定的规范根据引导完成协作建模任务，是服务对象协同的主要内容。

计算协同是地理信息服务模型执行的必要条件。计算协同的对象是终端计算资源，其目标是保证任务的高效执行。在地理信息服务协同建模活动过程中，计算协同主要关注的是针对海量的地理数据资源、高并发的地理数据请求以及各节点的处理能力动态分配处理任务，提高整体的运行效率，从而获得更好的用户体验。具体表现在：在数据请求场景中，根据请求访问密度分配响应请求的服务器，使得各服务器承载的数据请求尽可能均衡；在调用处理服务处理数据的场景中，根据各个服务节点的处理能力动态分配处理任务。

7.1.2　地理信息服务协同的意义

随着网络与地理信息系统相关技术的发展，网络上的地理信息服务资源不断丰富，基于云平台的计算能力不断提高，跨领域学科之间的交流不断增强。然而，在这种趋势下，地理信息领域的服务用户、服务资源和计算资源之间并没有实现完全的协作，使得地理信息服务的利用效率不能得到最大化。这主要是由于当前的地理信息服务及相关资源仍存在资源分散、专业性强和异构特征显著等问题。其中，资源的分散体现在地理信息服务的数据服务资源、处理服务资源和计算资源分布过于分散，导致在使用网络上的地理信息服务设计模型时难以构建统一的建模环境；专业性强体现在地理信息服务的区域性、领域性和尺度性，受限于领域知识的多样性，用户难以理解其他领域的数据服务信息和处理服务功能，阻碍了问题分析的普适性认知和交流；异构特征显著体现在地理信息服务调用时的编程语言异构、运行环境异构和执行方式异构，造成了已有的服务建模知识和建模成果难以复用。

针对当前存在的问题，地理信息服务协同的意义可归纳为四个方面：知识层面的无壁垒交流、资源层面的无浪费调用、用户层面的无障碍协作和应用层面的无差异整合。通过地理信息服务的过程协同、对象协同和计算协同，将网络上分散的数据服务资源、处理服务资源和计算资源关联起来，按需调度，为生成更强大问题处理能力打下资源基础；简化服务提供者和服务使用者之间的交流成本，使得处理服务使用者能够剔除不必要的计算机与网络技术相关的信息，仅着眼于服务提供者对处理服务的设计意图，同时使得数据服务提供者能够充分识别使用者的检索意图；规范和引导不同领域的研究者的协作建模流程，减少跨领域交流的学习成本和时间成本；智能监控和调度服务计算资源，提高处理的效率和可靠性。通过对全流程协作的各个环节的打通，最终提升地理信息服务应用的广泛性、智能性和高效性。

7.2　地理信息服务过程协同

地理信息服务过程协同主要研究服务建模和服务执行两个过程。因此，地理信息服务过程协同主要通过地理信息服务集成建模与执行过程控制实现。该过程涉及两种类型的服务：抽象服务和具体服务。抽象服务具有服务接口及接口参数的描述，不具有具体的访问地址和访问协议，抽象服务包含该服务节点的功能描述，但不是可以执行的服务，因此由抽象服务组成的服务链也是不可执行的抽象服务链。具体服务是抽象服务的实例，具有可执行的功能，实现了抽象服务中定义的接口，具有具体的访问地址，可以通过指定的访问协议访问。由具体服务组成的服务链是可执行的具体服务链。通过地理信息服务集成与建模得到的抽象服务链只关注服务链的功能和业务流程，而具体服务链关注服务链的执行和结果。从抽象服务链转换成可执行的具体的服务链需要通过前文中描述的地理信息服务匹配和推理过程，生成功能满足需求、逻辑符合专业要求的地理信息具体服务链。

在地理信息服务过程协同的活动中，用户不需要关注服务组合的具体实现或服务执行的异常处理，只需要关注待解决问题的初始条件和预期结果，因此地理信息服务过程协同是一个高度抽象的过程，加深了研究人员对服务和服务组合的认知，降低了服务组合过程的复杂性，简化了研究人员与服务的交互，提高了服务的利用效率，有利于复杂地理信息问题的解决。同时，通过过程协同得到的服务集成模板可以根据不同的条件动态地实例化为不同的服务组合实例，具有很高的重用性，因此地理信息服务过程协同的实现，对于提高地理信息服务的重用率和互操作性以及推动地理信息服务组合向智能化方向扩展都具有重要意义。

为实现地理信息服务的过程协同，通用领域的服务集成建模与过程控制方法已被引入地理信息服务相关领域中，当前常用的地理信息服务集成建模方法主要有基于服务网络的方法、基于工作流的方法、基于人工智能规划的方法和基于模型驱动的方法。

7.2.1 基于服务网络的方法

地理信息服务网络是将地理信息服务数据资源、处理资源作为服务节点，它们之间的关系作为边构建的一个语义丰富的网络结构，其本质上是一个由节点和边组成的图，包含服务之间的语义关系，可以应用于服务的发现、推荐以及组合。因此，在服务建模过程中，就能够根据地理信息服务之间多维度的关联关系构建服务关联网络，然后从网络中提取可执行路径；在服务执行控制过程中也可以根据构建好的网络关系进行等价替换，实现服务的过程协同。

目前基于服务网络的服务组合主要有基于图搜索的方法、基于组合优化的方法等。基于图搜索的方法将服务组合问题转化为图搜索问题，分为基于前向搜索的组合方法、基于后向搜索的组合方法和基于双向搜索的组合方法。基于组合优化的方法将服务组合问题转化为组合优化问题，将服务网络作为搜索空间，将服务的输入、输出等作为约束条件，将服务组合需求作为目标状态，通过基于组合优化的方法找到满足用户组合需求的最优解。常用的基于组合优化的方法包括基于群体智能优化的方法、基于流程规划的方法等。

基于图搜索的方法的本质是将服务网络看作一个图、服务看作图的节点、服务关系看作图的边，采用图搜索的方法将服务组合问题转化为图上的路径搜索问题。其中，基于前向搜索的组合方法是以服务组合目标为驱动，以满足用户输入参数的初始化的服务组合方案，并通过将其他服务的输入参数与当前服务的输出参数匹配、其他服务的输出参数与用户的需求匹配的方式扩展服务组合方案，直到得到满足用户需求的服务组合方案或提示无符合要求的组合方案（Oh et al.，2006）。

基于后向搜索的组合方法与基于前向搜索的组合方法的搜索方向相反，即从满足服务组合需求的目标参数的服务开始，通过将其他服务的输出参数与当前服务的输入参数匹配、其他服务的输入参数与用户的输入参数匹配的方式扩展服务组合方案。通常基于后向搜索的组合方法相比于基于前向搜索的组合方法更加高效，原因是其从服务组合的目标出发，不允许对构成服务组合方案无意义的扩展（Tang et al.，2008）。

基于双向搜索的组合方法通常采用启发式的搜索方法，从前向和后向同时进行搜索，并利用平衡优化性能和收敛性能的成本优化策略来搜索最优组合。基于双向搜索的组合方法从前向和后向两个方向进行目标搜索，结合了前向搜索和后向搜索的优势，通常来说效率更高（Ukey et al.，2010）。

基于组合优化的方法的本质是在服务网络的搜索空间中，在服务的输入、输出参数的约束下，找到满足服务组合需求的最优方案。基于群体智能优化的方法是采用群体智能优化的方法找到最优的服务组合方案。群体智能优化算法（swarm intelligence optimization algorithm）是一类常用的人工智能算法，其基本理论是模拟自然界中鱼群、鸟群、蜂群、狼群和细菌群等动物群体的行为，利用群体间的信息交流与协作，通过简单有限的个体间的互动进行优化的算法。常用的群体智能优化算法包括蚁群优化（ant colony optimization，ACO）算法、粒子群优化（particle swarm optimization，PSO）算法、烟花算法（fireworks algorithm，FWA）、萤火虫算法（firefly algorithm，FA）、布谷鸟搜索（cuckoo search，CS）算法、头脑风暴优化（brain storm optimization，BSO）算法、水波优化（water wave optimization，WWO）算法、灰狼优化（grey wolf optimizer，GWO）算法等。其常见的应用包括寻找函数最优值、求解旅行商问题、武器目标分配问题、多处理机调度问题、有依赖的优化问题和作业调度问题等。在服务组合领域，王忠杰等（2015）采用人工蜂群算法（artificial bee colony algorithm，ABC）进行服务组合优化的求解，其将局部搜索和全局搜索相结合，具有根据优化效果停止迭代的能力，且取得了良好的效果。

基于流程规划的方法主要是采用人工智能规划的方法，在服务网络的空间中进行搜索，以找到满足用户需求的最优的服务组合方案。Hatzi 等（2015）提出了一种处理服务在语义（OWL-S ＆ SAWSDL）和非语义（WSDL）描述下的统一的、语义感知的方法，针对语义描述的服务采用本体分析的方法增强其语义描述，针对非语义描述的服务采用外部的词典获得其语义信息，利用提出的概念相似性度量服务的语义相似程度，最后采用人工智能规划的方法进行服务的自动化组合。

7.2.2　基于工作流的方法

工作流技术是 20 世纪在工业自动化过程中产生的一种计算机技术，主要用于业务流程的自动化或半自动化管理。伴随工作流技术广泛应用，其已经成为计算机领域发展最为迅速的技术之一。由于工作流技术已经比较成熟，相关的应用也比较多，因此基于工作流的服务组合建模是目前比较通用、可行的建模方法。工作流和 GIS 相结合的研究在国外最早出现在 20 世纪 90 年代末。Weske 等（1998）明确提出了 Geo-Workflow 的概念，详细阐述了工作流和空间应用的关系，以及将工作流管理系统应用到地理研究领域的方法，最后在一个支持科学工作流的管理系统地理工作流支持科学应用的工作流架构（workflow-based architecture support scientific application，WASA）的基础上提出了对空间应用的支持策略，在 WASA 的基础上完成了一部分空间建模和自动执行的工作。

地理信息服务集成与建模是基于通用协议和技术实现的分布式环境下异构系统、异质数据之间互操作的解决方案，并能实现与其他行业应用系统的集成。但地理信息服务集成的可视化表达模型和流程化自动处理能力不强，难以支持服务链执行的追踪和监控。工作流技术作为流程自动化处理的主流技术相对成熟，尤其在可视化流程表达模型方面，并且实现了业务逻辑与应用逻辑的分离，能适应业务的快速变化。因此，地理信息服务的集成与建模可以借鉴经典工作流方法来构建服务集成模型，构建地理信息服务的组合流程，并能适应业务需求的快速变化。

活动、控制流和数据流是工作流建模中的基本元素，应用在地理信息服务集成建模中，活动对应于由组件服务执行的某个操作，控制流描述活动之间的依赖关系，对应的是组件服务执行的操作之间的时序关系，数据流描述活动之间的数据传递，对应的是组件服务之间的数据交换关系。工作流技术的最大优点是实现了应用逻辑和业务逻辑的分离，在业务逻辑的建立过程中可以不考虑应用和资源的异构性。工作流模型虽然在逻辑上屏蔽了不同资源的异构性，但是没有解决分布式异构环境中资源的互操作问题，而地理信息服务提供了对分布式异构资源的互操作能力，地理信息服务集成模式的平台无关的技术特点，使得异构平台上的应用集成实现更加容易，地理信息服务集成使用通用的协议和技术，如工业标准 HTTP、SOAP、XML 等，实现了异构软硬件平台下的系统和数据互操作，因此工作流技术和地理信息服务的结合提供了逻辑和应用两个层面的互操作，两者的结合实现了业务逻辑与应用逻辑的分离、服务链执行的追踪与监控、分布式环境下的互操作。同时，工作流技术实现了对服务运行的协调、监控和管理，为地理信息服务的集成与建模提供了可行、有效的方案。因此，地理信息服务集成与建模的方法、框架在一定程度上可以参考工作流相关技术来进行设计（刘书雷，2006）。地理信息服务集成和建模与工作流技术的结合，综合了工作流技术的业务与应用分离特性和地理信息服务的异构互操作简单性，同时利用地理信息服务跨网络数据处理能力实现了地理信息数据的处理。以上两者的结合拓展了 GIS 应用，使得研究者利用地理信息服务来实现地理问题的求解的交互更加简单。

基于工作流的组合建模中通常采用特定的工作流描述方法详细指明流程中设计的服务及各服务间的控制流和数据流。比较典型的工作流描述方法有 BPML、WSFL、BPEL 和 Petri 网等，近年来 BPMN 也得到了越来越广泛的应用。下面以 BPEL、BPMN 和 Petri 网技术为例介绍基于流程的服务组合建模。

1. 基于 BPEL 的服集成与建模方法

业务过程执行语言（BPEL）是 IBM 的 WSFL 和 Microsoft 的 XLANG 的结合物，WSFL 支持图形化的流程，而 XLANG 在结构化构造方面有独到的方法，而 BPEL 正是吸取了两者的优点，同时摒弃了一些复杂烦琐的部分，形成了一种较为自然地描述商业活动的抽象高级语言。

BPEL 本质上是一种流程描述语言，同时也是实现层面的编程语言 （宋巍，2010）。BPEL 提供完整的用于描述业务流程逻辑行为的基本活动和结构化活动模型方法，可汇集多个网络服务成为一个或者多个网络服务组合模型。它将网络服务组合描述为一个有向图，顶点代表网络服务，边代表服务之间的依赖关系。这种依赖关系的运行语义可以在 BPEL 文档中指定。BPEL 利用 WSDL 文档中的端口类型来描述网络服务组合需要什么样的服务以及服务如何工作。合作伙伴的端口描述信息可以在运行时指定，以便合作伙伴的角色可以在运行时动态指定（王金传，2019）。BPEL 描述基于网络服务的工作流模型，主要实现网络服务交互操作的模型表达。在 SOA 框架支持下，一方面 BPEL 程序需要获取来自服务提供者对所发布服务的 WSDL 信息，另一方面则需要根据用户需求制定业务流程定义，描述多个服务在业务流程中的执行顺序，实现单独服务通过组合方式生成服务链。BPEL 定义网络服务执行顺序的过程可以表达为如图 7-1 所示的过程，BPEL 用于描述一个业务过程，然后通过调用外部服务来实现业务中的每个活动。

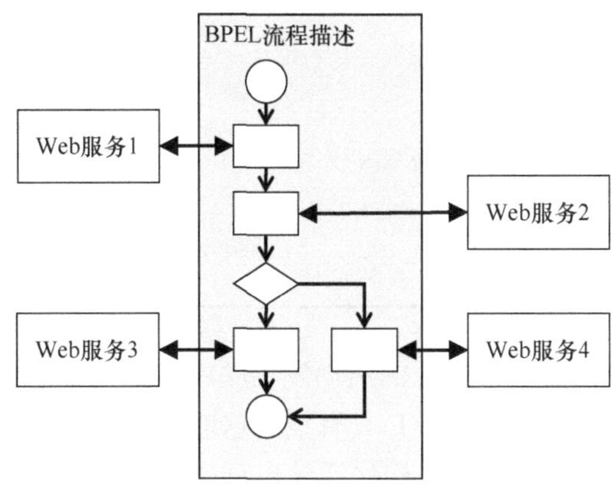

图 7-1　BPEL 建模过程示意图

BPEL 中的网络服务交互以两种方式描述：①可执行的业务流程，即研究者实际执行的业务流程的模型；②抽象业务流程，定义业务协议角色，抽象流程仅处理有关业务协议的数据，BPEL 将有关业务协议的数据标识为消息属性。此外，抽象流程可以使用不确定的数值来隐藏行为的私有部分。BPEL 中抽象流程和可执行流程之间基本概念模型的连续性，使得包含在业务协议中的公共部分作为流程或角色模板进行输入和输出成为可能，而且同时保持协议的目的和结构。这两种模型都具有描述性作用，并且具有多个可能的实例。

BPEL 的 10 个原始设计目标是：定义与网络服务操作交互的业务流程；定义使用基于 XML 的语言的业务流程；定义一组网络服务编排概念，供业务流程的抽象视图和可执行视图使用；提供并实施分层和类似图形的控制机制；根据需要提供数据操作以定义过程数据和控制流；支持合作伙伴定义的流程实例的识别方法，同时认识到它们可能会发生变化；支持流程实例的隐式创建和终止；基于成熟的技术定义长期运行的事务模型；使用基于网络的服务作为流程分解和组装的模型；建立在网络服务标准之上。

BPEL 描述业务流程实现一个工作流建模，BPEL 需要定义网络服务之间的活动，以及如何实现参与业务流程中所有服务的调用。BPEL 提供一系列活动与过程控件的定义来完成。

1）*活动*

BPEL 为业务逻辑的表达定义了丰富的活动，活动可以看作是流程中的一个步骤。根据活动在流程中的复杂程度可以分成两种类型：基本活动（简单活动）和结构化活动

（复杂活动）。基本活动被用来描述业务过程中最简单的步骤，包括变量赋值、调用伙伴链接、接收请求、获得响应、异常控制、空操作、等待、退出等。基本活动可以被嵌套在结构化活动中，其是一个 BPEL 流程中最小的最简单的组成部分。表 7-1 列出了 BPEL 基本活动的名称以及每个活动的功能描述。

表 7-1　BPEL 基本活动

活动名称	功能描述
<assign>	变量赋值操作，用来传入参数
<invoke>	服务调用操作，用于调用伙伴链接
<catchfault><catchall><throw>	错误异常捕捉与抛出操作
<receive>	业务流程起点，接收请求
<reply>	业务流程终点，获得响应结果
<wait>	等待一段时间或等到某一时刻
<empty>	空操作，用于并行活动同步
<exit>	立刻中止业务流程

按照基于服务的业务流程，常见的活动发生顺序结构包括串行结构、选择结构、判断结构、循环结构等。这就需要 BPEL 具有描述这些复杂活动过程的能力。结构化活动控制着所有活动的执行顺序，并且结构化活动也可作为一个独立的活动嵌入其他更为复杂的活动中。表 7-2 列出了 BPEL 结构化活动的名称以及每个活动的功能描述。

表 7-2　BPEL 结构化活动

活动名称	功能描述
<while>	while 循环控制操作
<for Each>	循环遍历操作
<flow>	并行执行结构
<sequence>	顺序（串行）执行结构
<if>	条件判断结构
<pick>	当达到某一条件（消息或时间）时执行的结构

2）过程控件

业务流程是用来完成对某一实物处理的过程，在一个业务流程中，需要由容器来装载某个实体，在 BPEL 描述中被定义为过程控件。在服务链构建过程中，过程控件需要实现对参数变量、服务实体、消息等内容开辟存储空间，这个过程类似于编程中对变量的声明。BPEL 过程控件包括变量（variables）、伙伴链接（partner link）、相关集、作用域（scope）、故障异常处理器等，它们构成了完整的业务流程。变量是 BPEL 中用来存储过程中参数及数据的容器。和常用编程语言中对变量的定义一致，变量需要唯一的名称和指定的类型。对于复杂的数据结构，BPEL 支持的三种变量为：WSDL 中的消息类型、XML Schema 结构中的简单类型和元素。伙伴链接实现的是以 WSDL 描述的网络服务之间的交互。当在 BPEL 的步骤中需要调用一个服务来完成相关操作时，伙伴链接用来填充该服务，因此伙伴链接其实也是一种用来描述服务的变量，但伙伴链接需要从一个服务的 WSDL 描述中解析出服务的输入与输出参数，然后对应 WSDL 中的数据类型，实现多个服务消息传递。基于变量和伙伴链接这两个过程控件，BPEL 可以完成大多数网络服务参与的业务流程建模过程。在这个基础上，为了保证 BPEL 的稳定性和安全性，相关集用来标识一个 BPEL 流程实例，作用域隔离了不同活动区域内的变量、相关集、消息等，故障异常处理器用来捕捉 BPEL 故障和异常。

3）Apache ODE 执行引擎

基于 BPEL 的工作流管理系统中一个核心模块是工作流执行引擎，常用的开源执行引擎以 Apache 公司的编排指导引擎（orchestration director engine，ODE）为主。Apache ODE 是基于 Java 语言开发的面向 BPEL 流程描述语言的开源工作流引擎。其主要功能是解析用户定义的 BPEL 业务流程，然后实现调用外部网络服务，并且在这个过程中实时地进行消息监听和异常错误捕捉。如图 7-2 所示，Apache ODE 框架的主要模块包括 BPEL 编译器、ODE BPEL 运行时引擎、ODE 数据访问对象 DAOs 和 ODE 集成层。ODE 框架中包含对 BPEL 业务流程解析与执行的完整过程。业务流程以 BPEL 描述文档被发送至 ODE 引擎，首先通过 ODE 的编译器组件实现对业务流程的解析，将其转成可以被 BPEL 运行时引擎执行的文件，然后依赖 ODE 数据访问对象实现持久化，保证 BPEL 运行时引擎稳定执行，外部网络服务通过 ODE 集成层保持与内部逻辑的通信。通过对 ODE 框架的分析可知，Apache ODE 是一个优秀的 BPEL 工作流引擎，实现了业务流程自动化管理的工作。并且，Apache ODE 执行引擎对最新的 WSDL 2.0 和 BPEL 2.0 等服务标准提供支持，简单的结构设计和丰富的文档描述十分有利于和其他应用系统集成。但是可以注意到，ODE 框架中并没有提供可视化设计 BPEL 业务流程的编辑器，BPEL 文档需要来自其他程序，同时，Apache ODE 的官方网站也已停止更新和维护。

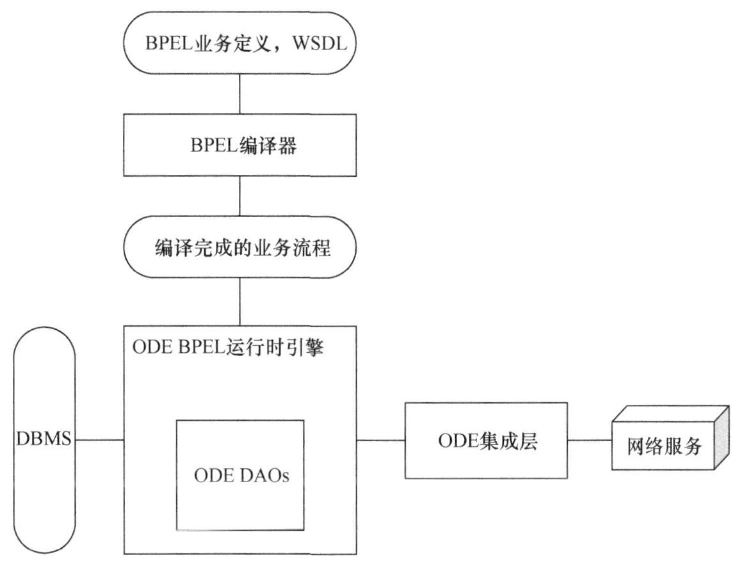

图 7-2　Apache ODE 框架图

2. 基于 BPMN 的服务集成与建模方法

在工业界，业务流建模与标记（BPMN）语言是业界普遍认可的一种概念级工作流建模标记语言，由对象管理组织（Object Management Group，OMG）制订和维护，由于 BPMN 1.0 规范广受欢迎，OMG 组织于 2011 年 1 月发布 BPMN 2.0 规范，BPMN2.0 版本则继承了 1.0 版本的内容，并且注重流程执行语法和标准交换格式。OMG 组织致力于维护 BPMN 规范的两个目标，即①流程的可迁移性：BPMN 2.0 规范定义了业务流程的符号以及模型，并且为流程定义设定了转换格式，目的是让流程的定义实现可移植性，那么用户可以在不同的供应商环境中定义流程，并且这些流程可以移植到其他遵守 BPMN2.0 规范的供应商环境中。②解决简单和复杂的平衡：BPMN 想要在解决流程设计和复杂需求中间寻找一个平衡点，可以让非技术人员建立简单并且易懂的业务流程模型，同时可以处理高度复杂的业务流程，因此要解决这两个矛盾的要求，需要在 BPMN 规范中定义标准的图形和符号。与 BPEL 不同的是，它不是一种执行语言，而是用于不同角色、领域和知识背景的非专业人员和流程设计者间共享、交流有关流程设计思想和经验的通用图元模型。作为流程标注语言，与传统的流程图的区别在于，BPMN 是一个正式的规范，各种图标、元件都有准确的含义和使用规范，同时，BPMN 可以描述基于事件触发的行为，如响应超时、外部系统无法提供服务等。作为工作流建模语言，BPMN 和 BPEL 有很多共同之处，BPEL 专注于底层执行环境，而 BPMN 的优势在于可视化的建模，允许非领域的专家交互和理解模型。BPMN 解决方案允许用户通过直观的图形界面将服务操作构建为复杂的流程。

BPMN 的开发旨在减少众多已存在的业务建模工具和流程记录工具之间的断层。BPMN 的标准化组织通过吸取许多已经存在的专业工具及相关经验，形成了一套标准的标记语言。而一个好的、易用的、标准的建模标记语言，建模者和业务流程之间是混乱的。由于 BPMN 中提供了标准化的图形表示法，用图表示的工作流提供了用户和建模者之间的语义互操作性。图和 XML 编码可以作为元数据共享，具有与其他服务互操作的可能性。从用户的角度来看，BPEL 没有一个标准化的图形符号来表示它的流程，这常常会造成一定的割裂，因为不同的组织经常创建自己的流程。与此相反，BPMN 是标准化的，包含易于识别的流程，使建模者能够基于 BPMN 编写跨系统的工作流。

BPMN 基于一套较小规模的图形要素使用简单的图形来建模，这将使得业务流程的使用者和建模者都能够更好地理解业务流程，如图 7-3 所示。它的五种基本要素如下：

1）流对象

流对象（flow object）是定义业务流程的主要图形元素，是 BPMN 的主要描述对象，主要有三种流对象：事件（event）、活动（activity）和网关（gateway）。

事件以圆环表示，指业务流程中发生的事情，包含开始事件（start event，作为流程的触发器，表示一个业务流程或一个业务编排的开始）、结束事件（end event，表现流程的结果，表示一个业务流程或一个业务编排的结束）和中间事件（intermediate event，

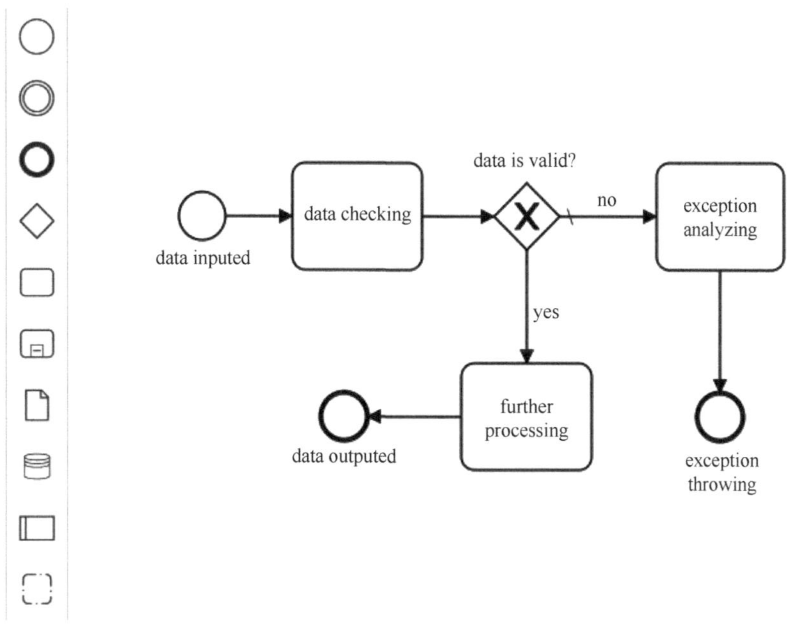

图 7-3　一个简单的 BPMN 工作流建模示例

表示发生在开始和结束事件之间的事件，影响处理流程），开始事件和一些中间事件具有定义事件原因的“触发器”，结束事件可以定义作为序列流路径结束的“结果”，开始事件只能对触发器做出反应。结束事件只能创建（抛出）结果，中间事件可以捕获或抛出触发器。

活动用圆角矩形表示，并描述必须做的工作的种类，包含任务（task，包含在流程中无法被分解为更深层次的流程级别的原子活动）、子流程（sub-process，包含在流程或编排中的复合活动，可以分解为更细粒度级别的流程或编排）和编排任务（choreography task，表示一个或多个消息交换的集合。每个编排任务涉及两个参与者）。

网关用菱形表示，用于表示顺序流程和编排中序列流的发散和收敛，它将决定路径的分支、分叉、合并和连接。其内部标记将指示行为控制的类型，控制类型包括：排他型（exclusive）、包容型（inclusive）、复杂型（complex）、并行型（parallel）、基于事件型（event-based）和基于并行事件型（parallel event-base）网关。每种类型的控件都会影响传入和传出流。BPMN 的事件、活动和网关示意图如图 7-4 所示。

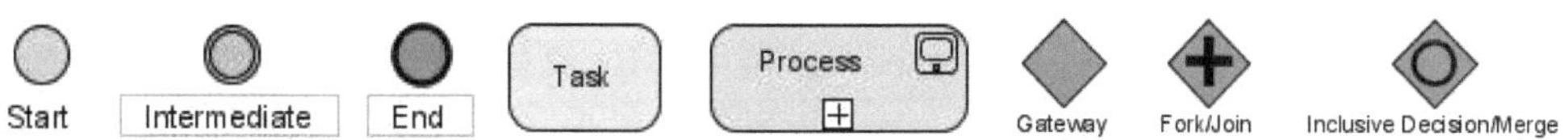

图 7-4　BPMN 的事件、活动和网关

2）数据

数据（data）对象提供有关需要执行的活动中需要或产生的数据，数据对象可以表示单个数据对象或数据对象集合。数据输入和数据输出为流程提供相同的信息。

3）工件

工件（artifact）用于提供关于流程的附加信息，通过这一方式，使模型和流程更具有可读性，包含组（group）和文本注释（text annotation）两类。其中，组是同一类别内的图形元素的分组，是在图表上直观显示对象类别的一种方式，这种类型的分组不影响组内的序列流，类别名称在关系图上显示为组标签，类别可用于文档或分析目的；文本注释是一个供建模者给图形元素增加额外文本说明的机制。

4）泳道

泳道（swimlane）是一个图形化容器，用于将一组活动与其他活动分开，实现对活动的组织或分类。在 BPMN 中有池（pool）和道（lane）两种类型。其中，池是协作中参与者的图形表示，用于将进程从其他池/参与者中分离出来，一个池可容纳一个或多个道；道用于组织和分类池中的活动的分区，包含流对象、连接对象和工件。

5）连接对象

流对象通过连接对象（connecting object）互相连接。连接对象包含三种类型：顺序流（sequence flow）、信息流（message flow）和关联（association）。其中，顺序流表示活动的执行顺序；信息流表示两个参与者之间准备发送和接收的信息；关联用于将信息和工件与图形元素链接。如果有箭头，则表示流向（如数据流向），如图 7-5 所示。

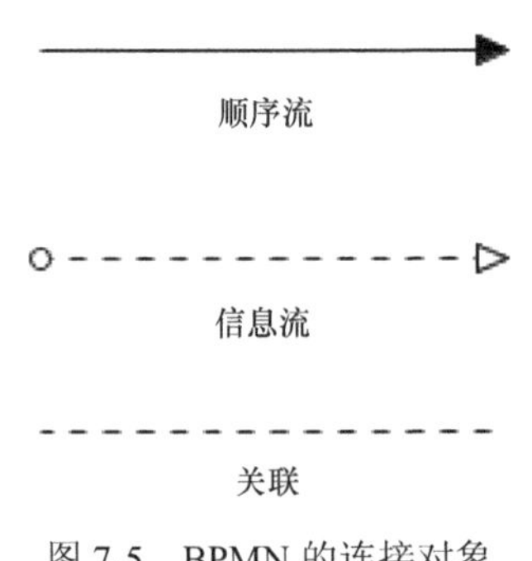

图 7-5　BPMN 的连接对象

当前常用的 BPMN 建模方法是基于 Bpmn.js 框架在网页端实现模型的构建。Bpmn.js 是由 Camunda 团队研发的一个基于 BPMN 2.0 规范的渲染工具包和 web 建模器，可以支持在浏览器中创建、嵌入和扩展 BPMN 流程图，该工具包采用 JavaScript 编写，包含一个基础的查看器与一个可拓展的建模器，可以嵌入任何 web 应用程序中（基础使用详见 https://demo.bpmn.io/s/start）。Bpmn.js 内部依赖 diagram.js 和 bpmn-moddle，其中 diagram.js 是一个用于在 web 应用程序上显示和修改图表的工具集合，它允许我们渲染可见元素并在此基础上提供交互。此外，diagram.js 还为图形元素及其关系定义了一个数据模型。bpmn-moddle 涵盖 BPMN 2.0 标准中定义的 BPMN 2.0 元模型。它允许我们读取和生成符合 BPMN 2.0 规范的 XML 文档，并访问图表上绘制的形状和连接背后的 BPMN 相关信息。将 diagram.js 与 bpmn module 结合到一起，再添加 BPMN 规范对应的元素类型与元素形状和相关规则，就得到了 Bpmn.js。当我们导入 BPMN 2.0 文档（通常文件后缀是.xml 或者.bpmn）时，BPMN 模块会将其从 XML 解析到对象树中。bpmn.js 会根据解析得到的对象树将所有元素和连线呈现在画布中，对 BPMN 进行编辑时，各元素的属性信息会保存在对应的对象中，当需要导出流程图时，BPMN 模块会生成流程图的图片（后缀为.svg）和 BPMN 2.0 文档，文档中除了基本元素的结构信息和位置信息外，还包含编辑的属性信息。例如，图 7-3 对应的 BPMN 文档如图 7-6 所示，导出的 BPMN 文档可以在任意 BPMN 平台中恢复为 BPMN 流程图。通过在编辑窗口中为各个执行节点绑定抽象或具体的地理信息服务信息，设置地理信息服务之间的连接关系和数据流向，可以实现可视化的地理信息服务集成与建模，同时建模信息的图形与文档相互转换的能力，也有助于不同的研究者对模型的理解与共享。


```xml
<process id="Process_1" isExecutable="false">
  <startEvent id="StartEvent_1y45yut" name="data inputed">
    <outgoing>SequenceFlow_0h21x7r</outgoing>
  </startEvent>
  <task id="Task_1hcentk" name="data checking">
    <incoming>SequenceFlow_0h21x7r</incoming>
    <outgoing>SequenceFlow_0wnb4ke</outgoing>
  </task>
  <sequenceFlow id="SequenceFlow_0h21x7r" sourceRef="StartEvent_1y45yut" targetRef="Task_1hcentk" />
  <exclusiveGateway id="ExclusiveGateway_15hu1pt" name="data is valid?" default="Flow_0rua3a3">
    <incoming>SequenceFlow_0wnb4ke</incoming>
    <outgoing>Flow_00jdliy</outgoing>
    <outgoing>Flow_0rua3a3</outgoing>
  </exclusiveGateway>
  <sequenceFlow id="SequenceFlow_0wnb4ke" sourceRef="Task_1hcentk" targetRef="ExclusiveGateway_15hu1pt" />
  <task id="Activity_1yv6rfm" name="further processing">
  <sequenceFlow id="Flow_00jdliy" name="yes" sourceRef="ExclusiveGateway_15hu1pt" targetRef="Activity_1yv6rfm" />
  <endEvent id="Event_1mh6g9s" name="data outputed">
    <incoming>Flow_0jjl9su</incoming>
  </endEvent>
  <sequenceFlow id="Flow_0jjl9su" sourceRef="Activity_1yv6rfm" targetRef="Event_1mh6g9s" />
  <task id="Activity_0uygbt8" name="exception analyzing">
  <sequenceFlow id="Flow_0rua3a3" name="no" sourceRef="ExclusiveGateway_15hu1pt" targetRef="Activity_0uygbt8" />
  <endEvent id="Event_13pltc7" name="exceptions throwing">
  <sequenceFlow id="Flow_1k1b19j" sourceRef="Activity_0uygbt8" targetRef="Event_13pltc7" />
</process>
<bpmndi:BPMNDiagram id="BpmnDiagram_1">
  <bpmndi:BPMNPlane id="BpmnPlane_1" bpmnElement="Process_1">
    <bpmndi:BPMNEdge id="SequenceFlow_0wnb4ke_di" bpmnElement="SequenceFlow_0wnb4ke">
      <omgdi:waypoint x="340" y="120" />
      <omgdi:waypoint x="395" y="120" />
    </bpmndi:BPMNEdge>
    <bpmndi:BPMNEdge id="SequenceFlow_0h21x7r_di" bpmnElement="SequenceFlow_0h21x7r">
    <bpmndi:BPMNEdge id="Flow_00jdliy_di" bpmnElement="Flow_00jdliy">
    <bpmndi:BPMNEdge id="Flow_0jjl9su_di" bpmnElement="Flow_0jjl9su">
    <bpmndi:BPMNEdge id="Flow_0rua3a3_di" bpmnElement="Flow_0rua3a3">
    <bpmndi:BPMNEdge id="Flow_1k1b19j_di" bpmnElement="Flow_1k1b19j">
    <bpmndi:BPMNShape id="StartEvent_1y45yut_di" bpmnElement="StartEvent_1y45yut">
    <bpmndi:BPMNShape id="Task_1hcentk_di" bpmnElement="Task_1hcentk">
    <bpmndi:BPMNShape id="ExclusiveGateway_15hu1pt_di" bpmnElement="ExclusiveGateway_15hu1pt" isMarkerVisible="true">
    <bpmndi:BPMNShape id="Activity_0uygbt8_di" bpmnElement="Activity_0uygbt8">
    <bpmndi:BPMNShape id="Activity_1yv6rfm_di" bpmnElement="Activity_1yv6rfm">
    <bpmndi:BPMNShape id="Event_1mh6g9s_di" bpmnElement="Event_1mh6g9s">
    <bpmndi:BPMNShape id="Event_13pltc7_di" bpmnElement="Event_13pltc7">
  </bpmndi:BPMNPlane>
</bpmndi:BPMNDiagram>
```


图 7-6　BPMN 文档示例

3. 基于 Petri 网的地理信息服集成与建模

Petri 网是著名的业务流程建模技术，用于描述系统中可能发生的各种状态变化以及变化之间关系的图形工具和理论（Peterson，1981）。经典的 Petri 网是德国的 Carl Adam Petri 博士在 1960 年提出的，后来被其他研究者在颜色、时间和层次等方面进行了扩展，形成高级 Petri 网。Petri 网是一种基于图的形式化描述语言，以研究模型的组织结构和动态行为为目标，着眼于系统中可能发生的各种状态变化及变化间的关系，描述活动之间的顺序、选择和并行的变迁关系，被广泛应用到工作流和服务组合的建模中，而且在此基础上可以验证流程模型的活性、死锁活锁、有界性和公平性等性质。用 Petri 网描述的系统有一个共同特征：系统的动态行为表现为网中资源的流动。由于 BPMN 等工作流规范缺乏清晰、一致和可验证的数学或图论基础，许多学者尝试用不同的理论、模型和技术对它进行形式化模型描述并加以验证，而 Petri 网可用来实现对工作流进行形式化描述和建模。Petri 网模型基于图形构建，简单直观，同时又具有严密的数学基础和完善的性质分析方法，也有一系列成熟的建模和验证工具，成为学术界和工业界对复杂系统建模和验证的一种有力的数学模型。

Petri 网是简单的过程模型，是一个四元组，$\text{PN}=(P,T,F,M_0)$，其中：

三元组 $N=(P,T,F)$ 构成一个网，P 中元素称为库所（place），在图中一般用圆圈表示；T 中元素称为变迁（transition），在图中一般用矩形表示，P 和 T 一般情况下设定为有限集，两两不相交；F 为网 N 的流关系（flow relation），包括库所到变迁的有向边和变迁到库所的有向边。任意两个库所之间或任意两个变迁之间都没有有向边相连接，且网中不应有孤立节点。具体定义如下：

$$P\cup T\neq\varnothing$$

$$P\cap T=\varnothing$$

$$F\subseteq(P\times T)\cup(T\times P)$$

对于 $f\in F$，有 $f=(p,\ t)\vee f=(t,\ p)$。不妨记 $f(p)$ 为弧 f 中的库所，记 $f(t)$ 为弧 f 中的变迁。

对于变迁 $t\in T$，$\text{inplace}(t)=\{p\,|\,(p,\ t)\in F\cap(P\times T)\}$，表示变迁 t 的输入库所集；

对于变迁 $t\in T$，$\text{outplace}(t)=\{p\,|\,(t,\ p)\in F\cap(T\times P)\}$，表示变迁 t 的输出库所集；

对于变迁 $t\in T$，$\text{inflow}(t)=\{f\,|\,f=(p,\ t)\wedge(p,\ t)\in F\cap(P\times T)\}$，表示变迁 t 的输入弧；

对于变迁 $t\in T$，$\text{outflow}(t)=\{f\,|\,f=(t,\ p)\wedge(t,\ p)\in F\cap(T\times P)\}$，表示变迁 t 的输出弧。

四元组 (P,T,F,M) 构成一个标识网（market net）。具体定义如下：

$M:P\rightarrow\{0,1,2,\cdots\}$，是标识网中每个库所的标识（token）个数的映射。对于 $p\in P$，若 $M(p)=k$，表示库所 p 中有 k 个标识。M 刻画了当前网系统的状态。

M_0 是网系统的初始标识（initial marking），描述被模拟系统的初始状态。在标识网基础上给出初始标识 M_0，就构成了基本 Petri 网。

Petri 网的变迁发生规则如下：

对于变迁 $t\in T$，如果 $\forall p\in\text{inplace}(t),\ M(p)>>1$，则变迁 t 在标识 M 有发生权，记为 $M[t>$。

变迁 t 从标识 M 发生后，得到一个新的标识 M'，记为 $M[t>M'$，对于 $\forall p\in P$，如式（7-1）所示：

$$M'(p)=\begin{cases}M(p)-1,\ 若p\in\text{inplace}(t)-\text{outplace}(t)\\M(p)+1,\ 若p\in\text{outplace}(t)-\text{inplace}(t)\\M(p),\ 其他\end{cases}\tag{7-1}$$

Petri 网结构如图 7-7 所示，圆形节点表示库所，方形节点表示变迁，库所与变迁之间连线表示有向弧，黑点表示标识。

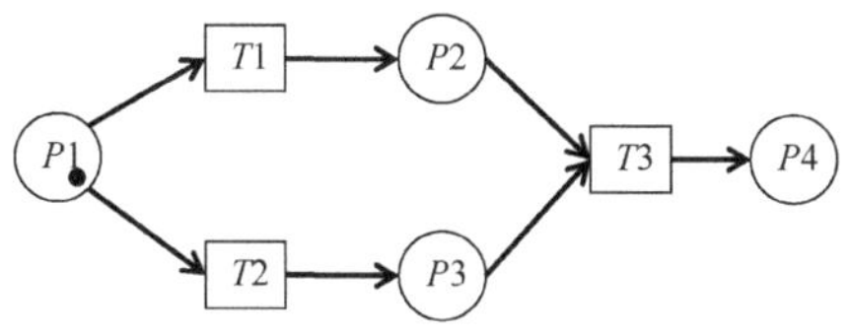

图 7-7　Petri 网结构图

Petri 网具有一些适合工作流建模的优点：Petri 网中的元素具有精确定义；是一种图形化的语言，比较直观；可以对工作流中的所有元素建模；可以分析工作流的属性（如安全性、死锁等）；提供独立于软件商的业务流程分析与建模框架。对工作流模型的验证涉及基本 Petri 网的一些性质和分析方法，其中性质涉及可达性、有界性、活性和公平性，常见的分析方法是构造网的可达标识图，可以分析这个网系统的状态变化和变迁发生序列的情况，从而得知网系统的有关性质，而关联矩阵和状态方程能够借助线性代数方程分析 Petri 网一些性质。

网络服务的行为是规则的操作集合，因此可以把它直接映射到 Petri 网。网络服务操作用变迁表示，网络服务的状态用库所表示，库所和变迁之间的箭头表示网络服务操作和网络服务状态之间的关系。用 Petri 网来表示网络服务的行为时，库所表示服务的状态，变迁表示服务端操作，输入库所表示服务节点的输入，输出库所表示服务节点的输出。每个服务组合都具有一个开始状态和结束状态，服务组合实例的状态包括准备、运行、挂起或结束。利用 Petri 网本身的特点，该模型能够对服务集成的流程的有效性进行分析，还能按照扩展 Petri 网进行扩展。

7.2.3　基于人工智能规划的方法

人工智能规划是计算机领域的一种问题求解技术，它能在给定初始状态和一组可用操作的条件下，通过分析各种约束条件自动建立一个能够达到特定目标状态的操作序列。人工智能规划方法最早出现于 20 世纪 60 年代，多年来不断得到改进和优化，在规划问题的描述能力和自动求解效率等方面都有了很大提高，并在机械制造、交通运输、物流管理等许多领域的自动化中得到应用。人工智能规划技术的发展为网络服务自动组合的实现提供了新思路，如果把网络服务看作规划中的基本动作，把服务的输入、输出、前提条件和效果等作为约束条件，把服务组合所要完成的任务作为规划的目标状态，就可以将服务组合问题转换为人工智能规划问题，进而通过规划的自动求解实现服务的自动组合。

目前，基于人工智能规划的常见服务组合建模方法主要有：基于层次任务网络规划（hierarchical task network planning，HTN Planning）的服务组合方法和基于启发式规划（heuristic programming）的服务组合方法等。基于层次任务网络规划的服务组合方法将已有服务和服务分解方案的语义描述信息转换为层次任务网络，将服务组合作为目标任务进行分解，从而得到服务组合的具体方案。基于启发式规划的服务组合方法将每一个网络服务都对应于规划问题中的一个动作，从实例化的动作中，通过启发式搜索方法选择状态最好的作为下一步搜索的方向，实现从初始状态到目标状态的转变。

层次任务网络规划方法最早提出于 1977 年，经过许多研究者的完善，目前已成为人工智能领域中最常用的一种自动规划方法。基于层次任务网络规划方法与经典的规划器不同，它的目的不是达到某一目标状态集合，而是实现一个任务集合。在基于层次任务网络规划方法中，一个规划问题被表示为一个四元组的形式：$P=(d, I, O, M)$，其中 d 为目标任务，I 为初始状态，O 为可用操作集，M 为可用的方法集合。目标任务通常用所要实现的目标状态描述，规划的目的就是寻找一个实现这一任务的操作序列。初始状态描述了在任务执行前系统中可利用的资源及约束条件。操作集合中包含规划中可以利用的基本操作，这些操作可以在一定条件下执行，并对系统状态产生影响。方法集合包含一系列任务分解的方法，描述了如何将一个复杂的任务分解为多个子任务组成的任务集合，子任务可以是基本操作也可以是复杂任务。

方法集合的引入使目标任务与基本操作之间形成一个层次任务网络，这是层次任务规划不同于其他规划方法的一个独到之处。方法集合提供了从目标任务到基本操作的不同尺度上的任务分解方案，实际上建立了由目标任务、复杂任务和基本任务构成的一个由高到低逐渐细化的层次结构。对于同一个复杂任务，可能存在有不同的分解方案，每种分解方案是否能够实施需要根据系统状态进行判断。这些任务以及它们之间的层次关系和条件约束综合在一起，就形成了层次任务网络。层次任务网络的形成，使目标任务与基本操作之间的关系更加清晰，也为规划求解能力的提高提供了基础。

基于层次任务网络规划方法解决任务规划问题的基本思想是先勾画出一个完整但比较粗略的规划解，再逐步细化，逐步明确，直到使整个规划的每一步操作得到具体确定。从目标任务开始，利用方法集合中给出的各种分解方案，将粗略的规划逐步细化，验证任务执行的前提条件是否能够得到满足，如果可行，则记录下一操作步骤继续下一级分解，若不可行，则返回上一级并更换其他的分解方案，如此反复，直到发现可行的操作步骤。如果把已有的功能单一的服务看成基于层次任务网络规划中的基本操作，那么服务组合方案就可以看作是基于层次任务网络规划中的方法。通过积累这些分解方案，形成服务组合的领域知识，就可以利用基于层次任务网络规划的方法，将需要实现的复杂服务分解为一系列的可执行的简单服务，实现服务的智能组合。

将基于层次任务网络规划用于网络服务的组合，其优势体现在如下几个方面（Sirin et al.，2004）：

（1）基于层次任务网络规划中的方法集合是模块化的，方法中不需要考虑具体的子任务分解过程，因此对于系统的使用者和设计者而言，只需要专注于方法层面上的分解方法。

这种模块化的思想与网络服务所追求的理念是一致的，方法对应于网络服务中的工作流描述，在规划时只需要对这些工作流实例化，而不需要关心其来源是否是多个完全不相关的组织或个人。

（2）规划系统能够预先验证整个组合服务流程的可执行性，这将大大减少实际执行中可能遇到的失败，减少服务资源的浪费。如果规划系统找出了一个规划方案，就表示利用当前已有的资源可以完成所指定的目标任务，如果无法得到规划方案，则需要添加缺少的服务或者分解方案。

（3）基于层次任务网络规划的可扩展性很好，在领域知识中包含大量基本操作和方法的情况下也能很好的适应，这有利于将其应用到网络服务环境中。

（4）一些基于层次任务网络规划系统能够支持复杂的前提条件推理，甚至能够在规划过程中执行外部程序。这个特性使得基于层次任务网络规划器可以集成已有的语义网知识和网络服务信息。

（5）基于层次任务网络规划提供了在规划过程中进行人工干预的接口。例如，在前提条件判断中，可以调用一段程序或一个服务来询问某人，获取特定的输入参数。当规划器运行到一个无法继续分解的步骤时，可以询问人（或者其他代理软件）来得到该步骤的分解方案。

基于层次任务网络规划器的方法集合的来源可以是相关领域专家提供的，也可以是从规划经验中学习到的。当方法的质量和数量都达到一定程度时，其求解速度将大大超过其他领域无关的规划器。也正因为如此，基于层次任务网络规划器的优缺点都非常明显，不足之处在于其解题效率非常依赖相关领域专家所提供的分解知识，是一种半自动化的、领域相关的规划方法。

启发式算法常用于状态空间搜索，这类问题求解过程表现为从初始状态到目标状态寻找最优或次优路径的过程。求解问题的过程中分支有很多，主要是求解过程中求解条件的不确定性以及不完备性造成的，使得求解的路径很多这就构成了一个图，即状态空间。问题的求解实际上就是在这个图中找到一条路径可以从开始到结果。常用的状态空间搜索有深度优先和广度优先。广度优先是从初始状态一层一层向下找，直到找到目标为止。深度优先是按照一定的顺序先查找一个分支，再查找另一个分支，以至找到目标为止。但是这两种优先搜索有一个很大的缺陷是，它们在一个给定的状态空间中穷举。这在状态空间不大的情况下是很合适的算法，可是当状态空间十分大、求解过程的分支非常多时，这种搜索的效率非常低，甚至不可完成。因此，要想加快对搜索空间的搜索速度，提高求解的效率，需要一种能指导求精、分支和剪枝过程，引导搜索程序的策略，这就是启发式搜索方法所要完成的目标。其基本思想是给定一个评估函数 h，用来评估下一个时间步中每个可能的状态，得到评估值之后选择状态最好的作为下一步搜索的方向。这样可以省略大量无谓的搜索路径，提高算法的效率，通常这种启发函数是与领域有关的，评估函数的一般表达式如式（7-2）：

$$f(n)=g(n)+h(n) \tag{7-2}$$

式中，$f(n)$为节点的评估函数；$g(n)$为在状态空间中从初始节点到目标节点的最短路径长度的估计；$h(n)$为从初始节点到目标节点最佳路径的估计代价，体现了搜索的启发信息。

由于规划系统在领域知识、规划问题以及规划方案的描述上采用了一套特有的语言，与现有的地理信息服务组合领域中所采用的描述方法有很大差异，所以借助规划系统实现服务组合模型自动构建的关键就是建立服务组合建模问题与规划问题之间的映射关系，使服务组合问题能够转换为规划系统可以识别的规划问题，也使规划系统生成的规划方案能够转换为符合要求的服务组合模型。

地理信息服务自动集成建模框架中包括四个主要部分：规划领域知识构建、规划问题构建、规划求解和服务组合模型生成。

1. 规划领域知识构建

规划领域知识构建模块负责将现有的地理信息服务描述以及领域专业知识转化为规划系统所需的规划领域知识。规划领域知识主要包括基本操作集合、用于任务分解的方法集合和用于判断的公理集合。基本操作的描述主要由原子服务的功能语义信息转换得到，方法集合和公理集合则来源于服务组合所涉及领域的专业知识。

2. 规划问题构建

规划问题构建模块负责收集整理用户的服务组合需求，生成规划系统所需的规划问题描述。规划问题的描述包括领域知识引用、问题的初始状态集合以及需要完成的目标任务三部分内容。领域知识引用指定了问题求解的知识来源，可直接引用领域知识转换子系统生成的规划领域知识。问题的初始状态和目标任务来源于可用的空间数据和用户对服务组合的功能需求。

3. 规划求解

规划求解模块负责根据规划领域知识和规划问题进行规划求解，得到实现目标任务的规划方案。

4. 服务组合模型生成

服务组合模型生成模块主要负责将规划系统得到的规划方案转换为满足用户需求的地理信息服务组合模型。规划系统所生成的规划方案中包括完成目标任务所需执行的每一步基本操作，通过解析每一步基本操作可以得到服务组合模型中所需的原子服务、输入输出数据等要素，根据基本操作的执行顺序可以推导出服务组合模型的控制结构和数据传输流，将这些信息进行综合即可得到一个完整的地理信息服务组合模型。

7.2.4　基于模型驱动的方法

模型驱动架构（model-driven architecture，MDA）是由对象管理组织（Object Management Group，OMG）于 2001 年正式提出的，是从面向对象设计到以模型为驱动的开发方法的一种根本转变。MDA 框架采用系统业务功能的分析设计和系统的具体实现相分离的思路，将软件系统的模型分为平台无关模型（platform independent model，PIM）和平台相关模型（platform-specific model，PSM）。在网络服务组合领域中，MDA 的思想和方法值得借鉴，可以将 MDA 技术和网络服务组合技术结合起来，利用 MDA 技术中的思想、方法和工具指导网络服务组合。利用 MDA 中的建模技术可以为网络服务组合建立模型，利用 MDA 中的模型转换技术可以将网络服务组合模型转换为不同平台下的网络服务组合描述。

MDA 是一种基于统一建模语言（unified modeling language，UML）、元对象机制（meta-object facility，MOF）、XML 元数据交换（XML metadata inter change，XMI）等

技术的软件开发框架，可支持软件设计和模型的可视化、存储和交换。MDA 关键之处在于增强了模型在系统开发过程中的作用。在 MDA 中，软件开发过程是由对软件系统的建模行为驱动的，模型指导了系统理解、设计、构建、部署、操作和更改的整个过程。PIM、PSM 和代码是 MDA 的 3 个核心部分。其中，PIM 是具有高抽象层次、独立于任何实现技术的模型；PSM 是为某种特定的实现技术量身定做的模型，模型的描述中可以使用这种实现技术特有的一些构造，PIM 可以根据应用平台的不同转换为多个 PSM；用源代码对系统进行描述，每个 PSM 都将被转换成代码。

在定义 PIM、PSM 和代码的同时，MDA 还定义了它们之间的关系。在 MDA 框架中，首先使用平台无关的建模语言来搭建 PIM，然后根据特定平台和实现语言的映射规则，将 PIM 转换为与生成平台相关的模型 PSM，最终生成应用程序代码和框架。MDA 开发流程如图 7-8 所示。

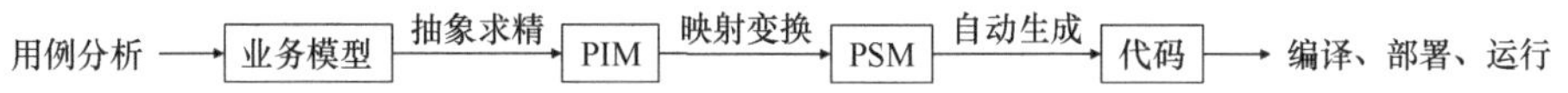

用例分析 → 业务模型 —抽象求精→ PIM —映射变换→ PSM —自动生成→ 代码 → 编译、部署、运行

图 7-8　MDA 开发流程

使用 MDA 架构进行软件开发可以有效避免传统软件开发方法在生产效率、可移植性、互操作性和维护成本等方面存在的问题，其优点主要表现在以下几点：

（1）提高软件开发效率，降低成本。在 MDA 中，开发者的焦点转移到 PIM 的开发，所需的 PSM 通过变换工具自动从 PIM 生成。虽然开发完善的变换工具是一项非常困难的任务，但是这个工作一经完成，以后就可以重复使用。

（2）增强软件的可移植性。在 MDA 框架下，因为 PIM 可以转换为多个不同平台上的 PSM，所以整个 PIM 都是可移植的。

（3）提高互操作性。从一个 PIM 生成的多个 PSM 间可能会有联系，但不同目标平台的 PSM 间不能直接联系。基于 MDA 技术，从 PIM 转换生成 PSM 时，转换工具同时生成桥接器。

通过借鉴 MDA 在通用网络服务集成与建模方面的应用，应用 MDA 在地理信息服务领域的建模方法的基本流程为：首先构建一个平台无关的地理信息服务集成元模型，该模型是对地理信息服务集成模型的定义，在更抽象层次上描述地理信息服务集成模型的要素及要素间关系，然后以该元模型驱动生成一个地理信息服务集成建模设计器，最后在该设计器上进行地理信息服务集成建模。从原理上看，地理信息服务集成元模型通过 XML 语法定义网络服务进行交互的情况，其中控制流指明服务执行顺序，地理信息服务集成建模设计器提供了网络服务的执行模式，数据流指明网络服务之间的数据传输关系。MDA 采购提供一个可视化界面来辅助用户建模，桥接领域本体库和工作流，支持用户基于语义对数据和处理服务进行灵活、智能的服务集成建模。

传统的基于 MDA 的网络服务集成描述方法分为两类：语法描述（如 WSDL、BPEL 等）和语义描述（如 OWL-S）。对于第一类，网络服务集成模型被分为静态结构模型和动态行为模型。静态结构模型描述组合服务的结构和功能，采用 UML 类图表示，通过 MDA 模型转换机制生成 WSDL；动态行为模型描述组合服务的建模流程，采用 UML

活动图表示，通过 MDA 模型转换机制生成 BPEL 或其他组合描述语言。最后 WSDL 被发布到注册中心，BPEL 被发布到执行引擎供用户使用。对于第二类，以 UML 模型产生服务的语义信息实现服务自动组合。通常采用扩展 UML 类图和活动图描述服务，UML 类图描述领域本体，UML 活动图描述业务流程行为，OCL 约束语言定义服务前提和效果；通过一定的转换机制，UML 模型被转换成 OWL-S 语义描述文件，从而实现 OWL-S 服务组合的构建。

以上两类方法都是利用 UML 对服务集成过程进行描述，建立网络服务集成的 PIM，然后利用 MDA 中的模型转换技术，可以将网络服务集成模型转换到不同的网络服务集成描述平台。目前，主要采用的转换方法是基于元模型的转换方法，根据 UML 活动图或类图的元模型与需要转换到的组合语言的元模型元素之间的对应关系进行映射。

基于 MDA 的地理信息服务组合建模流程首先使用 UML 建立地理信息服务集成 PIM，然后利用 MDA 模型转换技术，将 PIM 转换成地理信息服务集成 PSM，最终生成地理信息服务链设计器。其中，构建 PIM 和生成服务集成设计器时，引用了地理信息服务知识库作为服务资源。建模流程分为以下 3 个步骤：

（1）构建地理信息服务集成元模型。采用 UML 分别设计服务子元模型、控制流子元模型、数据传输子元模型。根据这 3 个子元模型之间的逻辑关系进行结合，组成一个地理信息服务集成元模型。地理信息服务集成元模型定义了地理信息服务集成模型的构造（construct）和规则（rule），是定义服务集成模型表达语言的模型，用于描述地理信息服务集成过程中使用的各个元素、元素之间关系及元素属性。这三种子元模型分别描述地理信息服务集成模型的自愿交互、控制结构和数据流三个部分。

服务子元模型（service model）对应于服务组合模型的自愿交互，它定义了地理信息服务组合式服务资源要素的组成和约束，由原子服务、组合服务以及它们之间的关系构成。从功能上来看，组合服务与它的各个原子服务都是能提供某种服务功能的个体；从组成上来看，原子服务是服务组合的一部分，组合服务由一系列原子服务组合而成。在该模型中，服务（process）被定义为一个抽象类，它被划分为原子服务（atomic process）和组合服务（composite process）。原子服务是一个不可再分的服务，它没有子过程，可以直接调用，主要由属性集、若干个输入参数以及输出参数组成。按照输入—执行—输出模式，一个原子服务通过接收输入参数，执行服务功能就可以返回输出消息。组合服务是由多个原子服务通过一系列的逻辑控制结构组合成能够完成复杂任务的服务。组合服务从整体上看仍是一个服务，组合服务也有书信集、若干输入参数以及输出参数。与原子服务不同的是，组合服务由一组控制结构将各原子服务按一定的方式组织连接起来，原子服务作为组合服务内部的节点存在。

控制流子元模型（controlflow model）中，服务控制结构是按照一定逻辑控制地理信息服务之间调用的块结构，能够使服务组合完成一些比较复杂的流程。地理信息服务组合流程可以看成是一个基于地理信息服务的工作流模型，因此可以基于工作流控制模式的研究成果对地理信息服务组合流程控制结构进行探讨。

工作流控制模式是近年来工作流领域的重要研究成果，从控制结构简洁性和可实现性方面来考虑，可以将控制结构归纳为顺序结构、选择结构、循环结构、平行分支结构和同步结构五种。控制流子元模型定义了地理信息服务组合逻辑中基本控制结构以及它们嵌套结构的组成要素及要素间的关系。

数据流是组合逻辑中某个地理信息服务接收数据以及将服务处理后的数据发送到另一个服务中的流程。原子服务之间的调用与被调用，实质是服务的 I/O 参数间数据流的传递。数据流子元模型定义了服务组合时各服务间的数据流向关系，由服务的 I/O 参数及它们之间的数据流模式构成。在服务组合过程中，I/O 的重要性在于：作为服务的一部分，I/O 参数的数量和类型决定了服务的差异性；服务之间调用关系直接由输入输出参数的关系集体现。该关系集表示了数据流的三种模式：组合服务输入到原子服务的数据流模式、原子服务输出到原子服务的数据流模式和原子服务输出到组合服务的数据流模式。

以上的服务子元模型、控制流子元模型和数据传输子元模型分别从服务资源、控制流和数据流三个方面描述地理信息服务组合模型的构造和规则，这三种子元模型不是孤立的，它们互相协同，按照一定的业务逻辑相互结合，共同组成一个完整的地理信息服务组合元模型。其中，服务子元模型与控制流子元模型的结合关系表现为组合服务中包含各种基本控制结构，服务子元模型与数据传输子元模型的结合关系表现为地理信息服务具有输入输出参数。地理信息服务组合元模型从地理信息服务组合的过程维（组合流程的业务逻辑）和资源维（组合流程包含的地理信息服务和数据）出发，不仅可以描述地理信息服务组合模型，而且可以方便用户理解服务组合过程，从而开发有效的服务组合建模工具。

（2）生成地理信息服务集成设计器。运用 MDA 转换机制，将空地理信息服务组合元模型进行模型转换，由一个平台无关模型 PIM 转换成一个平台相关模型 PSM，最终生成程序源代码，运行得到一个地理信息服务集成设计器，使用基于模型驱动的开发框架开发地理信息服务组合设计器时，关键是要合理地设计各个模型，并处理好各个模型元素之间的关系，常用的方法有基于 Eclipse 平台的图形建模框架（graphical modeling framework，GMF）、结合 Eclipse 建模框架（eclipse modeling framework，EMF）和图形编辑框架（graphical editing framework，GMF），开发出基于模型的可视化图形编辑器，从而供研究者以建模方式生成高质量的代码框架。通过对模型的设计和映射，生成地理信息服务集成设计器。

在建立了地理信息服务链设计器的基本框架后，在出现其他与应用有关的特定需求时，还需要对设计器进行定制和开发。服务组合是一个复杂的过程，要实现一个功能强大的服务链设计器，需要全面分析服务组合的各种需求，然后以设计器基本框架为基础，进行设计器功能定制，常见的功能扩展有引入基于领域的地理信息知识库与基于语义和语法的服务链有效性检验等。

（3）设计地理信息服务集成模型。使用地理信息服务集成设计器，根据用户的实际需求设计相应的地理信息服务集成模型。该模型是由一系列抽象服务形成的抽象服务链，在服务匹配之后成为可执行的具体服务链。

7.3　地理信息服务对象协同

地理信息服务对象协同关注如何提高地理信息服务对象间的协同关系，即服务提供者、服务使用者和各领域研究者等各类人群通过直接或间接的交流方式进行有效沟通，在海量的地理信息处理服务和数据服务选择合适的服务并使用。具体而言，地理信息服务对象协同主要解决两类对象的协同问题：①服务提供者与服务使用者的协同；②服务建模者间的协同。

服务提供者与服务使用者的协同是对服务发现与检索的继承，是服务使用者对服务提供者发布服务目的的理解和服务提供者对服务使用者意图的识别。其关键在于降低服务使用者在调用处理服务时对非功能相关的技术细节的学习成本。根据需求快速识别和利用不同服务提供者发布的处理服务，同时使得数据服务平台充分识别每一个用户意图和数据需求，辅助用户发现目标服务，推荐相关的数据服务，这是实现服务提供者和服务使用者之间有效沟通的重点问题；服务建模者协同关心的是地学问题求解的过程中，来自不同领域的研究者相互协作的能力。协作者根据一定的规范参与合作与交流，在提供各自领域的解决方案的同时，以集体的形式实现复杂问题的求解，这是打破领域知识壁垒、促进跨学科发展的关键手段。

7.3.1 服务提供者与服务使用者的协同

传感器技术、计算机技术和网络共享等技术的发展带来了许多内容丰富、风格多样的地理信息服务，为地学研究与应用提供了丰富的数据资源和处理功能，越来越多的地理信息数据供应商和开源软件供应商将自己的数据资源和处理功能以主题服务的形式部署在网络上，并与相关研究者建立联系。通过研究者的搜索、下载、可视化和分析，这些基于网络的服务能够为研究者完成涵盖地理学、地质学、地球物理学、海洋学、冰川学、大气科学等整个地球科学领域的问题研究提供充足的数据支撑和工具支持。

从上面的叙述不难看出，服务提供者与服务使用者协同在于如何建立服务提供者和使用者之间的联系，服务本身是建立起联系的桥梁。因为对于服务的提供者而言，服务发布到互联网中目的是能有效地共享服务；对于服务的使用者而言，则是能够快速准确地获取到自己需要的服务。因此，服务发现与检索是实现服务提供者与服务使用者协同的关键技术，该部分在本书的 2.3.3 节与 2.3.4 节中已做了简要介绍。因此，本节针对地理信息服务资源存在的地学特征的特殊性，进行具体技术的详细探讨。

在地理信息服务检索方面，由于存在着地理信息服务资源分布较为分散、地理信息服务元数据标准限定较为宽泛、服务资源的信息较为繁杂的问题，地图资源海量与检索手段稀缺、蕴含信息丰富与检索定位不准、处理功能强大与调用方法复杂等矛盾日益加深。在这种背景下，如何有效地辅助不同领域与不同需求偏好的用户从海量、多样、繁杂的地图资源中快速发现目标服务、简化多源地理信息处理服务的调用方法逐步成为研究热点。

对于地理信息服务的发现，基于用户的检索意图，从海量的网络资源中找出地理信息服务是获取地理数据的关键。相对于通用爬虫的无选择遍历式搜索，主题爬虫具有特定的搜索目标，只选择符合主题的网络服务资源进行爬取，通过缩短定位到搜索目标的爬行路径，提高搜索效率。因此，本章提出一种主动发现网络地理信息服务的主题爬虫。

其方法是基于优先级计算方法和无关网页过滤的方式改进最佳优先搜索策略，以尽可能少的爬行无关网页找到尽可能多的地理信息服务。具体而言，最佳优先搜索采用关键词集合描述主题，根据网页文字内容与主题词的相关度确定待爬行网页的优先级，相关度大的网页上的链接优先级高，每次选择优先级最高的链接进行爬取。同时，还需要考虑同一页面上链接间的相关性差异，在网页相关分析的基础上进一步考虑计算链接与主题的相关性，按一定的权重综合网页相关度和链接相关度确定链接的优先级，优先爬取与主题相关度更高的链接。上述主题爬虫的工作流程包含三种关键算法：网页相关度计算、链接优先级计算、地理信息服务识别，如图 7-9 所示。

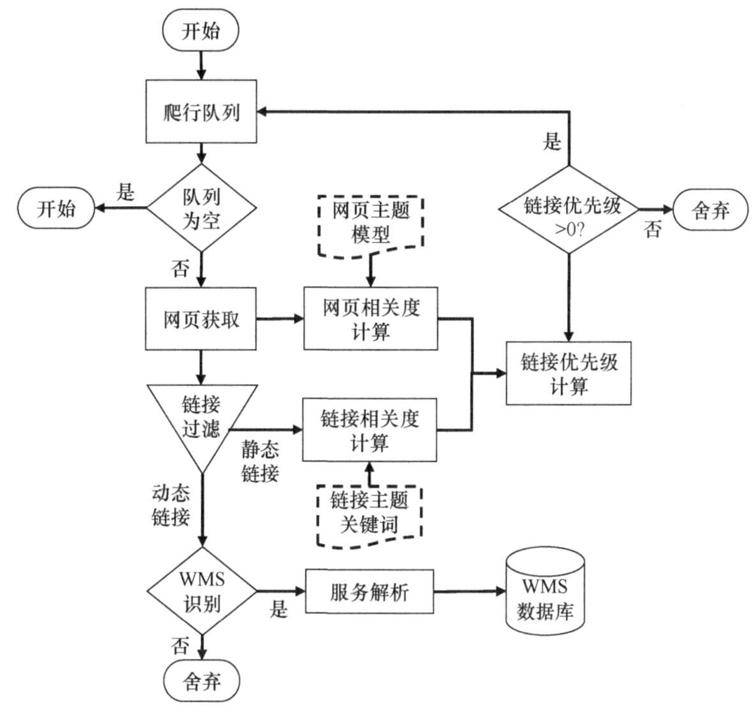

图 7-9　地理信息服务主题爬虫工作流程图

步骤 1：构建爬行队列。爬行队列包含所有待爬取的相关链接，爬行队列按优先级分为若干个子队列，新链接入队时按其优先级加入对应的子队列，每次从优先级最高的子队列中出队一个链接进行爬取。初始的爬行队列由一组种子点构成，种子点一般由领域专家给出，也可人为选取权威的提供地理信息服务资源的网站。

步骤 2：获取网页。首先判断爬行队列是否为空，若爬行队列为空，则终止爬行。否则取出优先级最高的链接，发出 HTTP 请求，获取其响应的网页源码。

步骤 3：计算网页相关度。从网页源码中抽取网页文本，依据预先定义的主题模型，计算网页文本与主题模型的相似度，并按阈值划分网页相关度级别。

步骤 4：过滤链接。从网页源码中提取所有的链接，经过停用网址过滤和链接去重后，进一步判断链接是否为动态链接。若链接包含“？”，即为动态连接，则进行服务识别，否则直接转入链接优先级计算模块。

步骤 5：链接相关度评估。获取事先定义的服务链接关键词，将链接文本与关键词进行文本匹配得到链接的主题相关度。

步骤 6：计算链接优先级。按一定权重综合链接相关度和网页相关度计算链接的爬行优先级。舍弃优先级为零的链接，将其余链接按其优先级加入爬行队列对应的子队列，出队下一个链接继续爬行。

步骤 7：识别服务。通过服务关键匹配初步判断链接是否为地理信息服务，若链接被判断为地理信息服务，则进一步检测能力文档。根据能力文档检测结果，将有效地理信息服务保存，不能获取能力文档或者能力文档异常的链接直接舍弃。

上述算法能够快速高效地对地理信息服务进行主动发现，并提高服务搜索结果的可利用率。以 OGC WMS 服务为例，通过开发网页相关度分析、链接优先级预测、WMS 识别模块，以及改进爬行队列结构，实现针对 WMS 服务搜索的主题爬虫。其中，在网页相关度的计算过程中，首先利用 TF-IDF 算法将预设的 WMS 服务关键词映射成主题模型向量，主题模型向量表示每个维度对应的关键词在预提取的训练样本中出现的频率；其次，通过统计 WMS 关键词在网页标题和正文中出现的频率，将它们按一定的比例综合作为 WMS 关键词的权重，并组织成网页特征向量；最后，通过计算主题模型向量以及网页特征向量之间的余弦距离，来判断网页的相关度，余弦值越接近 1 表示网页与地理信息服务主题越相近。

链接优先级的计算包括链接相关度的评估和优先级的计算。首先，人为选取一系列 WMS 服务主题关键词和缩写词作为判断链接与主题相关程度的依据；其次，由于网页文本中链接通常位于特定的标签中，且链接具有固定的结构，利用正则解析方式提取超链接节点的 URL 字符串和锚文本；再者，将链接文本与链接关键词进行文本匹配，得到相关度评估值，数值越小说明相关度越低；最后，将链接相关度和网页的相关度按一定权重综合形成链接优先度计算公式，系统将率先检索当前优先度高的链接。

地理信息服务的识别面向候选的服务序列，探寻其执行能力文档，分析能力文档的结构信息，以区分正常服务和异常服务。根据 OGC WMS 规范的定义，WMS 有 3 个基本操作：请求能力文档（GetCapabilities）、请求地图（GetMap）和请求地图要素信息（GetFeatureInfo）。将上述操作参数作为关键词，筛选出与关键词相关的动态链接作为候选 WMS。基于候选的 WMS 链接重构请求能力文档的 URL，获取请求的响应结果，并舍弃请求无法响应的链接。正常 WMS 的响应结果是包含服务的元数据和图层信息的 XML 文档，而异常 WMS 返回的能力文档只包含异常信息节点。因此，可通过探测能力文档的关键节点存在与否，区分正常服务和异常服务。若根节点为 WMS_Capabilities 或 WMT_MS_Capabilities，并包含<Service>和<Capability>节点，则判定该链接为正常 WMS；若根节点为<ServiceExceptionReport>，则判定该链接为异常服务，直接舍弃。

从地图资源的显示内容的角度来看，地图内容直接反映了地理现象的分布状况，直观地展示地图所蕴含的丰富地理信息，因此基于地图内容的地图检索为地理信息资源精细化检索提供了一种新思路。对地理信息资源的发掘亟须一种基于地图图像内容的精细化检索机制，以弥补元数据描述机制的不足。目前，主流地理信息资源检索方式仍然是通过元数据关键字匹配、空间范围约束等机制实现地理资源检索。然而，大量在线网络地图服务图层元数据存在信息缺失、内容表述不明等现象，地图内容与元数据间的语义鸿沟致使基于文本的网络地图服务检索输出大量错误结果，并存在漏检问题。

自然图像检索领域中的理论与方法为解决元数据质量不佳引发的地理信息资源检索困难的问题提供了关键技术与手段。基于内容的图像检索由特征提取和相似性度量两大模块构成。特征提取主要包括结合专家经验或前期实验人为地进行特征设计，以及使用深度学习的方法对大量图像特征训练获得。相似性度量是按照一定的规则如特征向量之间的距离，将输入图像的特征与待检索数据库中的特征进行逐个比较，并将满足条件的检索结果按相似性大小顺序输出给用户。在图像特征提取方面，相较于自然图像与遥感影像，地图图像具有强烈的制图学、地理学和社会人文学科特性，地理要素的符号化表达和制图综合使得地图内容高度抽象化，同时还使地图内容具有一定的尺度依赖性。因此，在现有理论基础上，如何针对地图的以上特性设计图像特征以实现对地图关键信息的全面描述至关重要。在相似性度量方面，如何制定合理的相似性度量方式，使各种特征信息得以最大化融合和利用是提高检索精度的关键。且现有网络地图服务图层数据规模较大，易受到相似性度量计算速度的约束，因此对检索效率提出较高的要求。

图像特征是一种图像像素信息的抽象化表达，可以有效地描述图像的颜色、纹理、形状、空间分布等相关信息。通过对图像进行特征提取，可将图像检索问题转化为基于图像特征的相似度排序问题，因此图像特征质量直接影响着图像检索的精确度。若使用的图像特征无法有效描述图像视觉内容，可能导致检索错误甚至检索失败。随着深度学习的发展和推广，计算机视觉步入深度学习时代，深度学习特征也开始被广泛运用。通过运用深层网络模型，可以对底层特征进行多次抽象，逐渐形成高层语义特征，以模拟人的分层视觉处理系统。其中，最为经典的是卷积神经网络模型，通过设置局部感受野和权值共享机制，在降低模型参数数目的同时，实现从原始图像到抽象语义表征的映射，将其中间层响应视为图像特征并应用于检索场景中能取得较高的检索精度。

在大规模数据的图像检索场景中，为提高检索精度，通常会对图像进行多特征提取，样本总特征维数可成千甚至上万维，从而引发“维数灾难”问题，一方面需要庞大的存储空间以保证所有图像特征的存储，另外相似度计算量繁重，导致检索效率低下。因此，可通过将顺序检索问题转化为对“近似最近邻”样本的检索，以降低特征存储空间和提升检索速率。其中，基于 K-D 树和基于图像哈希的方法是最常用的两种近似最近邻检索方法。

基于 K-D 树的方法实质上是一种空间索引方法，通过在向量空间中不停地将父节点对应的区域分成相邻的两部分，使每部分包含原区域中的一半数据。对于每个数据，从根节点开始计算直至叶节点处停止。然而，基于 K-D 树的方法更适用于低维数据，其检索性能随着特征维度的增加而下降，对高维数据进行检索时复杂度近似等于线性检索。

基于图像哈希方法的原理是将欧氏空间的高维数据映射到低维的二值空间中，通过使用位计算降低相似度度量的计算量来提高检索速率。依据数据是否带有标注，可以将其分为非监督哈希、半监督哈希和监督哈希。由于非监督哈希码生成的过程中缺乏标签的参与，仅使用图像特征间的距离度量作为相似度衡量标准，生成的哈希码难以反映图像的语义相似度。监督哈希则基于标签数据进行训练，并生成能反映一定语义相似度的哈希码。语义哈希方法对相似图像用相近的二进制码表示，并结合反馈网络生成查询图像二进制码，最后通过计算图像间的汉明距离输出相似图像。相比非监督哈希，监督哈希通过引入标签信息有效地提高了检索精度，但训练时长也大幅增加。针对以上两种方法的优势和不足，仅需要一小部分标签数据进行训练的半监督哈希被提出。它是监督哈希和非监督哈希之间的一种折中，综合向量距离相似度和数据语义相似度构建半监督哈希学习目标函数。

网络地图服务图像内容丰富，为实现对地图图像内容的全面描述，往往需要综合多种特征，从各个角度出发对地图内容进行表征。为实现针对网络地图服务图层的精确、快速检索，设计顾及制图方法和主体内容的网络地图服务图层检索方法，主要流程包括以下几个方面。

1. 基于地图主体的图像特征提取

高品质的特征输入可以有效地提升检索的性能，特别是针对表示方式复杂多变的网络地图服务图层，如何设计和选取充分描述地图内容的图像特征是实现精准检索的关键。需要结合图像分割、显著性区域检测等理论，实现地图主体和图像关键信息的定位，基于地图主体区域进行图像特征提取，弱化背景内容以及空间布局对特征构建的干扰，实现检索精度的提升。

2. 基于迁移学习的制图方法预分类

不同制图方法、不同地理要素构成的地图在表现形式上千差万别，难以使用一种固定的特征组合模式来应对全部的地图服务检索，需要设计与分类机制辅助特征的个性化融合。以地图制图方法为切入点，考虑到高质量标注较少、不同制图方法间的图像内容差异难以用底层视觉特征来形容，使用迁移学习模型等机器学习方法，以较少的样本量实现制图方法预分类，为地图检索提供制图方法类型约束，有效地引入专家知识干预机制。

3. 基于制图方法预分类和哈希位选择的地图检索

已发布的网络地图服务图层数量规模较大，图层内容复杂，为了提高检索的准确性，需要综合运用多种高维度特征，检索面临着存储空间和计算效率两方面的挑战。结合图像哈希的理论基础，使用经典哈希方法映射地图主体颜色特征、纹理特征和深度学习特征以构建哈希位池。然后根据制图方法分类结果，对不同制图方法的地图分别训练哈希位选择模型，实现对不同制图方法地图的检索采取不同的特征融合策略，并生成用于精细化检索的哈希编码，实现对网络地图服务基于二进制编码的快速、准确检索。

在地图特征的基础上，可进一步基于地图特征和用户检索意图构建地图检索意图形式化表达与识别模型。地图检索意图识别需要设计简洁且具有一定表达能力的模型描述用户检索需求及约束条件，包括子意图、意图维度分量及逻辑关系。用户在一次检索任务中往往具有多种需求，如将“海水温度”与“海水盐分”两种地理要素同时作为检索目标，即子意图；并且每种需求可以从多个维度综合表达，如“美国水体”涉及空间范围与地理要素两个维度。因此，用户意图表达模型应包含子意图与维度分量两种元素。在逻辑关系方面，各子意图之间为逻辑“或”关系，子意图各维度分量之间为逻辑“与”关系，即检索结果应至少符合一个子意图上所有维度分量的约束条件。

基于上述分析，胡晓辉（2022）通过构建“意图—子意图—维度分量”三层嵌套的地图检索意图模型实现了地图检索意图的识别，如图 7-10 所示。用户地图检索意图 I 由若干个子意图组合而成，表示为 $I = V_{k=1}^{m} I^k$，其中 m 为子意图个数，I^k 为第 k 个子意图，V 表示逻辑“或”关系；各子意图包含若干维度分量，表示为 $I^k \Lambda_{i=1}^{d} v_i^k$，其中 d 为维度分量个数，v_i^k 为 I^k 中第 i 个维度的取值，Λ 表示逻辑“与”关系。各维度分量选用地理本体中的概念作为取值来源，以便利用概念从属关系表达不同抽象层次的需求，实现检索范围的精准约束。例如，本书使用地球与环境术语语义网（semantic web of earth and environmental terminology，SWEET）中的概念“河流”“植被”“土地利用”“气候”“土壤”等作为地理要素维度取值。若某个维度取值 v_i^k 为对应本体的根节点，如地理要素维度取值为 SWEET 根节点“事物”，则认为用户在该维度无偏好；若所有维度取值均为根节点，则该意图不具备检索约束能力，将其视为无意图。

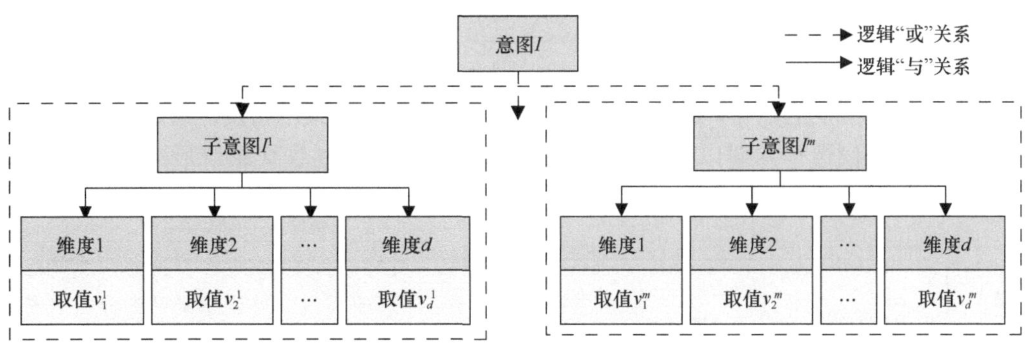

图 7-10　地图检索意图形式化表达

意图维度分量的选取影响检索约束条件表达的范围。参考空间数据元数据（Authority，1998；Kuźma and Bauer，2020）与专题地图编制规范（黄仁涛等，2003），并结合常见的地图检索需求，构建层次化的地图检索意图维度树，如图 7-11 所示。该维度树包括“内容”、“空间”、“时间”、“制图”和“其他”五个顶层维度，涉及地图的数据采集、制图与发布使用等阶段，以支持复杂多样的检索需求表达，同时为地图内容的描述提供参考框架。在实际应用中，可结合具体检索场景，从该维度树中选择合适的子树作为意图维度分量的集合。

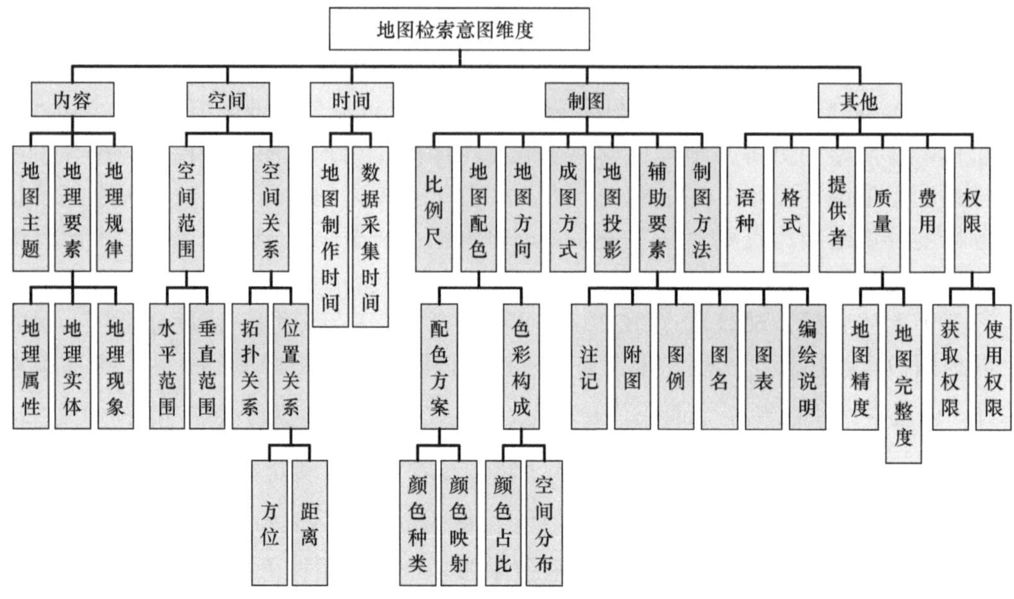

图 7-11　地图检索意图维度树

意图识别可视为在意图空间中搜索最符合用户检索需求的意图方案的过程，因此可将其作为组合优化问题进行求解。在意图识别中，检索语句、检索结果与相关反馈样本集合均可作为用户需求载体。其中，相关反馈样本集合基于用户对初始检索结果与检索目标的相关性判断传递需求（相关的为正样本，不相关的为负样本），蕴含有更为丰富的偏好信息，可隐式表达检索意图。最小描述长度（minimum description length，MDL）准则是一种模型筛选依据，它能够平衡模型复杂度与描述能力（Grnwald，2005），抑制语义等价但形式过于复杂的意图识别结果。因此，在意图形式化表达的基础上，可以基于 MDL 准则，将反馈样本集合的编码长度作为目标函数，采用顾及地理语义样本随机合并策略生成候选子意图以缩小搜索范围，并使用贪心算法迭代求解最优意图，如图 7-12 所示。

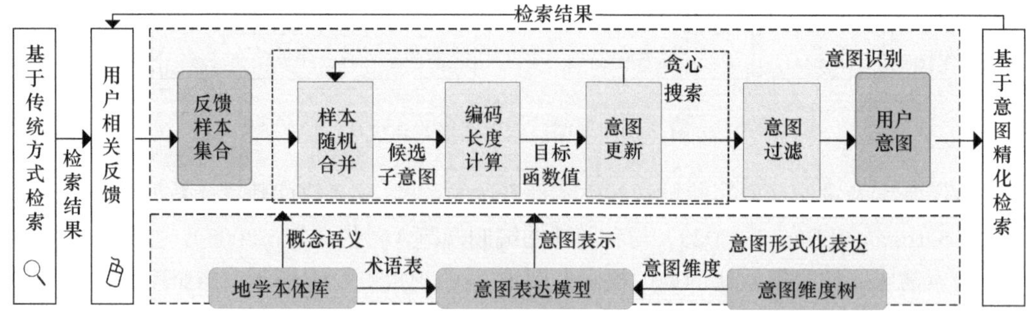

图 7-12　基于 MDL 准则与随机合并策略的地图检索意图识别算法工作流程

1）基于 MDL 准则的意图识别目标函数定义

在满足准确性的前提下，简洁的意图表达方式通常更符合用户思维习惯（李星洁，

2020）。MDL 准则认为，对于一组描述数据的模型，能产生最多数据压缩效果的模型最优，故而兼顾简洁性与准确性。因此，可以将相关反馈样本集合视为待压缩数据，将意图视为描述数据的模型，通过设计反馈样本集合编码方案及编码长度计算方法（采用信息传输与编码理论中的香农熵），搜索最短编码方案作为意图识别结果。当样本被多个子意图覆盖时其编码长度将被重复计算，可能导致无法通过编码长度准确比较候选意图优劣，反馈样本数量不足将使得样本直接编码长度小于基于意图的编码长度，导致意图无法识别。为保证 MDL 准则的适用性，需对样本被多个子意图覆盖、反馈样本不足、用户误选等特殊情况进行处理，同时对样本进行增强，使每个正样本均蕴含一个子意图。

2）基于样本语义合并的候选子意图生成

通过对正反馈样本提取候选子意图实现缩小最优意图搜索范围，然后顾及正样本之间的语义关联，利用地理本体中的概念从属关系对正样本的标签进行概念泛化生成各维度分量取值，并用逻辑“与”关系组合维度分量得到候选子意图，若两个样本在某维度均为单标签且取值相同，则使用该标签作为子意图在该维度的取值；若取值不同则取两个标签在本体中的最近公共祖先（lowest common ancestor，LCA）作为取值。由于地理概念之间的从属关系具有层次性，样本合并生成的子意图可能不具有足够的样本覆盖能力，为此需要进一步将候选子意图视为所有维度均为单标签的样本，与样本或其他候选子意图合并。

3）基于随机合并与贪心搜索的意图识别

在上述候选子意图生成方法的基础上，可以通过随机合并策略缩小搜索空间，并采用贪心算法求解意图以提升算法效率。搜索能力与耗时是影响组合优化算法选取的重要因素。针对正样本数量较多时遍历所有候选子意图生成方案难以满足实时性要求的问题，采用随机合并策略生成一定数量的候选子意图，并保留使总编码长度最小的候选子意图。同时，由于地图检索场景中的子意图数量通常较少，无须全局遍历子意图组合方案即可得到最优解，因此可以使用贪心算法搜索候选组合方案作为意图识别结果。

在地理信息处理服务方面，强大的网络地理信息处理功能为地学相关研究提供了有力的支持，但是由于牺牲了工具的简单性来换取灵活性和通用性，功能更强的地理信息服务通常也会更加复杂，同时，访问不同的服务提供商发布的服务接口需要高度专业化的技术知识，对这些服务具有使用需求的研究人员不得不去了解服务错综复杂的技术细节和调用流程，这些细节和流程对于缺乏计算机和地理空间互操作性背景的用户来说既不直观也不容易理解。每种类型的服务对包括操作名、参数名、数据类型、格式、架构、值、标记、协议和异常代码在内的技术细节采用不同的方法。虽然这些技术细节极大地提高了服务的灵活性并扩展了服务的应用领域，但服务的使用难度也提高了。

当前的地理信息处理服务接口方法主要可分为三类：SOAP 接口、REST 接口和 OGC 标准兼容接口，同一个服务可能同时提供两类或两类以上的请求接口。例如，OGC 的 WPS 可以同时提供 SOAP 和 REST 接口。同时，一些包括 ISO/TC211 和 OGC 在内的国际组织针对地理信息服务使用上的具体要求制定了一系列的标准，这些标准大大提高了地理信息服务之间的互操作性，然而标准的激增也大大增加了服务接口的异质性。标准越复杂或多样，其对研究者在使用上的壁垒就越大，尤其是研究者需要利用不同领域的地理信息处理服务构建执行流程处理复杂地学问题，服务的调用和组合等复杂操作严重影响了研究者对地理信息服务的有效使用。

针对地理信息服务调用上的复杂性问题，亟须一种通用的框架，面向不同领域的研究者，隐藏地理信息服务在使用上与研究问题不相关的具体的网络或计算机领域的技术细节，仅向用户公开展示服务处理功能相关的信息。该框架主要包含以下几个方面的特点：

（1）操作界面简洁。传统的桌面端地理信息系统软件中，用户在使用地理处理功能模块时参数的设置只局限于功能本身，但在转换为地理信息服务后，由于信息通信协议的嵌入，与用户无关的包括服务请求和服务响应在内的细节问题都需要由用户自身来监控并制定应对策略。此外，服务接口描述过于复杂，弄清相关的术语也需要一定的学习成本。因此，向用户展示的界面应尽可能少地展示与功能无关的信息和操作要求。

（2）提高地理信息服务可组合性。在简化地理信息服务操作的基础上，需要尽可能减少对不同类型的地理信息服务调用和操作的差异，提高基于不同协议的地理信息服务之间的连通性。该框架的配置文件可以实现与 SOAP、REST、OGC 等类型的服务之间的映射，通过一对一、一对多或多对多的映射，提取出不同协议的服务中的操作语义，形成简单通用的 API 模型，该模型能够表达所有类型的地理信息服务完整的功能和语义信息，包括处理服务的操作描述、消息传递、变量参数和数据类型等信息，从而实现多类型地理信息服务之间在调用上的沟通与关联。

（3）通用的地理信息服务调用解决方案。研究者在查询和调用地理信息服务时，基于简洁的操作界面和通用的 API 进行操作，而终端与各种地理信息服务接口之间的技术细节由驱动程序自动生成并得到有效封装，对研究者不可见。基于服务的类型，驱动程序将服务请求和响应转换为符合接口的消息模式，用户在操作时仅与配置文件交互，不需要了解封装与驱动程序中复杂的技术细节，实现通用的地理信息服务统一调度。

7.3.2 服务建模者间的协同

通过构建地理信息模型来实现地理模拟是地学问题分析和求解的重要方法。将地理信息数据按照一定的流程进行处理，实现对地理信息的反演、预测和分析，可以厘清地理系统内各种地理要素、明晰要素的相互作用关系，从而理解地理现象与过程的内在驱动规律和机制。在这一过程中，以多源的地理信息数据为基础，以专业的数据操作和处理模型为工具，实现研究者对地理现象与地理过程的分析和理解。随着地学研究的不断深入，对地理现象和过程的分析往往需要引入包含水文、土壤、生态、测绘、遥感以及人类社会经济活动等不同领域的信息和数据，同时，为了充分研究和理解这些数据相互之间的影响和作用，揭示地理现象的成因和地理过程的发展规律，往往需要引入上述不同领域的专业知识，借鉴数学、经济学和统计学的研究方法。然而，个人研究者或某单一领域的专家所掌握的知识和资源是有限的，这就使得个人或单一领域的专家在独自进行地学问题的研究时，常常难以全面和准确地分析地理现象的成因和地理过程的发展规律。因此，对复杂地学问题的研究，需要不同领域的专家和学者共同参与、协作探索，发挥出资源共享、知识融合的优势，实现对复杂地学问题的清晰理解和准确模拟。

在网络服务技术的支持下，各领域的专家在集中智慧、协作探索时不再需要在现实世界中来回奔波，他们可以灵活地采用不同的方式相互协作，实现对地理问题的求解。该过程被称为协作式建模或面向团体的建模方式，目的是达到服务建模者间的协同。从协作的类型上来划分，可以分为基于知识信息交换的协作式地学问题求解、基于开放共享的协作式地学问题求解和基于实时交互的协作式地学问题求解。其中，基于知识信息交换的协作式地学问题求解以问题讨论和知识共享为目标，问题讨论与知识共享是推动跨学科、跨部门协作的重要途径，在这类协作式求解过程中，协作者之间的交流、合作可以促进知识的分享，建立关于地学问题的共同认知，及时解决求解流程中的争议与矛盾，从而提高对复杂地学问题的应对能力（Chen et al.，2019，2020）。基于开放共享的协作式地学问题求解以地理信息资源获取与复用为目标，以地理数据与模型为主体的地理信息资源是实现协作式地理模拟的重要基础。为了汇聚并利用已有地理信息资源，需要不同专家学者分享各自的地理数据与模型，从而支持地学问题求解实践的开展。基于实时交互的协作式地学问题求解以实施层的同步模拟为目标，支撑跨地域研究者的协作式地学问题求解，需要在网络环境中提供统一的地理信息服务平台或调用接口，基于这类平台或接口，研究地学问题的协作者可以共同使用模型与数据进行数据分析、模拟执行或结果可视化，从而增强跨地域协作式地学问题求解的交互性。基于这些不同的协作方式，不同领域的研究者已经可以通过数据处理、模型集成和分析预测在一定程度上实现对地理问题的协作式研究。

然而，由于地理信息系统的综合性和复杂性，在地理信息资源方面，不同来源和规范的数据与处理服务存在异构性，难以实现数据与功能的统一管理和处理；在地学研究者方面，对地理现象和过程的分析和模拟往往不是一蹴而就的，而是伴随着各种假定试错和迭代尝试的探索式分析求解过程，需要不同领域的所有协作者在问题认知、数据处理、模型构建、模型执行、结果评估等方面根据变化情况共同探讨，调整流程，更新数据资源，替换中间步骤。因此，为了充分顾及曲折渐进的过程特征、支持协作式地理问题求解，需要构建一套以地学问题求解过程为牵引线，支持协作式地学问题求解过程结构化表达、动态构建与实现支撑的方法体系。在过程表达上，充分理解协作式地理信息服务建模求解过程的结构与内容，明确过程中的不同要素和行为，从而实现结构与内容一体化的过程表达；在过程构建上，需要定义协作者、结果等信息在过程中的流动约束规则，实现基于过程的协作者、资源、工具协调与控制；在过程实现上，也需要支持在地理信息服务集成模型的处理流程执行时，提供同步交互行为的执行控制机制，从而支持协作式地理信息服务集成建模的有效开展。因此，协作式地理信息服务建模应从以下四个方面设计解决方案，以实现服务建模者间的协同。

1. 地理信息服务协作式建模求解过程分析与认知

由于地学研究问题的多样性，不同地学问题对应的建模求解的过程通常不同，求解流程的构成服务及服务间的组合关系也会随着模型方法的选择而各有差异，需要从不同的流程中总结出异构求解过程之间的共性特征，提炼出协作式建模的关键过程节点，厘清地学问题求解模型中服务间关系的内涵与类型，总结不同关系下地理信息要素的行为特征；建立统一的协作式建模求解过程认知，明确求解过程的内容与结构，从而辅助协调地理信息资源、引导地理信息服务建模流程设计、促进协作式建模效率与质量的提升。

2. 地理信息服务协作式建模求解过程结构化表达

对异构求解过程的结构化描述与表达，是探索地理信息服务集成建模实施方案、引导协作式地理信息服务集成建模的基础。地理信息服务协作式建模求解过程的结构化表达可以将地学问题求解的历程或路径以一种清楚明晰、计算机可理解的方式进行呈现。工作流是一种常用的求解过程表达方法。由于地理信息服务的集成建模过程是一系列服务的有序组合，涉及不同数据服务和模型服务的使用。因此，为了实现地理信息服务协作式建模过程的完整表达，不仅需要对过程本身进行描述，也需要对过程中的数据、模型进行描述。另外，在地理信息服务集成建模活动中，建模人员作为地学问题求解过程的推动者、数据和模型服务资源的使用者，也是不可或缺的关键要素，尤其对于多人参与的协作式建模而言，协作者的任务、行为通常不同，地理信息服务集成建模的求解过程表达方法应支持对不同协作者的引导，以及实现对协作者交互行为的跟踪与记录。地理信息服务集成建模过程的表达框架及其描述文档应详细记录和表达建模过程中的流程服务、协作者、服务资源、工具以及服务依赖关系的对象化表达方法，从而支撑协作式理信息服务集成建模过程引导与记录。

3. 地理信息服务协作式建模的动态构建方案

复杂多样地学问题的求解需要研究者们使用不同建模与分析方法，并且在求解过程中对所采用的方法进行逐步完善，地理信息服务协作式建模的结构也是随着过程推进而动态变化的。在多人参与的地理信息服务协作式建模中，不同协作者通常需要在地学问题求解的不同阶段，反复对研究方法与分析方法进行讨论和探索，以构建地理信息服务协作式模型，同时根据阶段性的处理结果和反馈，对过程进行动态调整与优化。因此，需要分析地理信息服务协作式建模流程中服务的依赖关系，探索流程中的服务依赖关系与顺序、信息流的形式及其约束条件，设计面向依赖顺序、流动形式和约束条件的地理信息服务协作式建模的服务连接协议，进行服务组合连接，同时设计基于服务连接协议的地理信息服务协作式建模的流程更新和备份策略，支持面向复杂地学问题求解过程探索与优化，并实现过程引导与记录追溯。

4. 地理信息服务协作式建模引擎设计方案

地理信息服务协作式建模的开展，需要功能完备的支持系统提供多人协作、流程设计等功能。地理信息服务协作式建模的实现通常遵循明确有序的过程。在这个过程中，需要引导不同协作者，协调不同地理信息服务资源，以共同支持地学问题的解决。因此，作为地理信息服务协作式建模的支持系统，在系统设计与实现上也需要考虑这样的过程。为了满足这个目标，地理信息服务协作式建模系统既需要实现交互信息同步与传输，从而建立不同服务、协作者、资源以及工具之间的联系，也需要支持开放可共享的地理信息服务流程建模，从而作为一个驱动引擎推动完整求解过程的实施。

地理信息服务协作式建模引擎可以为多用户在线参与的地理信息服务集成的流程构建提供功能支持，从而推动协作式的地学问题求解。在协作式建模和求解过程中会产生各种互动行为。这些互动行为并非相互独立，而是依据不同关系联系在一起的。因此，需要在服务节点和服务间连接关系的流程结构中，组织各种交互行为并实现其功能需求。在求解过程的驱动下，地理信息服务协作式建模引擎不仅需要对交互消息进行处理，满足特定的建模功能需求，也需要进行交互状态和结果的同步，实现同活动内的交互行为信息同步以及跨活动的交互行为结果同步。

7.4　地理信息服务计算协同

地理信息服务的计算协同从两个方面来实现，其一是针对海量的地理信息数据服务请求，通过服务器集群技术将地理信息服务请求所需内容在不同集群节点上进行集中管理，然后再采用负载均衡技术使各节点上处理的任务量尽可能达到均衡、耗费的时间最少（Zhou et al.，2015）；其二是调用处理服务处理地理信息数据时，考虑待处理数据的大小、服务处理能力以及网络带宽等因素，调用网络中处于不同节点的地理信息处理服务资源，降低单个服务的处理压力，提高整体的处理效率。

7.4.1　顾及数据空间访问密度的数据服务请求负载均衡

有效的负载均衡是提升当前海量地理信息网络服务请求响应效率最常用的方法。根据负载均衡模型或系统对任务的分配方式，目前负载均衡主要包括静态负载均衡和动态负载均衡两种方式（Cardellini et al.，1999）。静态负载均衡是在不考虑服务器当前负载的情况下，顺序地将用户的请求轮流分配给内部服务器。经典算法是轮询算法（Iqbal et al.，1986）及在其之上形成的相关算法，其适用于服务请求在后台的计算量较为均衡的情况。动态负载均衡是根据每台服务器的当前处理能力或负载情况，将服务请求动态或定向发送到最合适的服务器上进行处理，其适用于对数据计算量差异较大、复杂度较高的并行算法进行任务管理与调配。

对于海量地理信息服务请求而言，海量体现在两个方面：一是数据本身体量庞大；二是服务请求任务频率高。上述已有方法中，静态负载均衡的相关研究方法大多是对数据自身的均衡处理，即对数据进行均衡的划分，较少顾及不同空间区域请求任务量之间是否存在差异，若不同数据范围之间请求任务量差异较大，会导致实际服务节点处理量不均衡；动态负载均衡考虑了服务请求任务的频率，使请求任务与数据类型具有较高的配对要求，缺少对请求任务在空间上连续性和随机性的考虑，负载均衡效果难以达到最优。考虑地理信息服务请求主要涉及 I/O 操作，对地理信息数据本身的计算机后台分析计算量小、复杂度不高且较为均衡，在基础算法使用上性能消耗最少的静态轮询计算更适合应用于海量地理信息服务请求，但需要同时考虑数据量和服务请求频率设计负载均衡算法，兼顾用户对某一区域的数据调用次数，即服务空间访问密度，有效提高海量地理信息服务请求响应效率。

轮询负载均衡算法是将服务器按照顺序进行编号，将到达的负载任务按顺序分发给各个服务器，使每个服务器上都有相关的任务进行处理。轮询调度算法简单、便于实现，只需要按照某一顺序对当前服务器进行选择即可，无须考虑服务器的当前连接状态。但其将每个服务器视为具有同等性能，并没有考虑服务器之间存在着性能上的差异，也没有考虑服务器当前是否已经在进行任务的处理及服务器的响应效率。因此，轮询负载均衡算法较适合于后台计算量本身较为均衡，而且所有运行服务器的软硬件配置相当的情况，如地图瓦片请求、兴趣点查询等。已有的基于数据均衡划分的负载均衡算法主要是对数据本身进行均衡，缺少从地理信息请求任务方面的均衡处理，因此需要同时考虑地理信息服务请求本身的频繁程度与数据在空间分布上的关系，即空间访问密度。对于地理信息数据的请求服务而言，其在空间具有聚集性的特点。通过对一段时间内访问日志在空间区域上的统计分析，就能够发现用户的数据请求任务在空间上的密度分布特征，然后根据空间访问密度和这些空间的自身连续性特点进行请求任务的均衡分配，提高请求响应的效率。

顾及空间访问密度的地理信息服务请求负载均衡算法的核心内容主要包括（刘晓丽等，2021）：①基于地理信息数据访问日志记录，提取数据的外包框数据集，设置空间访问基准热度，基于空间访问基准热度对空间范围进行划分，生成四叉树索引，通过四叉树索引建立空间访问密度均衡模型；②在地理信息服务请求时，利用空间访问密度均衡模型进行轮询分配，考虑数据的空间连续性，将空间相邻近的请求分配到同一个服务节点，从而降低了服务节点上调度的空间数据量，提高了服务节点的响应速度，并通过轮循算法实现请求平均分配，使所有服务节点的负载达到近似均衡。

7.4.2　基于任务规模和处理服务能力的去中心化调度

相比传统的桌面端运行模式，网络化的地理信息服务拥有较为统一的规范和良好的跨平台性，能够较好地促进地理信息处理功能的共享，但当前对地理信息处理服务的调用方案多是以单中心的方式提供单个的地理信息服务，基于这种单中心的地理信息服务调用方式，地理信息服务使用者通常只调用部署在一个服务器上的单个处理服务，难以满足计算量较大的地理数据处理的计算需求，计算量较大的地理处理服务也要求所在地服务器性能相对较高。从地理信息服务执行流程的角度来看，随着网络基础设施的不断发展和网络平台的不断完善，在网络上存在一系列功能相同但处于不同部署节点的地理信息服务，但在地理信息服务集成建模后的实际执行时，对地理信息服务的调用是基于集成模型中的每一个执行节点的功能要求搜寻可用的地理信息服务，然后从可用的地理信息服务列表中选取质量最优的一个服务承担该节点的任务，当该服务执行出现异常时，替换为质量次之的服务，重新发送数据并请求服务执行。这种情况下，不同用户对同一功能的地理信息服务的调用往往集中于服务质量处于头部的少量地理信息服务，地理信息服务的整体利用率较低，同时，对于流程中的每一个处理节点，调用的单个地理信息服务出现异常时，往往需要重新选取服务从头开始执行该节点的处理功能，在网络传输出现波动或处理服务出现偶发的异常时，完成该节点的处理任务需要较长的时间。

为了弥补这种单中心的地理信息服务模式存在的不足，可以通过对处理任务进行分割，采用去中心化的地理信息服务调度方法缓解地理信息服务对海量地理数据的处理压力，缩短对地理信息数据的处理时间。处理任务分割旨在将单个处理节点的处理任务分割为子任务，使复杂任务简单化，减少处理服务的处理压力，其常用于栅格、文本和表格数据等耦合性较低的地理信息数据类型。主要有两种任务分割方法：参数法和数据传输法（何元庆等，2020）。①参数法。参数法以改变处理参数的方式划分处理的数据区域，实现计算任务的划分。每个子任务的承担者获取完整的待处理数据以及一份参数文件，参数文件包含该部分子任务的起止范围和状态标识，其中状态标识用于标识子任务的完成进度。②数据传输法。数据传输法以数据块的形式划分计算任务。在去中心化计算过程中，执行控制中心根据切分的子任务数量，将待处理数据切分为数据块，每个子任务的承担者获取各自需要处理的数据块。在两种方法中，各子任务完成后，均需要将处理结果上传至控制中心进行合并得到完整的处理结果。两种任务分割方法各有优劣，应用场景有所不同。采用参数法分割计算任务，不需要分割处理数据，通过调整处理范围的参数设置即可实现任务分割，但每个子任务必须配置一份完整的计算数据，额外的数据配置会导致大量数据冗余，带来不必要的数据存储压力，在分割后的子任务数量较多时，这种缺陷尤为突出。数据传输法采用即用即取的形式将数据块传输给各个子任务，但在即用即取形式下数据的网络交互较为频繁，需要消耗较多的时间用于切分和传输数据，因此当切分的子任务较多时，采用数据传输法可以减少不必要的数据冗余，当子任务较少时，采用参数法可以缓解大量数据交互带来的数据传输压力，避免数据传输带来的时间浪费。

可采用两种方式实现地理信息服务的去中心化调度：①1 个处理服务+n 个计算节点。②1 个主服务器+n 个代理服务器。如图 7-13 所示，在“1 个处理服务+n 个计算节点”的模式中，处理服务本身可视为一个调度中心，根据处理任务的规模，在处理服务的服务器集群中动态设置计算节点的数量，并在处理任务分割后动态派发处理任务，调度中心不断向计算节点请求处理状态信息，监听计算节点的运行状态。通过对反馈的状态信息进行分析，调度中心可以在计算节点执行完毕后及时更新计算任务，避免因计算节点性能差异导致的资源闲置问题。

在“1 个主服务器+n 个代理服务器”的模式中，主服务器负责流程控制和任务分配策略，代理服务器与部署在不同网络节点的处理服务一一对应，复杂数据的接收、划分、传输、处理与合并如图 7-14 所示。通过定期的服务请求测试获取处理服务节点的处理能力和节点间网络传输效率，在获取任务需求后，基于处理工作量和处理服务能力选取一定数量的处理服务，并根据网络拓扑结构和处理能力，在处理服务中选取负责数据划分和传输的中心节点，并分配各个节点的任务量，在其他节点处理完成后，将处理结果汇总至中心节点。

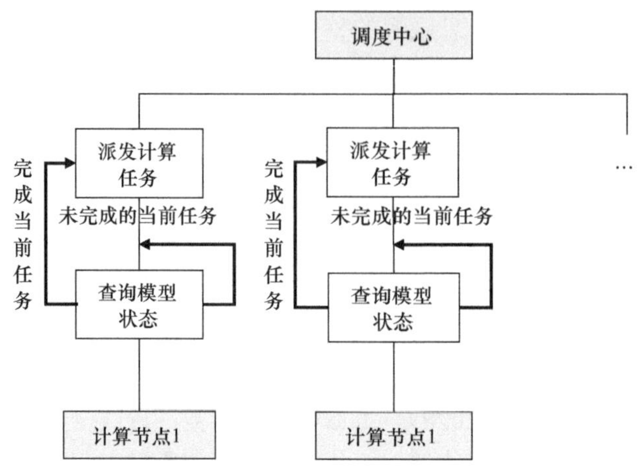

图 7-13　调度中心任务派发过程

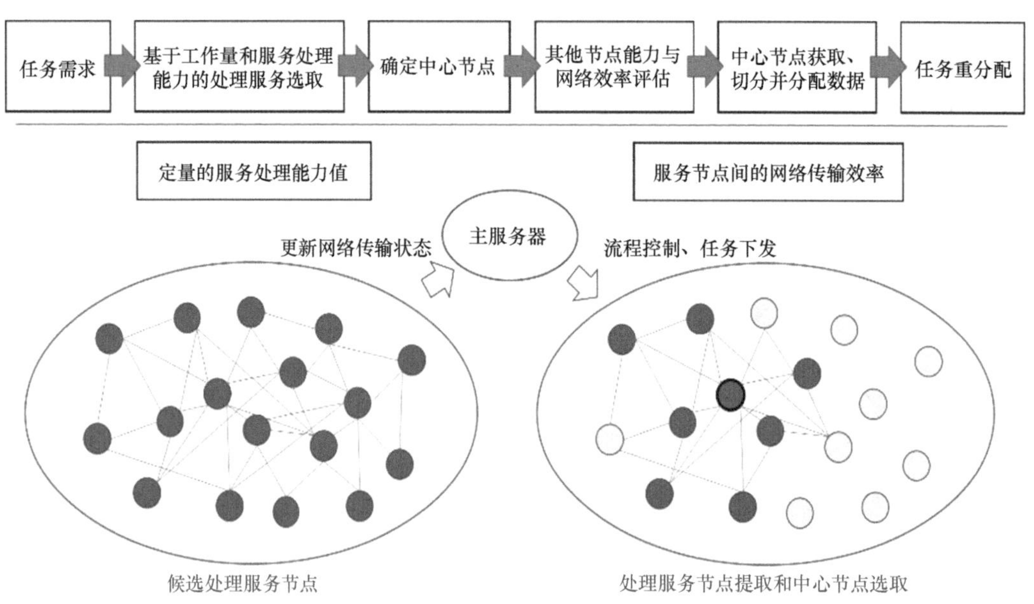

图 7-14　代理服务器任务分配策略

在两种去中心化调度方案中，单个子任务的处理过程出现异常时，可通过进一步分割并替换计算节点或处理服务等方式重新处理该子任务，这对整体任务的完成影响较小，同时，处理任务的最终完成时间取决于最后一个完成的子任务的执行时间，因此缩短整体执行时间的关键在于根据各个子任务的承担者的处理能力和数据传输效率分配任务量，使得每个子任务的完成时间尽量趋于相同。

7.5　地理信息服务协同应用

在服务协同理论的支持下，构建地理信息服务协同平台，为地理信息服务建模活动提供高效、统一的工作环境，使不同的服务对象能够相互协作，达到服务协同的目的。

当前构建的服务平台在一定程度上都结合了服务协同的思想。但由于平台服务的对象、应用场景偏好等多方面的不同，平台体现的协同维度也存在差异。本节将讨论三个地理信息协同平台——GeoJModelBuilder（Zhang and Yue，2013）、Geoweaver（Sun et al.，2020）、OpenGMS（Chen et al.，2019）。了解不同工作成果特点与差异，有利于取长补短，完善地理信息服务协同平台的建设。

7.5.1　GeoJModelBuilder

GeoJModelBuilder 是围绕在工作流环境中管理和协调地理空间传感器、数据、分析功能和模型设计的地理信息服务协作平台。图 7-15 显示了 GeoJModelBuilder 的系统架构，包括工作流设计器、与服务和模型的工作流绑定以及工作流执行引擎。GeoJModelBuilder 专注于提供地理信息服务和环境模型的工作流环境，整合基于标准接口（如 OGC WPS）和协议（如 HTTP GET/POST 和 SOAP）的地理信息服务以及 OpenMI 协议等，使多源异构的地理信息服务资源能灵活插入工作流中，并进行互操作。此外，当抽象工作流绑定到特定服务以生成具体工作流时，可以根据服务质量（QoS）从具有相同功能的多个服务中选择服务，为地理空间应用程序提供高质量的服务。目前，GeoJModelBuilder 作为开源工具发布在 SourceForge.net 上，包括源代码、代码文档、用户文档和窗口安装程序（http://sourceforge.net/projects/ geopw/）。

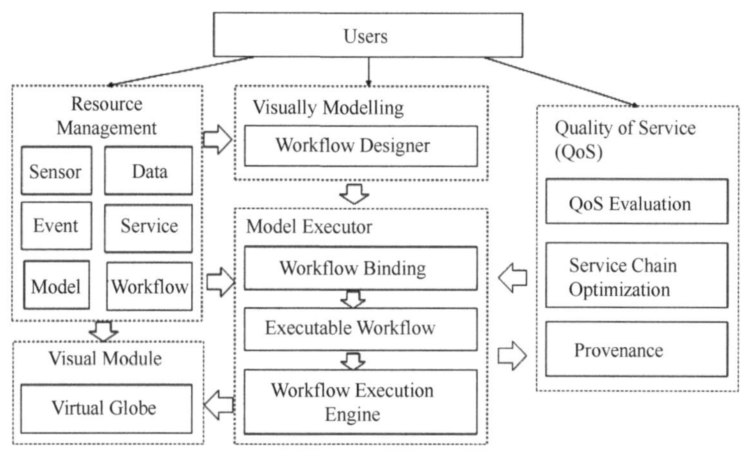

图 7-15　GeoJModelBuilder 的系统架构

7.5.2　Geoweaver

在地理大数据背景下，将人工智能（AI）技术（包括机器学习、深度学习等）用于解决地理信息科学问题引起广泛关注。AI 处理涉及大量复杂软件、脚本、库和命令行工具的组合来执行 AI 模型的训练、测试、处理和管理工作，这种复杂性对全栈 AI 工作流管理提出了巨大挑战。为此，Sun 等（2020）研发 Geoweaver 系统，用于提高全栈 AI 工作流管理的效率。Geoweaver 支持将所有预处理、AI 训练和测试以及后处理的步骤链接到单个的自动化工作流程中，并提高工作流应用的自动化和可重用性。该框架基于现有的人工智能和空间大数据软件生态系统，将多个成熟的系统集成在一处，供用户调用，如图 7-16 所示。

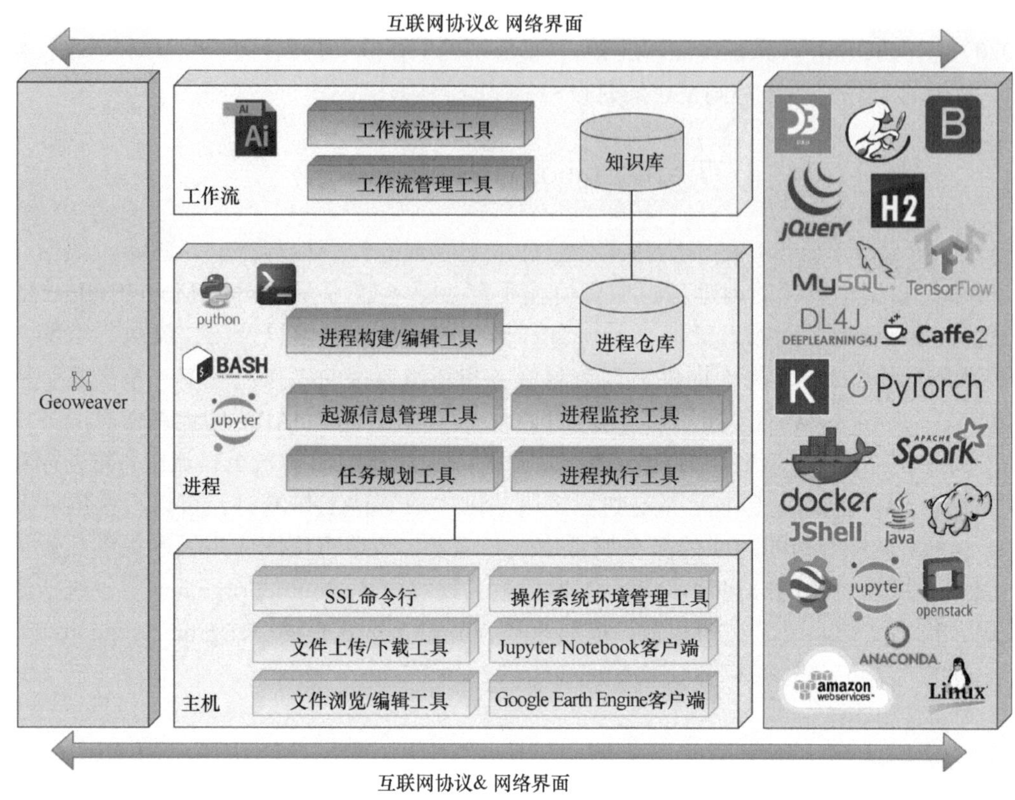

图 7-16　Geoweaver 整体设计

具体而言，Geoweaver 核心设计根据所处理的对象实体分为三个模块：主机（host）、进程（process）和工作流（workflows）。①主机模块基于开放 API 客户集成现有资源，如服务器、虚拟机、Jupyter 服务器实例和第三方计算平台如 Google Earth Engine 和 Google Colab，并能够接管系统环境的管理，消除安装、管理和操作环境依赖项的需要，为部署应用程序提供生产就绪环境。②进程模块包括五个子模块和一个数据库，支持的原子进程包括广泛使用的脚本、程序、命令或代码（Python、Jupyter Notebook、Shell 脚本）。常用的人工智能库，如 DeepLearning4j、Keras、PyTorch、Caffe、Tensorflow 等可在 Python 或 Jupyter 进程中直接访问。任务调度器负责调度等待列表中的进程执行请求，并从资源池中为任务分配合适的平台；进程运行器负责通过安全外壳（secure shell，SSH）通道绑定并在分配的平台上执行进程；进程监视器监听执行过程中发生的所有事件并实时报告状态；出处管理器负责查询和分析每个流程执行的存储历史信息，以评估数据质量或从故障中恢复流程执行；最后，数据库负责存储包括结果消息、输入和执行代码在内的所有相关信息，以供未来进行查询。③工作流模块提供两个主要功能：基于过程模块的原子工作流组成以及工作流管理，包括查询、编辑、执行、监控和失效。Geoweaver 功能列表和工作流构建模块如图 7-17 所示。

Geoweaver 通过三个模块将复杂工作流程进行拆分，将海量数据资源、多源硬件设施（如公/私有云、GPU 服务器）、AI 模型、代码等通过工作流动态绑定和控制，地理大数据资源、AI 模型和支撑模型处理的算力能够通过 Geoweaver 进行合理的调度和分配，实现了逻辑层面（工作流组合）和处理层面（AI 模型与运算资源分配）的协同，即过程协同与计算协同。基于 Geoweaver 的工作环境，Sun 等（2020）使用深度学习 LSTM 模型进行土地覆盖变化预测实验，总数据量达 9.5 TB，验证了 Geoweaver 高效的服务协同能力。当前，Geoweaver 作为 NASA Access 项目 2019 年度的子项目继续发展，其源码与原型系统开源于 GitHub（https://esipfed.github.io/Geoweaver）中。

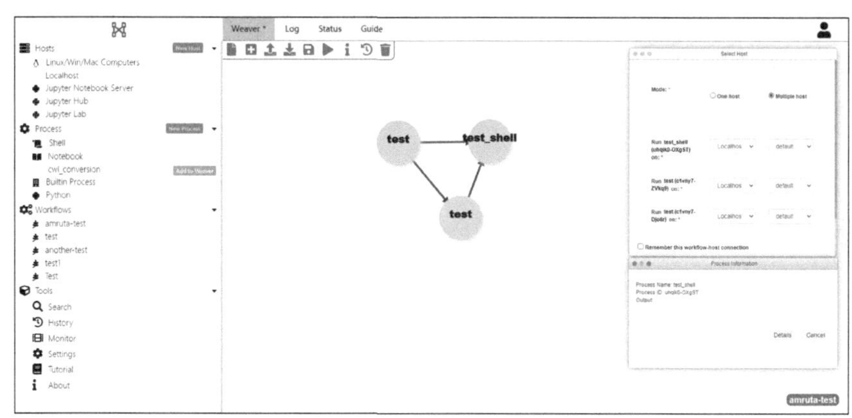

图 7-17　Geoweaver 功能列表和工作流构建模块

7.5.3　OpenGMS

开放地理建模与仿真平台（open geographic modeling and simulation，OpenGMS）是南京师范大学虚拟地理环境教育部重点实验室研发的地学建模与模拟平台，支持地理应用程序的建模和模拟资源共享。OpenGMS 围绕地理模拟过程中的数据、模型、协作者三个要素探索其全过程协同体系，建立了面向团队的协作式建模（teamwork-oriented modeling）体系（Chen et al.，2019）、面向服务的封装（service-oriented wrapper）策略（Zhang et al.，2019）等理论与方法，形式化表达参与者、资源、工具之间的协作关系和调度方法，促进跨地域、跨领域协作式地理建模与模拟。

OpenGMS 由四个主要部分组成——资源标准和规范、资源共享环境、协作集成建模环境，以及分布式仿真环境，如图 7-18 所示。具体而言，资源标准和规范用于资源的整合与重用，通过严格定义的分类体系、元数据标准以及数据表达标准，消除资源的异质性，从而允许用户发现、定位和访问他们的目标资源。首先，OpenGMS 平台基于通用数据交换（UDX）模型以及模型描述语言（MDL）进行资源的标准化与共享；其次，资源共享环境旨在弥合地理模拟资源提供者和用户之间的差距，建设包括资源共享、资源发现、资源跟踪和控制以及面向共享的辅助设计四个子项目；再者，协同建模环境支持在开放的网络环境中共享资源后进行地理模型的集成组合，依据层层递进的三层建模过程——概念建模（conceptual modeling）、逻辑建模（logical modeling）、计算建模

（computational modeling）实现协作者、模型（资源）、服务设施相互之间从设计到模型执行阶段的协同工作；最后，分布式仿真环境包括分布式执行和控制，以及协同仿真和评估，使集成计算模型能够在网络中运行，并帮助用户进行和优化协同仿真。

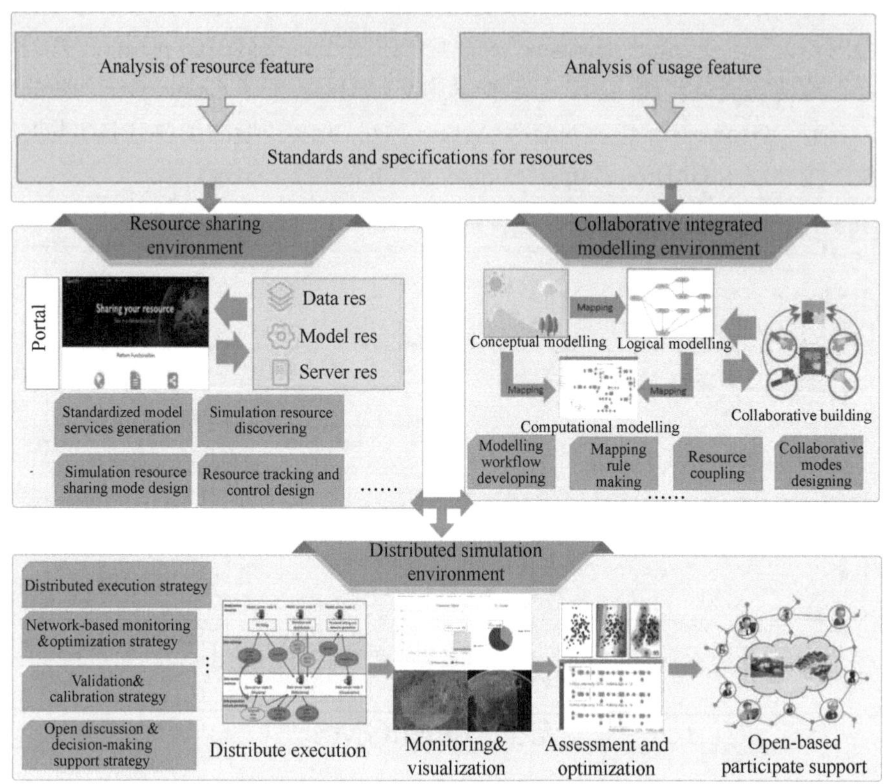

图 7-18 OpenGMS 地理建模和模拟平台总体框架（Chen et al.，2019）

OpenGMS 平台涵盖了许多模型资源，从简单的计算模型（如坡度和缓冲区计算模型）到大型地理模拟模型，支持城市建模、土壤和水评估等面向多用户多领域的协同任务的开展。同时，用户可以自定义模型，并按照流程指引上传、分享以及利用线上资源与多端用户交互使用。OpenGMS 平台访问地址为 https://geomodeling.njnu.edu.cn/。

地理信息服务协同平台为地理信息资源提供了交互与协作的环境。从服务协同目标的角度看，三个平台分别从基于工作流的服务组合、基础设施与计算资源的集成、人机交互、对象协作等角度实现了过程协同、计算协同、对象协同三个不同层面的服务协同。尽管如此，这些平台较少涉及关于服务间关联关系的利用。从协同实现的角度看，地理信息服务网络如何促进地理信息服务协同的发展仍是未知的。因此，需要将地理信息服务网络技术应用到协同平台的建设中，做进一步的实验论证。

7.6 本章小结

本章介绍了地理信息服务协同的基本概念、研究意义和实现方法。

地理信息服务协同的研究与应用来源于对地理信息问题的不断深入、研究领域的不断扩展和处理数据规模的不断增长，在这种背景下，研究者对地理信息问题的研究不再局限于针对领域单一或数据规模有限某一特定问题设计地理信息服务执行流程实现地理问题的求解，而对研究过程中的全过程、多角色协同的需求日益突出，主要体现在降低服务使用者和服务提供者之间直接沟通的协同成本、提高服务流程执行过程中的智能化构建和异常应对的协同机制、规范和引导不同领域的研究者协作建模以及有效调度网络中的服务计算资源，从而提高地理信息服务资源的利用效率和研究者对复杂问题的协作研究能力，推动地理信息服务技术的跨领域发展和智能化应用。

本章中协同的角色包含地理信息服务、服务提供者与各领域的服务使用者以及终端计算资源，此基础上将地理信息服务协同进一步细化，分别从地理信息服务的过程协同、对象协同和计算协同三个维度介绍了地理信息服务协同内涵，并针对当前存在的问题，将地理信息服务协同的意义归纳为四个方面：知识层面的无壁垒交流、资源层面的无浪费调用、用户层面的无障碍协作和应用层面的无差异整合。

过程协同是将种类繁多的地理信息服务按照一定的任务需求和规则关联起来并执行处理功能，提高服务按需集成的智能化与执行控制的自动化水平，同时也提升服务模型执行过程中对异常问题的应对能力。

对象协同是针对地理信息服务协同建模活动包含的地理信息服务的提供者和使用者、协作建模的研究者等服务对象，研究如何基于服务者的真实意图从已提供的海量的数据资源中获取目标数据、如何让使用者减少服务的使用和学习成本而直接理解服务提供者对服务的功能描述、如何让不同领域的研究者们按照一定的规范根据引导完成协作建模任务，从而提高不同对象之间的沟通效率。

计算协同的对象是终端计算资源，目标是保证任务的高效执行，主要关注的是针对海量的地理数据资源、高并发的地理数据请求以及各节点的处理能力动态分配处理任务，提高整体的运行效率，从而获得更好的用户体验。

通过以上三类协同，打通基于地理信息服务的问题求解全流程的各个环节的协作与交流，最终提升地理信息服务应用的广泛性、智能性和高效性。

基于对协同理论的不同维度的分析，将其应用到地理信息服务平台的建设中，目前已有许多成果，本章对三个典型应用——GeoJModelBuilder、Geoweaver、OpenGMS 进行了简介。然而，当前尚未有基于地理信息服务网络实现服务平台的应用，为此本书第 8 章将展开对地理信息服务网络支持的协同平台构建方案进行探讨。

第 8 章　地理信息服务网络支持的协同平台

本章讨论地理信息服务网络与协同平台的实现，即通过构建地理信息服务网络，整合多源异构、语义关系复杂的地理信息服务资源，实现服务共享、自动组合、智能推荐、自我优化的地理信息服务协同。

8.1　平台架构与关键技术

8.1.1　架 构 体 系

地理信息服务网络与协同平台是基于服务网络构建的分布式协同环境，旨在实现地理信息服务从片面共享、简单处理、初级组合到全面信息提供、综合分析处理、智能协同的提升。根据地理信息服务网络与协同平台的协同目的和功能需求，本书提出基于资源汇聚层、服务支撑层、业务应用层的三层结构的平台框架，每个层级（layer）由一个或多个模块（module）构成，每个模块包含多个组件（component），组件是实现具体功能的最小单元，其结构如图 8-1 所示。

资源汇聚层是不同类型的服务资源的集合，概括为数据资源、算法资源、模型资源、计算资源、知识资源，以及其他资源。数据资源、算法资源、模型资源提供地理信息服务网络中数据服务和处理服务的原始材料，是构成资源汇聚层的主要内容；计算资源提供承载算法和模型的基础设施与运行环境；知识资源是对上述资源的补充，包括结构或非结构化的文本、图像、视频等内容，可以向用户提供对研究领域、算法、数据、模型、配置、使用说明等与资源相关的各个方面的补充说明；其他资源包括软件资源、存储资源等，可以提供业务实施、资源存储的能力等。在构成资源汇聚层主体部分的数据资源、算法资源、模型资源中，既包括标准化的服务资源，主要是基于 OGC、SOAP、RESTful 等规范发布的服务，也包括非标准化的服务资源，如服务组件、模型工具包、Web 服务接口、SDI 设施中的数据文件、文本等。因此，需要建立统一的资源描述方法、资源封装方法以及资源服务接口，支持将地理信息服务资源转换为统一标准的地理信息服务。在此基础上，构建服务注册中心，以主动或被动的注册方式集成地理信息服务，主动注册是通过网络爬虫自动获取标准化的地理信息服务并注册，被动注册则是一种通过用户手动注册地理信息服务的方式，既包括标准化的地理信息服务，也包括上传的数据、功能方法等地理信息服务资源，由平台系统将这些资源实例化。注册中心充当起资源汇聚层与服务支撑层之间的桥梁，可以为地理信息服务网络的构建提供基础。

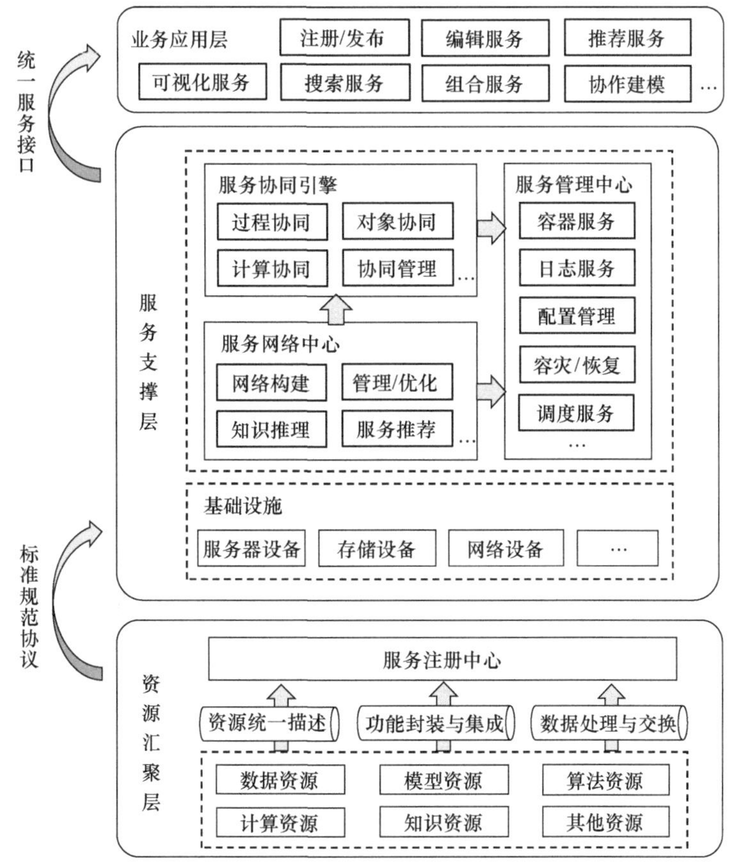

图 8-1　地理信息服务网络与协同平台的体系架构

服务支撑层由基础设施和平台服务组成。基础设施包括服务器设施、存储设备、网络设备等一系列服务设施，可以为集成地理信息服务资源、创建服务网络与协同功能模块提供环境基础。在基础设施的支撑下，服务支撑层包括三个平台功能模块：服务网络中心、服务协同引擎，以及服务管理中心。①服务网络中心是地理信息服务网络构建、管理、优化的场所。在构建完成的服务网络中，根据其中的服务关系，构建知识推理组件，是实现智能化服务推荐、提供自动化服务组合方案，进而实现服务协同的关键。②服务协同引擎根据协同参与对象的分工划分为流程协同、对象协同、计算协同三个组件，用于协同方案构建、协同活动实例化、协同过程执行与监控、记录等。③服务管理中心负责整个服务支撑层的运维和优化工作，包括容器服务、日志服务、配置管理、容灾恢复、调度服务等。

业务应用层是在服务支撑层的基础上实现终端用户与服务平台的交互，是地理信息服务网络与协同功能实现的具体表现，主要内容包括：可视化服务、编辑服务、推荐服务、组合服务、协作建模、服务注册和管理等。应用功能组件通过统一的服务接口分别向服务网络中心、服务协同引擎和服务管理中心调用服务接口，获取相应功能来满足相应的应用需求。

8.1.2 关 键 技 术

地理信息服务网络与协同平台实现，关键在于对地理信息服务、服务网络以及服务协同各项技术的整合。相关技术贯穿架构体系的各个层级，如图 8-2 所示。本节列举在资源汇聚层、服务支撑层、业务应用层以及各层连接处包含的关键技术及其潜在实现，具体包括：多源异构地理信息服务语义描述与形式化表达框架、计算资源动态整合与一体化技术、顾及服务语义关系与质量的地理信息服务网络建模与推理、面向任务驱动的协同表达与优化。在实施过程中，用户应依据不同研究背景、资源内容、试验软硬件条件等方面的差异，具体问题具体分析，落实各项关键技术。

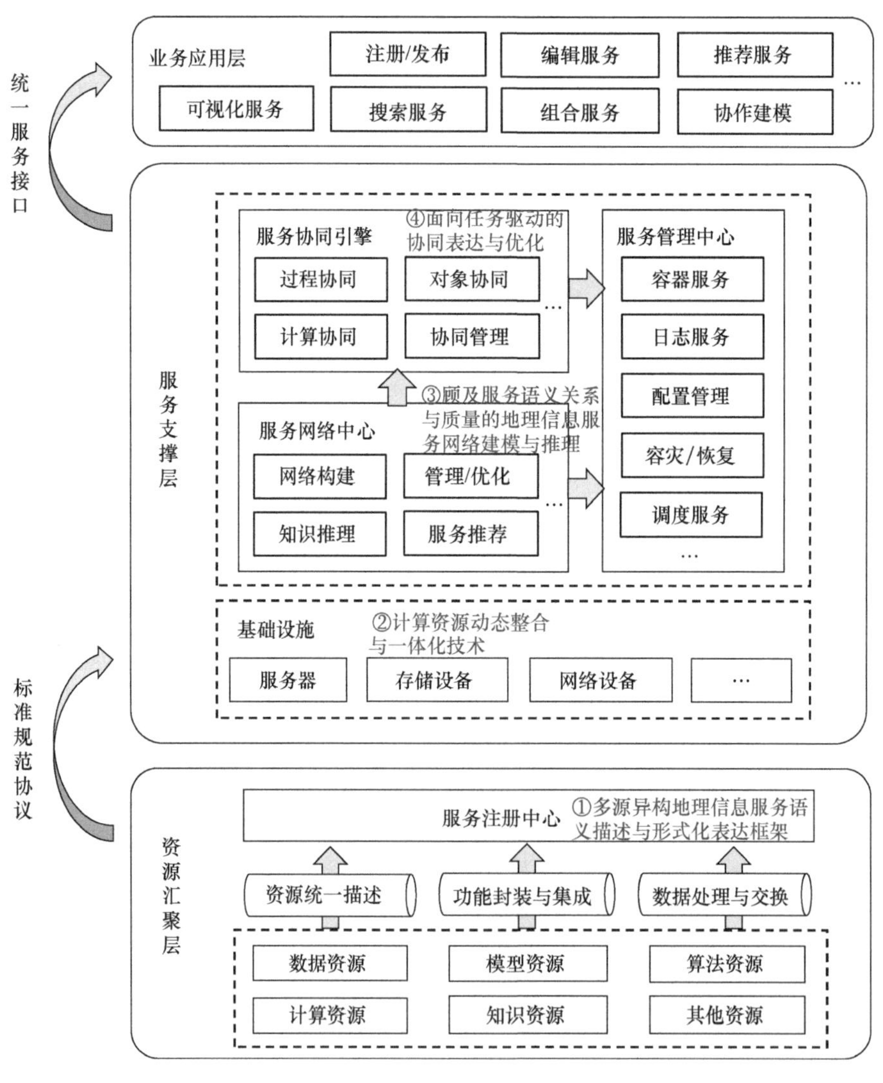

图 8-2　地理信息服务网络与协同的关键技术

1. 多源异构地理信息服务语义描述与形式化表达框架

将地理信息服务资源汇聚形成统一的地理信息服务，核心在于对数据、算法和模型资源的描述与表达，解决地理信息服务资源普遍存在的多源异构、描述语义模糊、质量时效性缺乏等问题。因此，构建地理信息服务语义的描述与表达框架，对地理信息服务及其显式和隐式数据、服务组合要素、服务质量要素的时态特征、空间特征、属性特征、关联特征等进行统一的抽象描述和摘要描述，全面准确抽取地理信息服务中包含的有价值数据信息和功能信息，是构建地理信息服务网络，实现自动化、知识化、智能化服务协同的基础。需要一个全面的标准，构成统一的服务语义与理解表达视图对不同的地理信息服务进行语义描述，使不同或相同的服务之间能够进行横向对比，增强对服务实体本身的选择能力。如图 8-3 所示，地理信息服务的多维语义视图框架，包括服务特征描述与表达、服务质量描述与表达，以及服务摘要描述与表达。

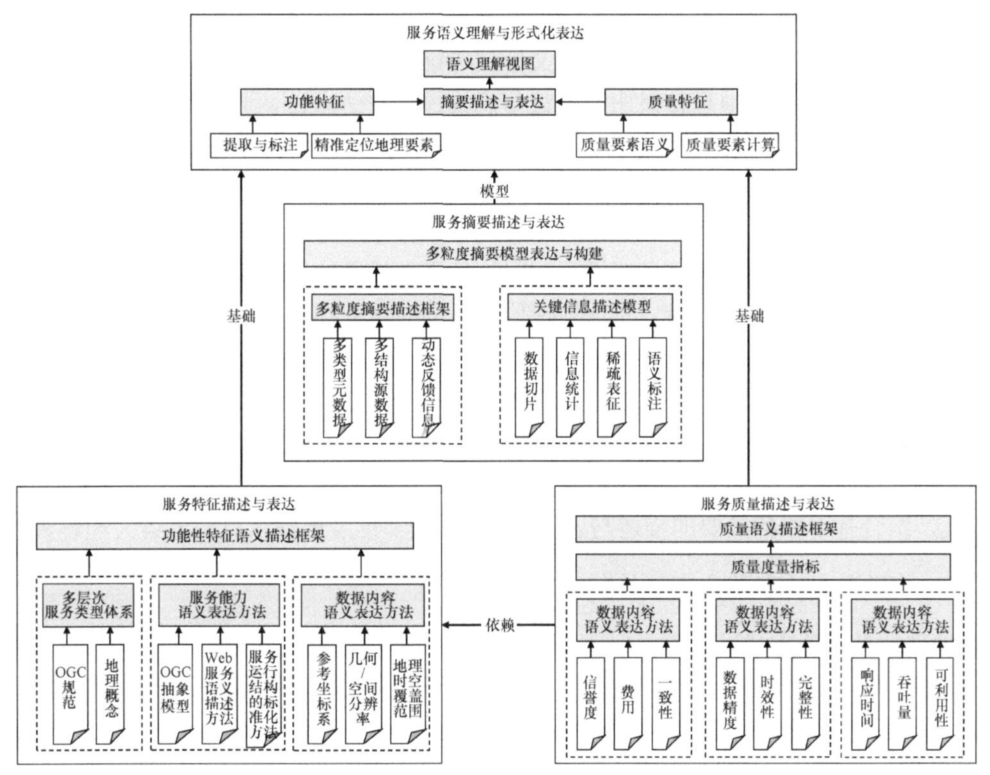

图 8-3　地理信息服务的多维语义视图框架示意图

服务特征描述与表达旨在构建功能性特征语义描述框架。首先，依据 OGC Web 服务体系框架，以及其他互操作和空间信息处理资源分类方法，建立多层次服务类别体系；考虑地理数据模型、格式的多样性以及操作的复杂性，对服务描述信息中的提供者信息、操作信息、版本信息、内容摘要信息等进行包含时态的结构化语义描述。挖掘地理信息服务中数据内容的地理属性（如参考坐标系、集合、空间分辨率等）的语义标签形式抽象与概括方法，分析数据标签的差异性与相似性。在此基础上，参考地理数据知识描述体系，设计地理信息服务组合要素及其属性的描述方法，包括名称、命名空间、描述、关键字、提供者等，以支持服务组合的发布和发现。通过综合上述的地理信息服务能力、地理数据内容以及服务组合的语义描述方法，构建多层级的地理信息服务功能性特征语义描述框架。

服务质量描述与表达根据地理信息服务质量的动态性和时效性制定服务质量的描述与表达方法。面向地理信息处理的复杂性和地理数据的时空依赖特征，建立地理信息服务质量要素模型构建原则。参考本书地理信息服务质量相关章节的技术体系，从服务实体质量和执行质量两方面考虑，设计通用、可拓展的地理信息服务质量要素模型，包括功能可用性要素（如信誉度、费用、互操作、一致性等）、成果质量要素（如数据精度、时效性、完整性、正确度），以及过程质量要素（如响应时间、吞吐量、可利用性、可靠性等），并基于服务功能与能力特征来定义度量指标，评估不同类型、不同功能特征的地理信息服务的质量差异。

服务摘要描述与表达通过分析地理信息服务多类型元数据、多结构源数据，以及动态反馈信息，建立涵盖地理信息数据和空间操作的地理信息服务多粒度摘要描述框架。从数据切片、信息统计、稀疏表征和语义标注等维度出发，设计包含元数据、采样、过滤、统计和语义在内的地理信息服务关键信息描述和表达方法，通过元数据分析、关键数据萃取、能力信息解译、地图综合等多种手段，研究地理信息服务多粒度摘要模型的构建机制与计算技术。

最后，功能特征、质量特征以及摘要的描述与表达共同支撑地理信息服务语义理解与形式化表达。例如，基于信息熵进行地理信息服务描述的新词发现，扩充地理信息服务的词汇库，并结合主题模型，实现地理信息服务的精细粒度主题分类，以及主题标签的自动提取；顾及地理信息服务的时间有效性和研究尺度的宏观特征，结合时间度量单位，多粒度提取地理信息服务及其质量的时态信息，有效表达地理信息服务与质量的时态变化。解析不同类别地理信息服务描述的质量要素词汇及其相关语义，进行质量要素计算，形成地理信息服务质量形式表达。依据提取的地理信息服务特征与质量特征的语义信息，结合基于服务摘要的描述与表达方法，形成多维度地理信息服务语义理解视图。

2. 计算资源动态整合与一体化技术

地理信息服务支撑层一方面集成多源异构的第三方地理信息服务；另一方面为需要运行环境的算法和模型提供必要的运行环境，并满足计算协同的需求。由于计算资源同样是多样、组成灵活的，需要设计面向任务的分布式计算资源配置与执行框架，支持计算资源动态整合以及一体化，使计算资源的调度更加有效、合理。为增强平台的数据处理能力，特别是对于地理大数据的处理，还需要考虑整合并行计算框架，兼容云计算能力、边缘计算能力以及各种端上运算能力等。

具体而言，计算资源动态整合与一体化通过计算协同组件实现对服务基础设施的整合。首先，对接入的设备（计算资源）进行有效的管理和识别，包括设备的类型、型号、组件等，并对其计算能力和存储能力进行评估，基于设备 ID 或 Mac 地址对设备的信息进行记录；其次，根据设备所处的网络节点位置，生成网络组网信息，以树状结构来表示组网的层次和关系，按范围、层次以及设备的计算能力和存储能力对接入的不同设备分配相应的角色（如资源存储、任务分派、任务计算等），从而保证在任务配置过程中，根据规模、环境要求、计算要求、存储要求等能够进行资源分配初始化。

在此基础上，根据任务的复杂度以及各节点计算能力的强弱，动态地调配存储资源和计算资源的比例。考虑到并行环境下可能存在节点失效的情况，一方面研究有效的心跳机制和选举算法来保证网络之间各节点的健康运行；另一方面保证在网络之间具备足够的数据分片和计算能力，从而在部分节点失效后，仍能保证整个任务的运算能力、资源调度和数据完整性。当局部范围内的节点与平台重新连接时，可以重新由当前网络中的主节点对重新接入的各节点的角色、权限以及资源能力进行动态评估和有效性验证，重新对各节点进行网络层次识别，角色、任务分配等。

3. 顾及服务语义关系与质量的地理信息服务网络建模与推理

地理信息服务网络是地理信息服务协同的支撑和依据，而地理信息服务网络构建的核心问题则是其复杂关联关系的全面表达与准确识别。如本书的 6.3 节所述，地理信息服务网络的构建与推理关键在于结合地理信息服务语义描述与表达理解的研究成果，并融合规则推导和机器学习等技术，通过计算、分析、挖掘多源地理信息服务之间复杂多样的数据/功能关联关系，形成语义关联、资源分布的多层次地理信息服务网络。

地理信息服务网络的有效表达与构建面向地理数据和空间操作关系的不同特点，考虑地理信息服务在数据和功能方面的地学特征、时空关联关系、空间操作关系的表征与内涵，分别在地理数据层面考虑属性、集合、拓扑、尺度和主题方面的关联关系，在空间操作层面考虑功能的相似、分解、组合与耦合关系，形成网络多元关联关系的描述方法。在此基础上，结合本体、语义网与知识图谱的逻辑推理，基于空间几何与拓扑关系的数据分析，输入输出功能匹配，基于特征学习的相似性度量，建立顾及时空特征和能力构成的地理信息服务关联关系网络，并基于关系的推导逻辑，优化地理信息服务网络的构建过程。

实施地理信息服务网络的推理研究，基于地理信息服务网络构建与索引方法，从概念相近、属性相关、功能匹配、时空关联和主题一致性等角度出发，建立关于地理数据和空间操作的关联知识库，作为研究隐式关系逻辑推理方法的基础。进一步分析服务实体–服务实体、服务实体–关联关系，以及关联关系–关联关系之间的相似性和相关性，设计基于邻域信息的服务节点、关系节点降维表达和计算方法，拓展知识表达推理和深度学习推理方法，计算服务节点、关联关系之间的语义距离，研究相似节点、关联主题、类型相关性，并设计隐式关系相关性与可用性度量指标，依此分析和筛选可用的隐式关系。

4. 面向任务驱动的协同表达与优化

地理信息服务协同旨在解决地理信息服务组合方法配置固化、交互能力弱、失效修复与组合优化困难、难以自适应任务需求变化和动态环境变化的问题，设计面向任务驱动的协同表达与优化，形成基于地理信息服务网络的任务自动化、知识互联化和方法智能化服务协同表达模型，在任务处理的全周期满足过程协同、对象协同、计算协同的要求。如图 8-4 所示，其具体内容包括：研究耦合而不固化的服务协同逻辑表达与规划方法；设计任务目标感知、计算环境感知、上下文环境感知等全方位感知技术体系；在此基础上，构建服务协同的自我设计、诊断与自我修复；实现任务目标驱动与质量约束的服务组合优化方法。

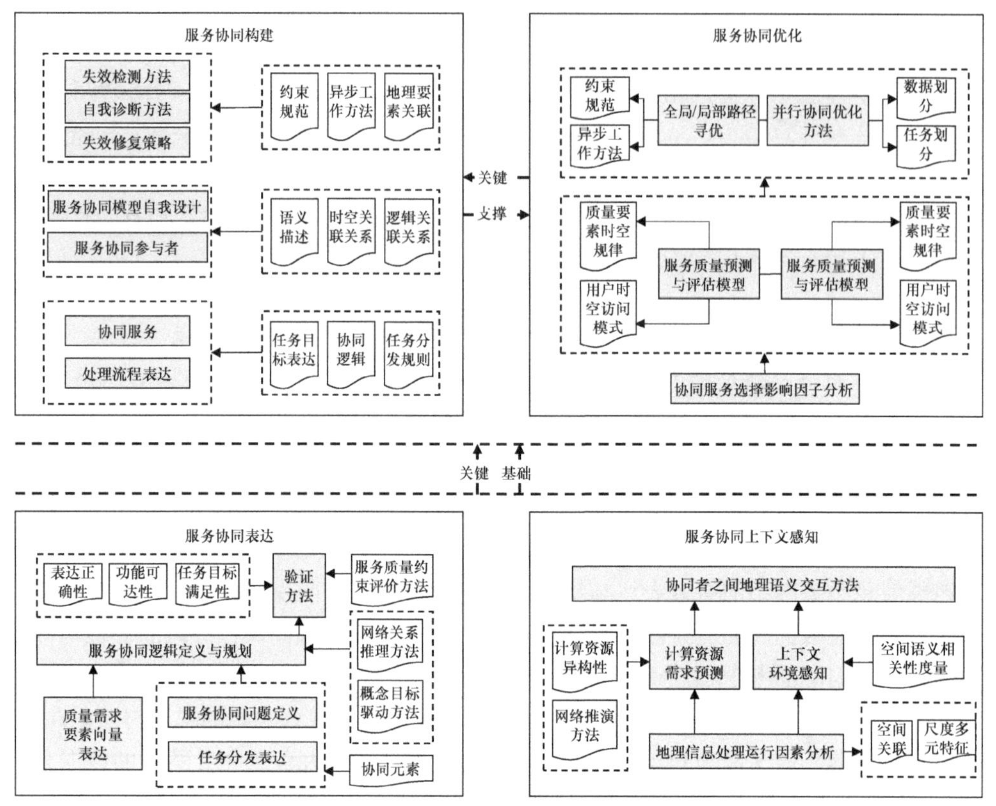

图 8-4　地理信息服务协同构建方法示意图

首先，研究地理信息服务协同表达方法。①结合地理信息服务特征要素描述与服务质量描述，基于目标驱动的方法，对任务需求与服务质量偏好进行向量化表达。分析服务协同过程中流程、活动、链接、伙伴、变量、相关性、异常处理、作用域等协同元素表达方式，并建立服务协同问题定义与标准化表达，融合服务流程静态和动态组合方法、状态与事件响应的表达方法、地理信息处理的时序过程表达方法等，构建地理信息服务的描述脚本与协同过程的逻辑表达方法。②基于地理信息服务网络，获取服务实体之间关联关系以及约束条件，使用服务网络推理和概念目标驱动方法，构建地理信息服务过程中的启发式服务规划方法与规则。基于服务质量约束评价方法，定义服务协同属性并进行聚类，建立服务协同的多维度影响因素评价模型，包括正确性和满足性。在此基础上，研究服务协同的表达完整性、功能可达性和并行性的验证与测试方法。

其次，研究地理信息服务协同上下文环境感知方法。分析不同的地理数据源、类型、数据量等影响处理运行的各种因素对服务协同规模的影响权重，构建服务协同任务规模量化表达方法以及任务不同状态的表达方法，如数据处理、数据传输等任务状态；并基于推演方法研究不同的任务规模在不同的任务状态下，对所需的计算资源、网络资源的预测方法；定义任务紧迫程度级别、难易级别。结合任务定量方法、资源占用预测方法，构建目标任务完成度预测方法，实现服务协同对目标任务量及计算资源、网络资源的感知。此外，基于网络关系分析推理方法，自动发现、自动组合上下文环境中的地理信息服务实体；使用属性定义与行为分析方法，并采用一定的通信机制，构建协同模型以及协同者上下文环境的交互方法，分析服务协同模型以及协同者对上下文环境的满足性需求，如数据格式、尺度、精度等，构建上下文环境满足性判断方法。

在此基础上，研究面向服务驱动的地理信息服务协同构建方法。依据任务功能、协同规则，构建逻辑处理流程及其子流程表达与协同方法；基于地理信息服务网络的层次结构、地理信息服务语义描述与关联关系，顾及上下文环境，采用知识推理方法进行服务语义匹配，选择服务协同参与者，构建协同模型的自我设计方法。分析服务协同失效的约束规范，抽象地理信息服务失效、修复以及关联约束的表达，包括事件类型、判定条件、服务行为、修复活动、时间变量等形式化的表达；分析地理信息处理服务的一般工作方法与特点，包括请求调用、异步响应、状态获取、结果发布等方式，建立过程检测模式；分析地理信息处理服务的行为特点，包括服务绘画（消息交换顺序）、服务执行时间、服务行为（输入、输出、前置条件、后续条件等）以及环境信息（如计算资源占用情况）等，归纳总结并建立失效行为信息库；采用异步工作模式，包括异步交互模式、消息传递以及状态表现预定义，构建全过程失效检测方法与自我诊断方法。构建分布式计算环境下服务组合与协同的失效修复策略，包括消息充实、服务替换和协同流程重构；研究基于局部原理进行协同模型的自我修复方法，实现快速自愈同时避免整体重建。

最后，研究地理信息服务协同优化方法。基于地理信息服务质量评价，结合用户时空访问模式进行关联研究，建立地理信息服务质量动态预测与评估模型。讨论服务组合前后任务之间的内在关联、相互制约对服务组合实例化方案以及服务质量的影响。处理服务数据流的时间依赖性和空间关联性，采用模糊约束表达用户访问时空偏好以及质量约束，研究自适应时空特征的服务自动准备与协同算法自我选择策略；基于地理信息服务网络提供的关联关系视图以及等价/部分等价子图，研究相似服务发现算法；顾及地理信息服务质量的时空分布模式与用户访问的时空偏好，对服务组合实施基于地理信息服务网络的全局、局部路径寻优，基于线性规划方法，研究基于时空特征的数据划分与任务划分的并行协同优化方法等。

8.2　原型设计与实现

地理信息服务网络与协同平台原型实现了平台的总体架构，它综合了领域知识、业务需求、不同研究和技术背景，以落实关键技术。本书基于现有成果——对地观测数据、空间信息和地学知识共享平台 GeoSquare 进行拓展，讨论地理信息服务网络与平台的详细设计、实现与应用。

8.2.1　GeoSquare 简介

GeoSquare 是一个地学数据–信息–知识的服务体系与在线协作网络平台，旨在推动和深化地理信息的共享、互操作和公众应用能力（Wu et al.，2015）。GeoSquare 由地理信息资源库、数据/服务注册中心、服务链建模工具 GeoChaining 和地学计算平台门户、服务质量监控等重要部分组成，如图 8-5 所示。

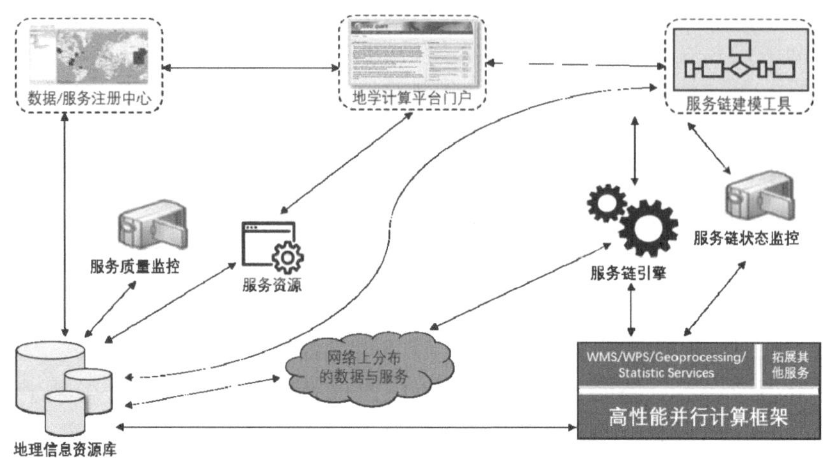

图 8-5　GeoSquare 系统结构

为支持在线地理空间信息共享和地理处理，GeoSquare 设计并实现了如下功能：①地理信息资源注册和多视图查询功能，允许用户发布和发现地理信息资源；②在线地学建模和实时执行状态监控，实现跨平台的在线数据处理和分析；③服务链流程编排功能，促进领域专家基于工作流建模进行领域知识共享；④用户库存管理，支持注册用户收集和管理私人地理信息资源，监视服务执行状态，并跟踪处理历史等。此外，GeoSquare 基于云计算服务 Windows Azure 实现了高性能并行计算框架以及分布式存储，增强了其处理能力和灵活性。GeoSquare 服务链构建与结果可视化如图 8-6 所示。

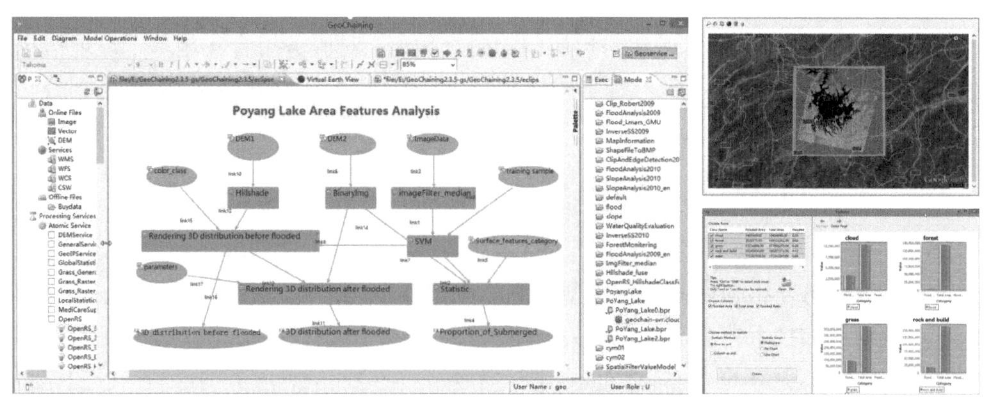

图 8-6　GeoSquare 服务链构建与结果可视化

GeoSquare 可以整合与促进分散的地理信息资源、计算资源和使用人员之间的协作，从而使所有平台参与者，包括研究者、使用者等能够高效、和谐地共享和交换资源。然而，GeoSquare 对地理资源的组织、管理、描述较为简单，难以实现更复杂的应用需求，如任务驱动的服务推荐、自动化的服务组合、服务失效修复与异常处理等，而这些功能恰恰体现了不同维度协同的需求。因此，本书基于地理信息服务网络优化原有系统，将 GeoSquare 平台进行拓展，称为 GeoSquare+，从而将进一步深化地理信息服务协同的理念。

8.2.2　GeoSquare+的顶层设计

原型系统 GeoSquare+在 GeoSquare 设计架构基础上新增功能模块，完善其原有功能模块或做进一步拓展，主要体现在如下方面：①在服务资源集成的内容方面，既包括网络上分布的数据与服务，也包括其他服务资源，即模型资源、知识资源、计算资源（主要是云计算资源、志愿者计算机等）。②拓展地理信息服务注册，支持主动式和被动式的地理信息服务注册：设计地理信息服务主题爬虫，采用关键词匹配结合能力文档探测的方式识别地理信息服务，有效筛选出可用的地理信息服务；允许用户通过配置、编辑、打包等方式将①中的不同资源统一描述并封装，并注册为在线服务，由系统提供计算资源，并结合容器技术满足服务依赖配置和运行环境等需求。③提供去中心化的基础服务设施，设计分布式的架构设计以支持服务资源的按需调度和负载均衡。④新增服务网络中心模块。构建地理信息服务网络，并结合知识图谱技术，挖掘服务之间的已知或隐含关系，支持基于关联关系的服务推理以及服务自组合，以及服务网络可视化、服务协同表达等功能。⑤将单一的服务链建模拓展成为服务协同模块，设计服务协同引擎执行以实现服务的过程协同与对象协同。其中，过程协同基于服务网络提供服务自动组合、服务推荐的功能；对象协同从抽象模型构建–具体模型执行的流程出发构建多人参与的协作式建模体系，如图 8-7 所示。

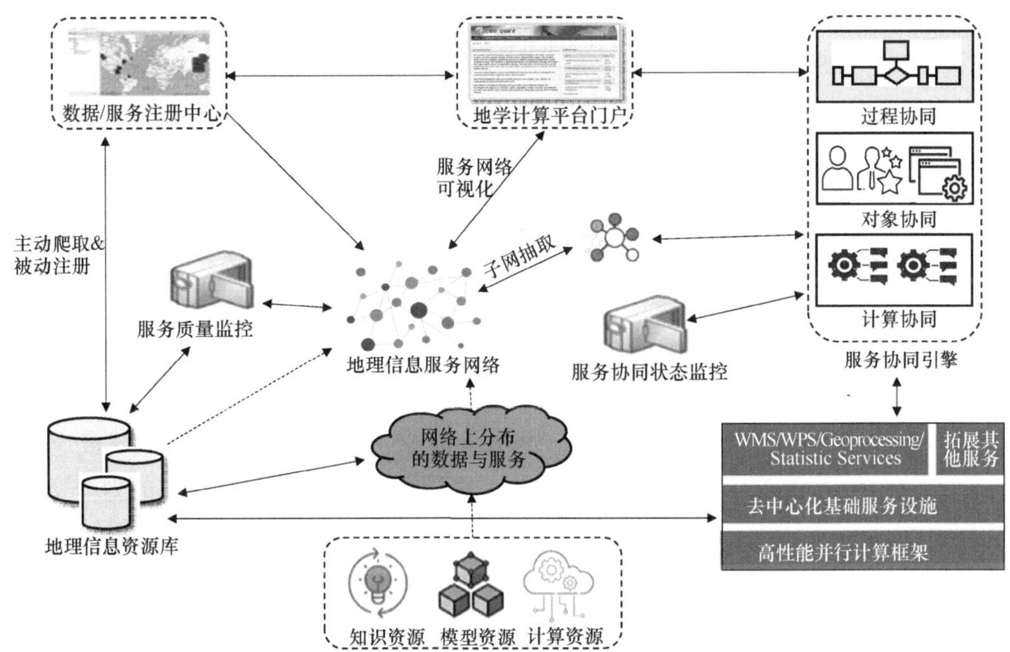

图 8-7　GeoSquare+拓展示意图

8.2.3 核心模块实现

本节对进行 GeoSquare+的主要拓展功能模块进行详细介绍，包括自适应地理信息服务注册中心、去中心化的基础服务设施、服务网络中心、服务协同引擎。

1. 自适应地理信息服务注册中心

地理空间服务资源库将分散的地理信息服务资源封装、集成、管理，最后以统一标准的服务发布共享。为此，将主动式与被动式的服务注册相结合，分别采用主题爬虫以及设计地理信息服务资源统一描述框架，来实现自适应的地理信息服务注册。

1）地理信息服务的主题爬虫

地理信息服务主题爬虫是主动发现地理信息服务的方式，主题爬虫算法设计已在本书 7.3.1 节详细介绍，此处将其进行实现并用于基于 OGC、SOAP、RESTful 规范的地理信息数据服务和处理服务的爬取。种子点是爬虫系统运行的入口，种子点的选择很大程度上决定了爬行结果的优劣。如果选择一个与地理信息服务无关的网址作为种子点，爬虫将运行很长一段时间而找不到任何服务，设计爬虫工具将变得没有意义。为了得到更有意义的爬行结果，系统选取明确包含地理信息服务资源的网站主题页面，包括内网搭建的地理信息服务基础设施（GeoSquare 原型、GeoServer），作为爬虫模块的入口展开爬取工作，并将爬行层数设为 5，避免过大的搜索规模，如表 8-1 所示。

表 8-1　地理信息服务资源爬取主题种子点页面示例

名称	种子点网址	服务类型
美国地质调查局（USGS）门户网站	http://www.usgs.gov/	WMS、WFS、WCS
GeoPW	http://geopw.whu.edu.cn/wpsprocesses.html	WPS
Geoadata.gov.gr	http://geodata.gov.gr/	WMS、WFS，WCS
GeoSquare 原型（内网）	192.168.100.121：8090/geosquare	SOAP、RESTful
GeoServer（内网）	192.168.100.121：8091/geoserver	WMS、WFS、WCS

2）地理信息服务资源统一描述框架

由用户上传服务资源并注册的方式是被动式的服务注册。地理信息服务的被动式注册包含数据资源和处理数据的算法、模型等处理资源的注册。相较于数据资源，不同处理服务资源其标准化和服务化程度与方式差异很大，如第三方实现的 OGC WPS 服务可以很容易通过既定的标准接口访问，而一些开放的地理分析模型、处理工具包或功能组件等，需要分配必要的运行环境和计算资源，编写接口或可执行文件调用的脚本等，才能成为在线运行的服务。因此，需要为处理服务资源建立统一的描述方法，以同时兼容标准化和非标准化、主动获取或被动获取（用户上传）地处理服务资源。

地理信息服务资源统一描述通过对处理服务资源信息维度进行归纳，将其分为三个子描述模板：服务信息描述、服务操作描述，以及服务部署描述，并设计了相关的服务描述接口，使用 UML 图表示接口之间的关系，如图 8-8 所示。

服务信息描述通过 IServiceInformation 接口定义。服务提供者通过该接口可以描述服务的类型、主题、属性、来源信息、补充信息和质量信息。类型信息（type）表明当前服务是第三方已实现的标准 Web 服务（如 WPS、SOAP，或者 RESTful 服务），或者是需要进行相关配置并进行服务化的处理服务资源；主题信息、属性信息提供了服务的主题、功能、适用范围、运行原理等语义描述，其中主题信息和功能根据通过服务集成的层次与分类体系相关内容进一步拓展。补充信息是与服务有关的知识资源，包括结构化或非结构化的文本、图像、网页、视频的引用，是该服务资源本身内容的补充说明。最后，质量信息作为一个可选项，参考地理信息服务质量评价方法对该服务进行评估，当没有可靠的评估时，可使用默认值初始化并在实例运行后动态修改。服务信息描述接口，有助于规范服务信息的定义、分类以及原理的表达，理解该服务的整体轮廓。

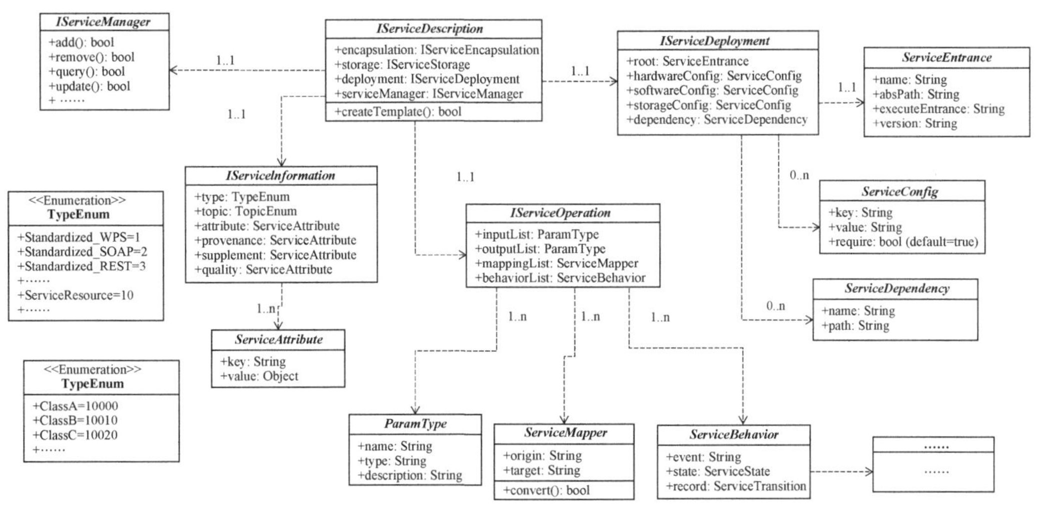

图 8-8　地理信息服务资源统一描述核心接口设计

服务操作描述通过 IServiceOperation 接口定义。该接口负责描述服务的输入、输出数据、数据类型之间的映射，以及该操作过程涉及的行为。GeoSquare+系统预定义了一套数据类型，包括简单数据类型和复杂数据类型，涵盖不同的栅格、矢量数据格式，并借助中间件技术，允许多种相同复杂类型格式之间的相互转换，因此除了定义输入输出数据，还需要明确原始数据类型（origin）与系统数据类型（target）之间的匹配关系，并实现 convert 方法数据类型的转换。另外，该接口构建模型行为描述（ServiceBehavior），将服务运行过程抽象为由状态和事件组成的运行流程，包括开始、准备、执行、结束等行为以及相应的响应动作。服务操作描述接口，有助于对服务输入输出及行为进行结构化和普适化的描述，理解服务如何使用，同时将服务的原生类型与系统类型进行映射，便于服务之间的集成与互操作。

服务部署描述通过 IServiceDeployment 接口定义。该接口以结构化的方式提供服务部署有关的信息，对于第三方实现的标准 Web 服务，服务入口信息 ServiceEntrance 用于提供服务访问的路径，其余字段可以为空；因此，该接口更重要的功能是用于为处理服务资源在系统中的部署作必要的描述，其入口信息可能是可执行文件（.exe）或一个启动 Python 程序的脚本（.py），其余信息还包括其软件（如数据库、JAVA 环境、操作系统等）、硬件（内存大小、容量需求、GPU 等），以及有关的存储路径以及依赖项。通过该接口，服务的部署信息能够得到全面的描述，以便后续在系统的计算节点上对该服务进行实例化。

在此基础上，系统的基础设施依据服务部署需求提供计算资源、运行环境，对处理服务资源进行封装、实例化，形成服务实例，该实例可以通过标准接口访问。所有处理服务资源都能以统一的方式描述，连同数据服务注册到注册中心中，成为构建地理信息服务网络的基础。

2. 去中心化的基础服务设施

海量地理数据网络传输的效率问题及基于云平台的大规模地理数据的处理能力和处理成本问题，依然是从地理信息系统到地理信息云服务平台转化的关键痛点。在地理信息服务网络平台中，数据服务和处理服务都存储在云服务器中，通过分布式的架构设计，实现服务资源的按需调度和负载均衡，如图 8-9 所示。

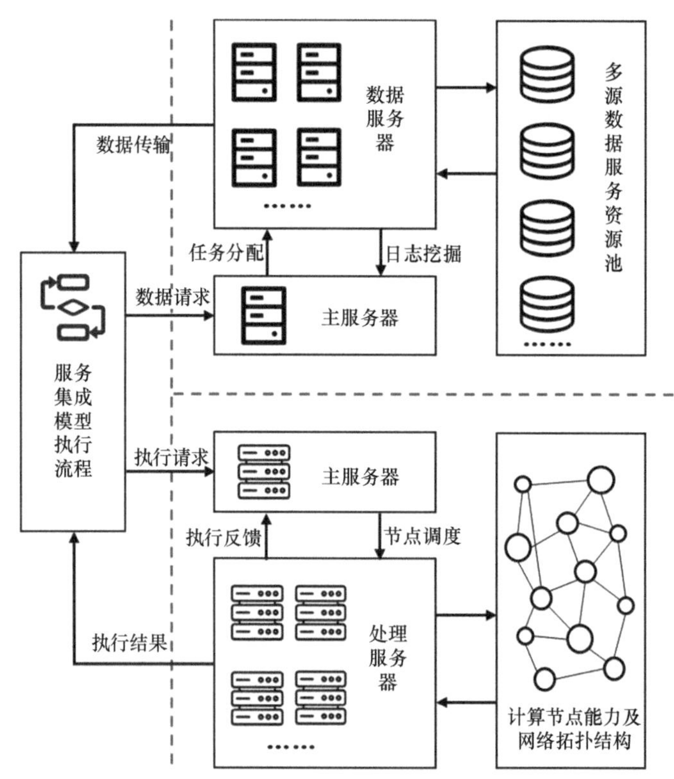

图 8-9　去中心化的基础服务设施结构

去中心化的基础服务设施结构主要包括数据请求与传输的去中心化和处理功能的节点调度与执行的去中心化。用户对已构建好的服务集成模型进行实例化并执行时，系统通过去中心化的分布式数据传输与功能执行提高整体的执行效率。

首先，根据服务集成模型的数据要求，向数据资源主服务器请求服务执行所需的地理信息数据，数据资源主服务器根据数据资源的大小、数据服务器的运行能力和基于日志挖掘得到的数据下载热度，将多源数据服务资源池中的数据资源的传输业务分配给不同的数据服务器，由对应的数据服务器将所需数据提供给执行流程。

然后，根据执行流程中各节点定义的数据处理功能，向处理服务主服务器请求执行，处理服务主服务器根据待处理数据的大小、空闲计算节点的处理能力及其网络拓扑结构，选取一系列计算节点并指定中心节点，生成数据分割、任务分配和数据合并策略，由中心节点负责数据的切分、转发与合并，分布式地执行数据处理功能，返回处理结果。

同时，对于直链，一次只需执行一个节点的功能，选取计算节点时，以执行最优的原则选取计算节点组合；对于并链，存在同时执行各直链的处理功能的情况，因此将所有的计算节点根据并行处理的数量进行聚类后为每个并行的处理功能选取计算节点，从而使得整体的执行时间最优。

3. 服务网络中心

为实现地理信息服务网络下的服务协同，GeoSquare+原型系统构建了服务网络中心。服务网络的模型及其构建方法已在本书 6.3 节进行详细介绍，其核心任务是地理信息服务关联关系的描述与网络生成。

服务网络中心建立在地理信息服务资源统一描述的基础上，除了在互联网上爬取的标准化服务，用户上传的服务资源（数据、功能组件、服务模型等）也已在系统中实例化，所有数据服务和处理服务的主题、属性、功能、类型、格式等信息是可获取的。这些服务资源将作为服务网络的服务节点，因此服务网络构建的关键在于如何使用这些节点中包含的统一描述信息。服务网络需要支撑任务驱动的服务协同建模与表达需求。在服务网络中，任务表现为一段或多段拥有既定功能的服务链，即从服务网络提取出的路径或子网，而任务的语义描述与服务的主题信息是有关联的。例如，“地表覆盖变化检测”的任务需要的服务节点可能包含“土地利用”“地表覆盖”等描述信息，这些信息隶属于同一个主题“地表覆盖变化检测”(land use/cover change detection)，需要将这些语义关联充分利用。因此，服务网络模型构建在考虑数据服务间关系、处理服务间关系、处理服务与数据服务关系的基础上，融合主题信息，构建“地理信息服务网络–主题子网–按需服务链”的服务模式，如图 8-10 所示。具体而言，主题通过标签进行声明，每个标签下可以声明不同的子标签项来表明不同主题下的功能模块、子流程等信息。本节以“地表覆盖变化检测”的主题子网展示地理信息服务网络的构建过程。

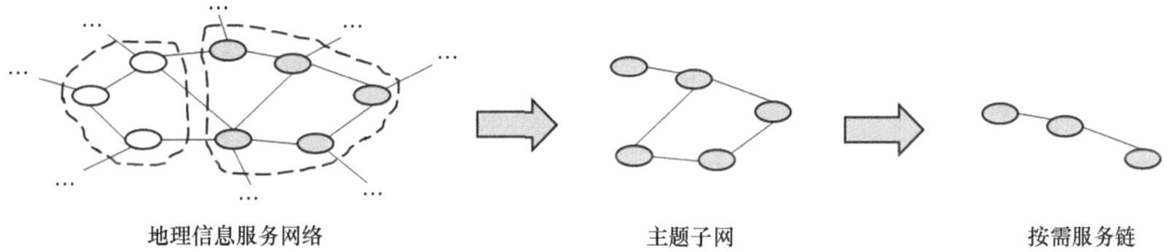

图 8-10　地理信息服务网络的服务模式

首先，为主题相关的服务添加名称为“地表覆盖变化检测”的标签项。在此基础上，构建服务网络的数据服务间关系、处理服务间关系，以及处理与数据服务间关系。数据服务间关系构建目的是能够快速获取输入所需的数据服务，本例中数据类型包括遥感影像（如 Landsat、MODIS、GlobeLand30 等）、栅格数据（如 DEM、气温图像等）、矢量数据（例如行政区划、分类训练数据集等）。采用关系强度的方法为数据建立时间关系、空间关系、专题属性关系（赵红伟等，2016）。处理服务间关系构建基于处理服务功能的业务逻辑，服务可能存在顺序关系、竞争关系、协作关系等。例如，在数据预处理中大气矫正与辐射校正是顺序关系，变化检测算法模型 CVA、SVM、SGD 是竞争关系，精度评价和众数滤波是协作关系。数据服务和处理服务之间关系构建依赖接口参数类型的匹配，特别是其中输入输出数据的类型。由于数据格式类型众多，而处理服务要求的类型相对有限，常用到格式的转换，如矢量数据格式之间转换、矢量数据格式与栅格数据格式之间的转换等。因此，将数据转换、重采样、裁剪、拼接等数据处理服务整合为一类主题，当数据服务与处理服务因类型不匹配而无法选择时进行服务推荐。

其次，建立服务关系推理规则。一方面可以简化手动构建服务关系的成本，当添加新的服务节点时可以将其自动更新到网络中；另一方面，服务关系推理规则还可以检查现有的服务关系的正确性，与规则相冲突的服务关系判断为异常关系。在地表覆盖变化检测的主题服务网络中，由于存在数据预处理、图像分类、变化检测、后处理等流程，这些流程之间存在顺序关系，每个流程中的关系除了顺序关系外，存在的竞争关系、协作关系是潜在的服务优化、服务替换的依据，因此地表覆盖变化检测的服务子网规则建立要点如下：①建立数据预处理、变化检测、后处理等流程的标签，并将标签与相应的服务绑定；②依据本书 6.3.1 节定义的参数匹配原则，构建服务参数之间的完全匹配、前驱包含、后继包含、交叉匹配关系推导规则；③分析处理服务中“算法–数据”逻辑关系，为预处理、图像分类、变化检测、后处理这些流程的服务节点设计服务自动组合的推理规则，并以此创建复合服务。在执行时，复合服务中的抽象服务节点将依据推理规则进行路径查询或替换。例如，依据顺序关系可以推导服务的调用路径；依据竞争关系可以为某个变化检测处理服务推荐可替换的服务。综上所述，最终完成关于“地表覆盖变化检测”的主题服务网络模型的构建工作。其他主题服务网络模型可参考同样的方法。服务网络的主题形成一个主题集合，在后续使用过程中，当选择某一个服务节点时，这些主题将作为依据提供相似或相关的服务，引导建模工作。

此外，原型系统构建的地理信息服务网络可以转换为知识图谱，其服务节点、关系，以及属性能够使用三元组的表达方式描述，因此可以参考知识图谱的推理方法为不同主题构建推理规则。例如，邢华桥（2018）基于 SWRL 构建了 4 种用于实现推理的推理规则，分别能够确定变化检测服务链中的起始服务、后继服务、末尾服务以及数据预处理服务。

4. 服务协同引擎

在原有的地理信息服务链建模求解机制的基础上，服务协同引擎基于地理信息服务网络的服务关系表达与推理机制，实现自动化、智能化的服务组合求解。服务组合是一个由地学任务目标驱动的过程，包括模型构建、服务匹配、任务处理、结果获取的求解子过程。原型系统将求解过程归纳为三个阶段：服务感知阶段、服务组合阶段、服务执行与获取阶段。多端的合作者、服务、计算资源通过开放的网络环境进行相互协作，实现服务的过程协同、对象协同、计算协同，如图 8-11 所示。

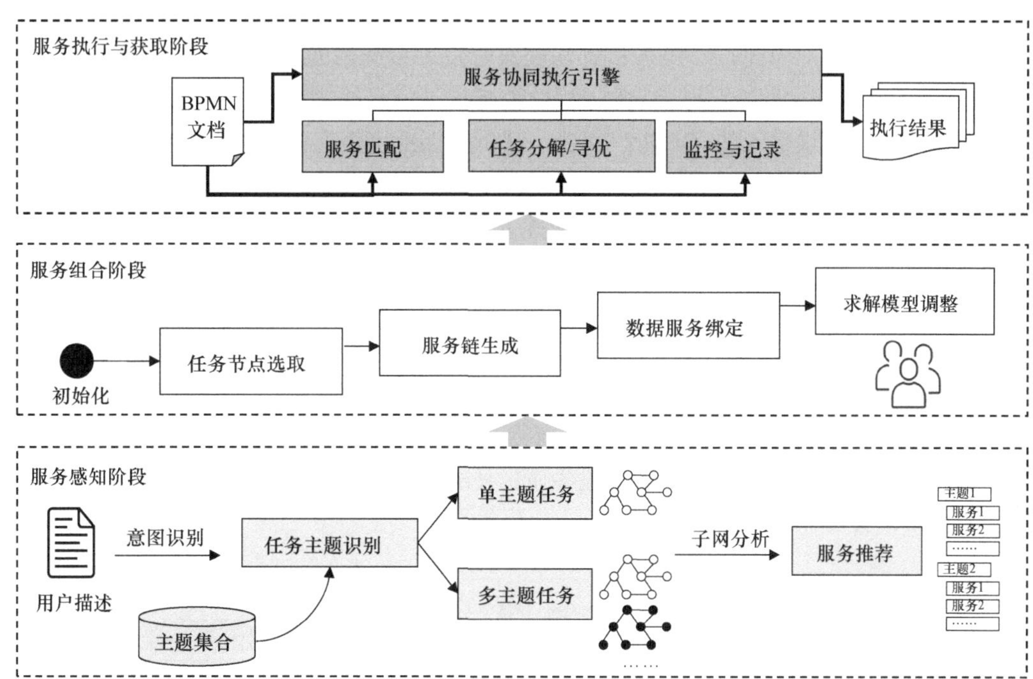

图 8-11　服务协同引擎执行阶段设计

服务感知阶段主要包括任务主题识别与服务推荐两个子过程。任务主题识别根据用户提供的描述信息识别用户意图，提炼出潜在的任务主题，根据任务主题从地理信息服务网络中抽取子网，为整个服务组合的构建提供一个初始化的搜索空间。根据任务主题的个数，任务主题识别分为单主题任务和多主题任务。单主题任务表明该地学任务的绝大多数服务都可以在一个任务主题子网中获取；多主题任务说明该地学任务是通过多个主题联立求解的，不仅关注每个任务子网中服务的提取，还考虑每个主题之间的连接关系和调用次序。服务推荐在任务主题识别的子网上进行，根据服务的重要性和调用可能性进行排序，并初始化一个树结构列表，为选择合适的服务节点建立服务推荐逻辑。

根据生成的服务推荐逻辑，原型系统可以进行引导式服务建模，从而支持服务组合，形成任务求解的整体结构。首先，用户在列表选择一个服务节点，系统根据各个服务之间的关系，引导下一步的服务选择。服务选择可能涉及单个服务或服务模型。单个服务意味着当前阶段任务求解能由一个处理服务完成；服务模型是根据专家知识或系统构建的复合服务，是多个服务的组合，能大大加快用户的服务选择过程。然后，根据选择的服务节点，需要选择与服务节点有关的数据服务作为输入，该过程同样是在基于数据服务网络的引导下进行的。输入的数据服务可能存在数据空间范围、分辨率、数据格式等与输入需求不匹配的情况，需要进行预处理，因此引导工作还包括基于服务关系对数据服务预处理的服务推荐，如裁剪、格式转换、重采样等。同时，引导式服务建模允许用户对生成的服务模型进行手动调整，发挥主观能动性。服务组合阶段是一个半自动化的过程，从而确保了服务组合的正确性，同时能结合服务网络提供的关联关系，减少服务组合的工作量和专家经验需求。

在服务感知阶段、服务组合阶段得到任务求解模型后，需要将模型与具体服务绑定，得到最终处理结果。为此，在服务执行与获取阶段，系统拓展 BPMN 文件模板，支持对服务匹配、任务分解与寻优、任务过程监控与记录信息的描述，并设计服务协同执行引擎。执行引擎通过输入的 BPMN 文档，解析文档节点信息并匹配对应的执行过程处理求解模型。具体而言，服务匹配通过抽象服务和具体服务之间的映射关系匹配服务，提供自动化的任务匹配方法。基于当前任务工作量和服务处理能力选取具体服务节点，当任务规模大、计算资源消耗高时，采用任务分解策略，将一个处理任务分配给多个处理服务，从而缩短处理过程的总耗时，提高处理服务资源的利用效率，降低单个处理服务的负载；分配任务时，综合考虑任务量、服务处理能力和网络环境，得到最佳任务分配方法。然后，在任务运行过程中，估计整体完成时间，出现处理服务执行异常时，选取排序靠后的处理服务，对该部分数据任务进一步分割，分配给新选取的处理服务。同时，服务匹配与执行过程的地理信息服务质量被动态记录和更新，随时为服务选择和其他任务提供质量参考。

8.3　本 章 小 结

本章首先介绍地理信息服务网络与协同平台的设计理念，包括其架构体系和关键技术。基于设计方案，将现有的地理信息服务在线协作网络平台 GeoSquare 拓展为基于服务网络与服务协同平台 GeoSquare+，从服务注册中心、服务网络、服务协同等功能模块进一步设计和开发，使原有平台在协同能力上有了不同程度的提升。

具体来说，服务注册中心结合了主动式和被动式的地理信息服务注册方法，使平台能够发现并集成更多的地理信息服务资源；设计了地理信息服务的统一描述方案，使平台能够自动适应不同集成要求的地理信息服务资源，特别是处理服务资源。多源异构的服务资源能够相互兼容，自动与相关的计算资源和运行环境相互匹配，实现计算协同的目标。网络服务中心提供了地理信息服务逻辑上和语义上的描述，使地理信息服务组合问题转化为在网络上抽取子网以及选取子路径的问题，提高了服务的使用效率。服务协同引擎实现了对地理信息服务网络的使用，该引擎顾及了服务运行的三个阶段——服务感知阶段、服务组合阶段、服务执行与获取阶段，为每个阶段制定了相应的功能，使地理信息服务达到过程协同、对象协同，以及计算协同。

通过上述核心模块的实现，完成了地理信息服务网络与协同平台 GeoSquare+。然而，当前原型系统仍需要结合更多的地理信息服务以及案例，优化服务网络的推理能力、服务组合的效率，并设计服务协同能力的评价体系等方面内容。这些工作将在日后展开。

第 9 章　地理信息服务网络与协同的研究展望

地理信息服务技术是促进地学数据和功能共享的重要方法，是重要的基础信息服务之一。随着大数据时代的到来，各种新兴信息技术的发展日新月异，层出不穷，地理信息服务技术也需要不断更迭，以适应时代的需求。为此，本书提出地理信息服务网络的概念，通过构建地理信息服务网络，促进地理信息服务向知识服务转变，实现智能化的知识处理，以更好地使用服务，实现从简单的地理信息服务组合到高效智能的地理信息服务协同的发展。地理信息服务网络与协同的研究还刚刚开始，未来还需要进一步深化地理信息服务网络与地理信息服务协同的应用，结合区块链、云边端协同技术等计算机领域相关成果，不断完善和丰富地理信息服务网络与协同的理论与方法。

9.1　地理信息服务技术的发展

地理信息服务技术在近 20 年的发展中经历了若干个发展阶段。从最早出现的内部的、私有协议实现的功能较小的地理信息服务，到在标准 Web Services 的引导下，推出的各种地理信息服务标准体系，包括 OGC 服务标准、ISO/TC 211 服务标准，以及其他学术界提出的标准体系与方法等，实现基于标准的地理信息服务。当多个独立的、简单的地理信息服务可用时，人们将多个服务联立，通过分布式的服务器完成地理信息的处理和应用，发展了地理信息服务组合的表达、构建、执行与优化等研究内容。在此基础上，学术界通过研究地理信息服务提供者、网络环境、服务使用者之间的交互行为，提出地理信息服务质量的概念、内涵、表达、评估、优化和控制等一系列理论与方法。地理信息服务质量作为地理信息服务的一个特殊维度，拓展了地理信息服务的内涵，为地理信息服务的选择、优化、组合等提供了参考依据，逐渐成为地理信息服务中不可或缺的内容。

大数据时代下，各式各样的数据和服务爆炸性增长，对地理信息服务提出了更高的要求，特别是地理信息服务中信息向知识的转变。所谓信息，指的是在当前地理信息服务中以结构化信息型数据表示的事实性知识，即平常意义上的信息，其处理主要面向信息查询或检索；对于处理服务而言，信息是服务功能的输入输出、功能描述等，即结构化的使用说明。与信息相比，知识不仅包括结构化的信息内容，还包括信息整合，形成认识、情况分析乃至决策的能力，强调地理信息服务的智能化，即在由知识构成的搜索空间中获取到满足任务需求的解的能力。从应用场景上看，面向知识的地理信息服务根据用户给出的相对开放、灵活的指示，感知情境并集成所涉及的知识，通过知识推理主动得出潜在的问题求解。

因此，当前的研究任务在于构建地理信息服务的知识化表达体系，通过整合有关信息、融合知识、自动推理，使服务具备情境化的智能服务能力。本书提出构建地理信息服务网络的方案，该网络结合知识图谱相关技术，将地理信息服务的信息分解为多个维度来结构化表达其内涵，并依此构建服务与服务之间的关系。地理信息服务网络能够作为新的基础设施，结合知识推理等相关技术，满足智能化的地理信息服务使用需求，最终实现地理信息服务协同。未来还需要重点展开地理信息服务网络自动化构建与优化方法的研究，并重点探索服务网络下的服务协同理论体系，将地理信息服务网络与协同的理论和方法与应用场景相结合，本书从对地观测传感器网、智慧城市、云边端协同技术三个应用场景对地理信息服务网络与协同理论和方法进行展望。

9.2 地理信息服务网络与协同的应用展望

1. 地理信息服务网络与对地观测传感器网

当前，对地观测网已经形成了多平台、多传感器、多光谱的新阶段，全球数以千万计的各类传感器，包括卫星传感器、低空传感器和地面传感器，为地理国情普查与监测、灾害检测、环境检测、战场态势感知与分析、气象预测等提供了必要保障。一个多平台相互关联、传感器联合调度、资源优化组织与协同观测的空天地一体化对地观测传感器网正在形成（陈能成和张良培，2015），如图 9-1 所示。

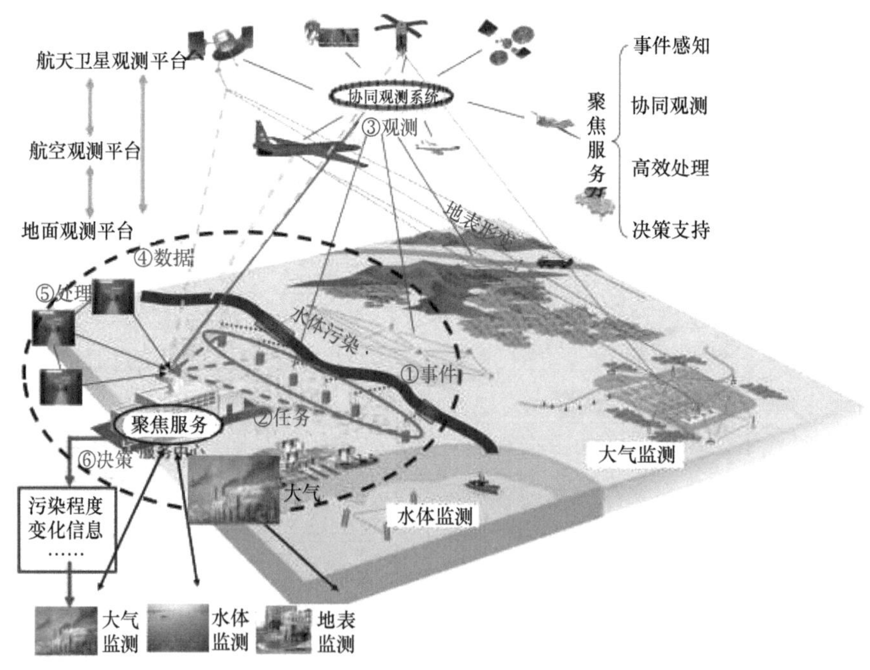

图 9-1 空天地一体化对地观测传感器网

由于存在传感器信息模型不统一，航天、航空和地面多传感器联合调度困难，协同观测任务复杂，处理难度大等问题，有效地组织和整合观测资源，提供面向用户需求的协同观测机制，是形成空天地一体化对地观测传感器网的关键。针对上述发展需求，地理信息服务网络可以整合多源异构传感网信息，实现资源的统一调度，结合地理信息服务协同的理论与方法，满足空天地多传感器的协同观测需求。具体内容如下：①结合语义网相关技术，设计基于传感网本体和语义关联的机制。基于对传感器观测数据、事件、应用模型、服务、计算资源、通信资源等方面的研究，用语义表达描述语言表示出这些本体及其之间的关系，构建出传感网顶层本体。②根据应用领域和主题，如水体、大气、地表监测等，建立领域本体库，构建传感网顶层本体与领域本体之间的引用关系，将顶层本体通过领域本体实例化，形成传感器知识图谱，构造传感器服务网络。③构建事件驱动的空天地多传感网资源关联机制。根据事件和时空属性的语义描述，基于网络节点资源（传感器）的时间、空间、能力、任务、尺度特征等描述属性特征，调动空天地多传感器资源，执行对地观测任务，形成一套事件触发—链接传感器—获取观测数据的协同调度机制。④构建传感器服务网络的智能搜索与推荐机制，根据传感网本体的时空属性描述和语义网相关技术方法，归纳适用于对地观测资源的时空推理方法和合理的推理规则，设计面向传感器服务网络的智能搜索算法和用户界面等。

2. 地理信息服务网络与智慧城市

当前智慧城市是地方政府数字化建设的重点，其通过利用通信技术，整合各个部门的业务管理系统，实现城市系统之间信息的共享与业务的协同，提升城市管理和服务的智能化水平。在技术层面，智慧城市要充分利用 5G、人工智能、地理信息、物联网、区块链、云计算、大数据等信息技术，实现对城市的全面感知、智能服务与决策分析。随着智慧城市建设的发展，自然资源部发布了系列技术大纲，指出地理信息作为智慧城市建设的时空基础设施，是开展智慧城市建设的底座。通过利用地理信息技术，将现实城市各个实体和要素进行数字化，并与物联网技术结合实现实时感知，可以为城市的各项管理服务提供直观、实时的数据来源，用于分析决策。

在智慧城市建设中，将城市的各类传感器作为服务节点，根据传感器的类型、地理位置、语义等信息构建地理信息服务网络，作为智慧城市服务控制中心的核心调度网络，实现对各类服务的精准调用与协同。设想一个场景，当某小区发生火灾后，智慧城市服务控制中心通过消防局派出离火灾地点最近的消防车，且通过 120 指挥中心派出急救车，在消防车与急救车通往火灾地点的道路上，通过调度交通信号灯，减轻前往火灾地点方向的拥堵，使得消防车与急救车尽快到达。在该场景中，通过地理信息服务网络，实现了消防车服务、急救车服务与交通信号灯服务的协同，使得消防车与急救车以最短的时间到达火灾地点，从而减少人民生命财产损失。由此可知，地理信息服务网络可以作为智慧城市中的一个核心网络，将城市中的各个服务资源进行整合，作为服务资源协同的基础，使得城市管理更加智能。

3. 地理信息服务与云边端协同

边缘计算是在靠近物或数据源头的网络边缘侧，融合网络、计算、存储、应用核心能力的分布式开放平台架构，就近提供边缘智能服务，满足地理信息服务应用的发展趋势中对敏捷连接、实时业务、数据优化、智能应用、安全与隐私保护等方面的需求，可作为连接物理和数字世界的桥梁。边缘计算将云端的计算任务卸载到边缘环境中，将解决地理信息云服务资源存储、计算性能以及能耗等方面存在的不足。

边缘计算具有速度、安全、网络、可靠和成本 5 个方面的优势。在目前大规模数据驱动的智能化应用条件下，基于云端的地理信息服务对多种网络接口、协议与拓扑、业务实时处理与确定性时延、数据处理与分析、分布式智能，以及安全与隐私保护的支撑能力存在一定的不足。边缘计算通过将一部分可以由边缘端设备直接完成的计算任务从云端进行卸载，将计算任务进行细粒度化后分配到合适的边端节点，实现服务器硬件能力、数据的隐私保护、时延、计算资源与存储容量等方面的互补，即云计算更多适用于全局性、非实时性、长周期的大数据处理与分析，在长周期维护、业务决策支撑等方面具有优势，而边缘计算更适用于局部性、实时、短周期数据的处理与分析，具有更强的支撑实时智能化决策与执行本地业务的能力。

目前，实现地理信息服务云边端协同需要制定云边协同标准体系、云边协同业务体系、云边协同数据体系和云边协同技术体系等一系列体系架构，从而为地理信息服务的云边端协同的数据映射、网络构建、计算调度、资源管理基于应用服务提供统一的基础规范，将专业的功能从服务中心迁移到软件界面更人性化的终端设备，更好地向着地理信息服务应用大众化发展，在应急防灾、气象监测、交通安全领域，从被动的接受模式转变为以大众参与为主题的群体智慧、共同协作模式，拓展地理信息服务的应用空间。

参 考 文 献

安杨, 边馥苓, 关佶红. 2006. GIS 中地理本体的建立与比较. 武汉大学学报(信息科学版), 31(12): 1108-1111.

陈建军, 周成虎, 王敬贵. 2006. 地理本体的研究进展与分析. 地学前缘, 13(3): 81-90.

陈俊杰, 邹友峰. 2005. GIS 空间数据质量评价软件设计探讨. 矿山测量, 3: 10-12.

陈能成, 陈泽强, 王伟. 2009. 一种基于能力匹配和本体推理的高精度 Web 地图服务发现方法. 武汉大学学报信息科学版, 34(12): 1471-1475.

陈能成, 张良培. 2015. 空天地一体化对地观测传感网的概念与特征. 测绘地理信息, 40(5): 4-7.

陈世展. 2010. 服务网络: 基于语义和社会化关系的 Web 服务计算基础设施. 天津: 天津大学.

陈述彭, 鲁学军, 周成虎. 1999. 地理信息系统导论. 北京: 科学出版社.

陈翔. 2003. 基于广义随机 Petri 网的工作流性能分析. 计算机集成制造系统, 9(5): 399-402.

成晓强, 杨敏, 桂志鹏, 等. 2017. 信息量与相似度约束下的网络地图服务缩略图自动生成算法. 测绘学报, 46(11): 1891-1898.

崔巍, 李德仁. 2005. 基于本体与 LDAP 的空间信息网格资源管理机制. 武汉大学学报(信息科学版), 30(6): 549-552.

崔巍. 2004. 用本体实现地理信息系统语义集成和互操作. 武汉: 武汉大学.

丁晟春, 李岳盟, 甘利人. 2007. 基于顶层本体的领域本体综合构建方法研究. 情报理论与实践, (2): 236-240.

段红伟, 孟令奎, 黄长青, 等. 2014. 面向 SPARQL 查询的地理语义空间索引构建方法. 测绘学报, 43(2): 193-199.

葛小三, 马勇, 卢小平, 等. 2015. 语义服务支持下的地理协同设计研究. 测绘通报, 2: 34-37.

龚健雅, 杜道生, 李清泉, 等. 2004. 当代地理信息技术. 北京: 科学出版社.

龚健雅, 耿晶, 吴华意, 张彤. 2013. 地理信息资源网络服务技术及其发展. 测绘科学技术学报, 30(4), 353-360.

龚晓庆. 2004. 基于 Web 服务的分布式工作流管理系统研究. 西安: 西北大学.

桂志鹏, 胡晓辉, 刘欣婕, 等. 2023. 顾及地理语义的地图检索意图形式化表达与识别地球信息科学学报, 25(6):1186-1201.

郭勇, 邓波, 衣双辉. 2006. 面向服务的网格软件测试环境. 软件学报, 17(11): 2335-2340.

何元庆, 陈旻, 乐松山, 等. 2020. 一种面向陆地碳循环模型服务的去中心化计算方法. 武汉大学学报(信息科学版), 45(9): 1395-1402.

胡晓辉. 2022. 面向地图资源的用户检索意图表达与识别研究. 武汉: 武汉大学.

黄茂军. 2005. 地理本体的形式化表达机制及其在地图服务中的应用研究. 武汉: 武汉大学.

黄仁涛, 庞小平, 马晨燕. 2003. 专题地图编制. 武汉: 武汉大学出版社.

贾文珏. 2005. 分布式 GIS 服务链集成关键技术. 武汉: 武汉大学.

江琦, 奚宏生, 殷保群. 2011. 事件驱动的动态服务组合策略在线自适应优化. 控制理论与应用, 28(8): 1049-1055.

姜波, 张晓筱. 2013. 基于社会网络的语义 Web 服务协同. 合肥工业大学学报: 自然科学版, 36(5): 566-571.

姜明智, 曲建升, 刘红煦, 等. 2018. 科学组织范式的演变及其发展趋势研究. 图书与情报, 38(5): 44-49.

蒋捷, 吴华意, 黄蔚. 2017. 国家地理信息公共服务平台“天地图”的关键技术与工程实践. 测绘学报,

46(10): 1665-1671.
靖常峰. 2008. GIS 服务链模型研究及基于工作流技术的实现. 杭州: 浙江大学.
李德仁, 张良培, 夏桂松. 2014. 遥感大数据自动分析与数据挖掘. 测绘学报, 43(12): 1211-1216.
李红臣, 史美林. 2003. 工作流模型及其形式化描述. 计算机学报, 26(11): 1456-1463.
李慧芳, 范玉顺. 2004. 基于时间 Petri 网的工作流模型分析. 软件学报, 2004, 15(1): 17-26.
李建强, 范玉顺. 2003. 一种工作流模型的性能分析方法. 计算机学报, 26(5): 513-523.
李金忠, 夏洁武, 唐卫东, 等. 2010. 基于 QoS 的 Web 服务选择算法综述. 计算机应用研究, 27(10): 3622-3627.
李军利, 何宗宜, 柯栋梁, 等. 2014. 一种描述逻辑的地理本体融合方法. 武汉大学学报(信息科学版), 39(3): 317-321.
李牧闲. 2020. 顾及制图方法和主体内容的 WMS 图层检索方法研究. 武汉: 武汉大学.
李星洁. 2020. 形式学习理论与相关归纳逻辑问题研究. 昆明: 云南师范大学.
梁汝鹏. 2013. 基于语义标注的地理信息服务关键技术研究. 郑州: 中国人民解放军战略支援部队信息工程大学.
刘博, 范玉顺. 2008. 面向服务的工作流性能评价及指标相关度分析. 计算机集成制造系统, (1): 160-166.
刘国奇, 王壮, 任介夫, 等. 2013. 基于复杂网络的服务链推荐方法. 东北大学学报(自然科学版), 34(2): 195-199.
刘纪平, 栗斌, 石丽红, 等. 2011. 一种本体驱动的地理空间事件相关信息自动检索方法. 测绘学报, 40(04): 502-508.
刘书雷. 2006. 基于工作流的空间信息服务聚合技术研究. 长沙: 国防科技大学.
刘书雷, 刘云翔, 张帆, 等. 2007. 一种服务聚合中 QoS 全局最优服务动态选择算法. 软件学报, (3): 646-656.
刘卫国. 2003. 一种信息系统的评价模型及其实现. 计算机应用, (1): 33-35.
刘宵婧, 桂志鹏, 曹军, 等. 2018. GWR 与 STARMA 结合的 WMS 响应时间时空预测模型. 武汉大学学报(信息科学版), 43(6): 951-958.
刘晓丽, 孙伟, 李成名. 2021. 顾及空间访问密度的地理信息服务请求负载均衡算法. 测绘通报, (2): 77-81, 166.
刘新瑜, 朱卫东. 2005. 基于过程挖掘的工作流性能分析. 计算机应用, (4): 915-918.
刘杨. 2007. 透视 BPEL 及其应用. 网络与信息, (5): 73.
柳佳佳, 葛文. 2013. 基于本体语义的地理信息服务发现. 测绘工程, 22(6): 9-13.
马林兵, 张宇菲, 谭婷, 等. 2020. 基于本体论空间搜索引擎研究——以地震灾害为例. 计算机应用研究, (S02): 202-204.
钱建国, 马占武. 2017. 经验爬虫应用于网络地图服务获取. 测绘与空间地理信息, 40(3): 14-16.
秦昆, 李牧闲, 桂志鹏, 等. 2019. 多核学习与用户反馈结合的 WMS 图层检索方法. 测绘学报, 48(10): 1320-1330.
全国人民代表大会常务委员会. 2003. 中华人民共和国草原法. http: //www.moa.gov.cn/ztzl/cyf/200601/t20060123_541189.htm. [2023-05-21].
桑一萍. 2020. 基于语义 Web 的服务发现研究. 北京: 华北电力大学.
单杰, 秦昆, 黄长青, 等. 2014. 众源地理数据处理与分析方法探讨. 武汉大学学报(信息科学版), 39(4): 390-396.
沈平, 桂志鹏, 游兰, 等. 2015. 一种主动发现网络地理信息服务的主题爬虫. 地球信息科学学报, 2: 185-190.
宋巍. 2010. Web 服务组合动态演化技术研究. 南京: 南京大学.
宋宜全, 杨荔阳. 2009. 地理信息服务的数据安全机制研究. 地理与地理信息科学, 25(6): 13-16.

孙敏, 陈秀万, 张飞舟. 2004. 地理信息本体论. 地理与地理信息科学, 20(3): 6-11.
谭振宇, 乐鹏, 张明达, 等. 2016. GeoQoS——QoS 感知的空间信息服务组合建模工具. 测绘通报, (4): 6.
王畅. 2018. 一种 SOA 的工作流管理系统的框架设计. 智能计算机与应用, 8(1): 79-81.
王海顺, 吴鹏. 2005. 工作流性能评价方法. 安阳师范学院学报, 2: 74-76.
王金传. 2019. 基于 OGC 标准的分布式地理信息服务链构建方法研究. 济南: 山东师范大学.
王莉, 程学旗. 2015. 在线社会网络的动态社区发现及演化. 计算机学报, 38(2): 219-237.
王勋, 朱夏君, 鲍虎军. 2006. 一种互补的栅格数字地图水印算法. 浙江大学学报: 工学版, 40(6): 1056-1060.
王艳东, 黄定磊, 罗安, 等. 2011. 利用 MDA 进行空间信息服务组合建模. 武汉大学学报信息科学版, 36(5): 514-518.
王忠杰, 王少鹏, 徐飞. 2015. 服务网络的启发式定制方法. 计算机集成制造系统, 21(6): 1650-1661.
王忠杰, 徐飞, 徐晓飞. 2014. 支持大规模个性化功能需求的服务网络构建. 软件学报, 25(6): 1196-1211.
魏家旺, 惠文华, 程梦真, 等. 2020. 地理本体驱动的面向对象滑坡识别. 遥感信息, 35(2): 94-99.
文俊浩, 涂丽云, 江卓, 等. 2011. 基于功能语义标注的 Web 服务发现方法. 计算机应用研究, 28(7): 2546-2549.
吴芳华, 张跃鹏, 金澄. 2001. GIS 空间数据质量的评价. 测绘学院学报, 18(1): 63-66.
吴华意, 章汉武. 2007. 地理信息服务质量(QoGIS): 概念和研究框架. 武汉大学学报(信息科学版), (5): 385-388.
吴吉义, 李文娟, 黄剑平, 等. 2015. 移动互联网研究综述. 中国科学: 信息科学, 45(1): 45-69.
吴钊. 2007. 保证服务质量的动态 Web 服务组合及其性能分析研究. 武汉: 武汉大学.
夏翠娟. 2017. 中国历史地理数据在图书馆数字人文项目中的开放应用研究. 中国图书馆学报, 43(2): 40-53.
肖志娇, 常会友, 衣杨. 2006. 成本约束下工作流时间最小化的资源配置优化. 系统仿真学报, 18(11): 3320-3323.
谢芳. 2019. 基于异构信息网的 Web 服务推荐方法研究. 武汉: 武汉大学.
邢华桥. 2018. 面向地表覆盖变化检测的服务关系模型与方法研究. 测绘学报, 47(9): 1291.
徐召华, 诸云强, 宋佳, 等. 2021. 基于词嵌入的地理知识库实体类别对齐方法研究. 信息科学学报, 23(8): 1372-1381.
许泉立, 易俊华, 杨昆. 2015. 基于地理本体的空间信息检索机制初探. 测绘地理信息, 40(1): 65-68.
许文韬. 2003. Web Service 技术及其运行机制与 QoS 问题研究. 上海: 华东师范大学.
杨洁. 2017. 服务计算: 服务管理与服务组合流程. 北京: 清华大学出版社.
杨泽龙. 2020. 融合文本和图像描述的网络地图服务主题分类研究. 武汉: 武汉大学.
姚鹤岭. 2005. 基于 REST 的 GIS Web 服务研究. 郑州: 信息工程大学.
易雄鹰, 任应超, 伍胜, 等. 2016. 基于ECA规则的GIS服务链异常恢复策略. 计算机工程与设计, 37(2): 396-400.
游兰. 2015. 云环境下空间信息服务组合的自治愈关键技术研究. 武汉: 武汉大学.
于海龙, 邬伦, 刘瑜, 等. 2006. 基于 Web Services 的 GIS 与应用模型集成研究. 测绘学报, (2): 153-159, 165.
于磊. 2014. Web 服务组合关键机制. 北京: 北京邮电大学.
张建博, 刘纪平, 王蓓. 2012. 图形工作流驱动的空间信息服务链研究. 计算机研究与发展, 49(6): 1357-1362.
张静乐. 2011. 网络环境下协同服务关键技术研究. 北京: 北京科技大学.
张康, 高洪皓, 朱永华, 等. 2017. 一种基于改进模拟退火算法的 QoS 动态服务组合方法. 应用科学学报, 35(5): 570-584.
张科. 2018. 语义稀疏的 Web 服务发现技术研究. 青岛: 山东科技大学.

张霞. 2004. 地理信息服务组合与空间分析服务研究. 武汉: 武汉大学.

张莹, 陈衡军, 张智. 2015. 地理本体研究综述——构建方法与技术. 测绘标准化, 31(1): 21-24.

章汉武. 2008. 基于 Web Services 的空间信息服务质量的框架研究. 武汉: 武汉大学.

章振杰. 2019. 基于复杂网络的云制造服务组合动态自适应方法研究. 杭州: 浙江工业大学.

赵红伟, 诸云强, 侯志伟, 等. 2016. 地理空间元数据关联网络的构建. 地理科学, 36(8): 1180-1189.

郑亮, 李德仁. 2011. 空间服务语义模式的地理信息服务发现. 测绘科学, 36(2): 127-129.

中华人民共和国国务院. 2000.中华人民共和国森林法实施条例. https://www.gov.cn/zhengce/2020-12/26/content_5574381.htm. [2023-05-21].

朱长青, 任娜, 徐鼎捷. 2022. 地理信息安全技术研究进展与展望. 测绘学报, 51(6): 1017-1028.

Akhmad Nuzir F, Julien Dewancker B. 2017. Dynamic land-use map based on twitter data. Sustainability, 9(12): 2158.

Amarilli A, Galárraga L, Preda N, et al. 2014. Recent topics of research around the YAGO knowledge base. Changsha: Asia-Pacific Web Conference: 1-12.

Ardagna D, Pernici B. 2007. Adaptive service composition in flexible processes. IEEE Transactions on Software Engineering, 33(6): 369-384.

Arpinar I B, Zhang R, Aleman-meza B, et al. 2004. Ontology-Driven Web Services Composition. IEEE E-Commerce Technology, July 6-9. Citeseer.

Austin D, Barbir A, Peters E, et al. 2004. Web services choreography requirements W3C working draft. World Wide Web Consortium(W3C).

Authority T V. 1998. Content Standard for Digital Geospatial Metadata. National Aeronautics and Space Administration.

Barni M, Bartolini F, Piva A, et al. 2002. Robust watermarking of cartographic images. EURASIP Journal on Advances in Signal Processing, (2): 1-12.

Berners-Lee T. 2006. Linked data. Int. J. on Semantic Web and Information Systems, 4(2).

Bevan N. 1999. Quality in use: Meeting user needs for quality. Journal of systems and software, 49(1): 89-96.

Bishr M, Kuhn W. 2007. Geospatial information bottom-up: A matter of trust and semantics. The European information society: 365-387.

Box G E P, Jenkins G M, Reinsel G C, et al. 2015. Time series analysis: forecasting and control. John Wiley & Sons.

Brodt A, Nicklas D, Mitschang B. 2010. Deep integration of spatial query processing into native RDF triple stores. Proceedings of the 18th SIGSPATIAL International Conference on Advances in Geographic Information Systems: 33-42.

Cardellini V, Colajanni M, Yu P S. 1999. Redirection algorithms for load sharing in distributed Web-server systems. Proceedings. 19th IEEE International Conference on Distributed Computing Systems: 528-535.

Centola D, Becker J, Brackbill D, et al. 2018. Experimental evidence for tipping points in social convention. Science, 360(6393): 1116-1119.

Chen M, Voinov A, Ames D P, et al. 2020. Position paper: Open web-distributed integrated geographic modelling and simulation to enable broader participation and applications. Earth-Science Reviews, 207.

Chen M, Yue S, Lü G, et al. 2019. Teamwork-oriented integrated modeling method for geo-problem solving. Environmental Modelling and Software, 119: 111-123.

Cheng H-T, Koc L, Harmsen J, et al. 2016. Wide & deep learning for recommender systems. Proceedings of the 1st workshop on deep learning for recommender systems: 7-10.

Closa G, Masó J, Proß B, et al. 2017. W3C PROV to describe provenance at the dataset, feature and attribute levels in a distributed environment. Computers, Environment and Urban Systems, 64: 103-117.

Covington P, Adams J, Sargin E. 2016. Deep neural networks for youtube recommendations. Proceedings of the 10th ACM conference on recommender systems: 191-198.

Crasso M, Zunino A, Campo M. 2008. Easy web service discovery: A query-by-example approach. Science of Computer Programming, 71(2): 144-164.

Cui Q, Wu S, Liu Q, et al. 2018. MV-RNN: A multi-view recurrent neural network for sequential recommendation. IEEE Transactions on Knowledge and Data Engineering, 32(2): 317-331.

Das R, Dhuliawala S, Zaheer M, et al. 2017. Go for a walk and arrive at the answer: Reasoning over paths in knowledge bases using reinforcement learning. arXiv preprint arXiv: 1711.05851.

Das R, Neelakantan A, Belanger D, et al. 2016. Chains of reasoning over entities, relations, and text using recurrent neural networks. arXiv preprint arXiv:1607.01426.

Dempsey R, Bruce G. 2002. 分布式计算的安全原理. 北京：机械工业出版社.

Dodge M, Kitchin R. 2013. Crowdsourced cartography: Mapping experience and knowledge. London, England: Environment and Planning A, SAGE Publications Sage UK.

Dsouza A, Tempelmeier N, Yu R, et al. 2021. Worldkg: A world-scale geographic knowledge graph. Proceedings of the 30th ACM International Conference on Information & Knowledge Management: 4475-4484.

Du J, Wang S, Ye X, et al. 2021. GIS-KG: building a large-scale hierarchical knowledge graph for geographic information science. International Journal of Geographical Information Science, 36(5): 873-897.

Evangelidis K, Ntouros K, Makridis S, et al. 2014. Geospatial services in the Cloud. Computers & Geosciences, 63: 116-122.

Fan H, Zipf A, Fu Q, et al. 2014. Quality assessment for building footprints data on OpenStreetMap. International Journal of Geographical Information Science, 28(4): 700-719.

Foerster T, Stoter J. 2006. Establishing an OGC Web Processing Service for generalization processes. ICA Workshop on Map Generalization and Multiple Representation: 1-7.

Fonseca F T, Egenhofer M J. 1999. Ontology-driven geographic information systems. Proceedings of the 7th ACM international symposium on Advances in geographic information systems: 14-19.

Galárraga L, Teflioudi C, Hose K, et al. 2015. Fast rule mining in ontological knowledge bases with AMIE. The VLDB Journal, 24(6): 707-730.

Gan T, Tarboton D G, Dash P, et al. 2020. Integrating hydrologic modeling web services with online data sharing to prepare, store, and execute hydrologic models. Environmental Modelling and Software, 130: 104731.

Gao S, Coleman D, MacLachlan C, et al. 2010. CGDI in action: Exploring quality of service. ISPRS Archives, 38(1): 79.

Gichamo T Z, Sazib N S, Tarboton D G, et al. 2020. HydroDS: Data services in support of physically based, distributed hydrological models. Environmental Modelling and Software, 125: 104623.

Girvan M, Newman M E J. 2002. Community structure in social and biological networks. Proceedings of the national academy of sciences, National Acad Sciences, 99(12): 7821-7826.

Gong J, Wu H, Zhang T, et al. 2012. Geospatial Service Web: towards integrated cyberinfrastructure for GIScience. Geo-spatial Information Science, 15(2): 73-84.

Gong J, Wu H. 2012. The geospatial service web: Ubiquitous connectivity with geospatial services. Transaction in GIS, 16(6): 741-743.

Gong Y, Zhang Q. 2016. Hashtag recommendation using attention-based convolutional neural network. IJCAI'16: Proceedings of the Twenty-Fifth International Joint Conference on Artificial Intelligence: 2782-2788.

Goodchild M F, Fu P, Rich P. 2008. Sharing Geographic Information: An Assessment of the Geospatial One-Stop. Annals of the Association of American Geographers, 97(2): 250-266.

Gorelick N, Hancher M, Dixon M, et al. 2017. Google Earth Engine: Planetary-scale geospatial analysis for everyone. Remote Sensing of Environment, 202: 18-27.

Gou H, Wu M. 2005. Data hiding in curves with application to fingerprinting maps. IEEE Transactions on Signal Processing, 53(10): 3988-4005.

Gozdecki J, Jajszczyk A, Stankiewicz R. 2003. Quality of service terminology in IP networks. IEEE Communications Magazine, 41(3): 153-159.

Grnwald P. 2005. A tutorial introduction to the minimum description length principle. Advances in minimum description length: Theory and applications.

Gronroos C. 1988. Service quality: The six criteria of good perceived service. Review of business, St. John's

University, 9(3): 10.

Grover V, Cheon M J, Teng J T C. 1996. The effect of service quality and partnership on the outsourcing of information systems functions. Journal of Management Information Systems, 12(4): 89-116.

Gui Z, Cao J, Liu X, et al. 2016. Global-scale resource survey and performance monitoring of public ogc web map services. ISPRS International Journal of Geo-Information, 5(6): 88.

Gui Z, Yang C, Xia J, et al. 2013a. A performance, semantic and service quality-enhanced distributed search engine for improving geospatial resource discovery. International Journal of Geographical Information Science, 27(6): 1109-1132.

Gui Z, Yang C, Xia J, et al. 2013b. A visualization-enhanced graphical user interface for geospatial resource discovery. Annals of GIS, 19(2): 109-121.

Guo L, Zhang Q, Ge W, et al. 2019. DSKG: A deep sequential model for knowledge graph completion//Knowledge Graph and Semantic Computing. Knowledge Computing and Language Understanding: Third China Conference, CCKS 2018, Tianjin, China, August 14 – 17, 2018, Revised Selected Papers. Singapore: Springer: 65-77.

Hasan M H, Jaafar J, Hassan M F. 2014. Monitoring web services' quality of service: a literature review. Artificial Intelligence Review, 42(4): 835-850.

Hatzi O, Nikolaidou M, Vrakas D, et al. 2015. Semantically aware web service composition through AI planning. International Journal on Artificial Intelligence Tools, 24(1): 1450015.

Hey A J G, Tansley S, Tolle K M. 2009. The fourth paradigm: data-intensive scientific discovery. Microsoft research Redmond, WA.

Hoheisel A. 2006. User tools and languages for graph - based Grid workflows. Concurrency and Computation: Practice and Experience, 18(10): 1101-1113.

Hu K, Gui Z, Cheng X, et al. 2016. Content-based discovery for web map service using support vector machine and user relevance feedback. PloS One, Public Library of Science San Francisco, CA USA, 11(11): e0166098.

Hu K, Gui Z, Cheng X, et al. 2019. The concept and technologies of quality of geographic information service: improving user experience of GIServices in a distributed computing environment. ISPRS International Journal of Geo-Information, 8(3): 118.

Huang J, Zhao W X, Dou H, et al. 2018. Improving sequential recommendation with knowledge-enhanced memory networks. The 41st International ACM SIGIR Conference on Research & Development in Information Retrieval: 505-514.

Iqbal M A, Saltz J H, Bokhart S H. 1986. Performance tradeoffs in static and dynamic load balancing strategies, NASA CR: 178073.

Jackson I. 2007. OneGeology - Making geological map data for the earth accessible. Episodes, 30(1): 60-61.

Jaeger M C, Rojec-Goldmann G, Muhl G. 2004. Qos aggregation for web service composition using workflow patterns. Eighth IEEE International Enterprise Distributed Object Computing Conference. EDOC 2004: 149-159.

Jin F, Li R, Liang J, et al. 2022. An augmented geospatial service web based on QoS constraints and geospatial service semantic relationships. ISPRS International Journal of Geo-Information, 11(7).

Johnson B A, Iizuka K. 2016. Integrating OpenStreetMap crowdsourced data and Landsat time-series imagery for rapid land use/land cover(LULC)mapping: Case study of the Laguna de Bay area of the Philippines. Applied Geography, 67: 140-149.

Jones K S. 1972. A statistical interpretation of term specificity and its application in retrieval. Journal of Documentation, 28(1): 11-21.

Jones S, Wilikens M, Morris P, et al. 2000. Trust requirements in e-business. Communications of the ACM, ACM New York, NY, USA, 43(12): 81-87.

Jutila U, Koponen M, Ranta-aho M, et al. 1999. A common framework for QoS/network performance in a multi-provider environment. Project P806-GI.

Karalis N, Mandilaras G, Koubarakis M. 2019. Extending the YAGO2 knowledge graph with precise geospatial knowledge. International Semantic Web Conference: 181-197.

Kim D, Park C, Oh J, et al. 2016. Convolutional matrix factorization for document context-aware recommendation. Proceedings of the 10th ACM conference on recommender systems: 233-240.

Kosiedowski M, Kurowski K, Mazurek C, et al. 2006. Workflow applications in GridLab and PROGRESS projects. Concurrency and Computation: Practice and Experience, 18(10): 1141-1154.

Kuźma M, Bauer H. 2020. Map metadata: The basis of the retrieval system of digital collections. ISPRS International Journal of Geo-Information, 9(7): 444.

Lenat D B. 1995. CYC: A large-scale investment in knowledge infrastructure. Communications of the ACM, ACM New York, NY, USA, 38(11): 33-38.

Levin N, Lechner A M, Brown G. 2017. An evaluation of crowdsourced information for assessing the visitation and perceived importance of protected areas. Applied Geography, 79: 115-126.

Leymann F, Roller D, Schmidt M T. 2002. Web services and business process management. IBM systems Journal, 41(2): 198-211.

Li R, Zhang Y, Xu Z, et al. 2013. A Load-balancing method for network GISs in a heterogeneous cluster-based system using access density. Future Generation Computer Systems, 29(2): 528-535.

Li W, Wang S, Bhatia V. 2016. PolarHub: A large-scale web crawling engine for OGC service discovery in cyberinfrastructure. Computers, Environment and Urban Systems, 59: 195-207.

Li W, Yang C, Nebert D, et al. 2011. Semantic-based web service discovery and chaining for building an Arctic spatial data infrastructure. Computers & Geosciences, 37(11): 1752-1762.

Li W, Yang C, Yang C. 2010. An active crawler for discovering geospatial web services and their distribution pattern-A case study of OGC Web Map Service. International Journal of Geographical Information Science, 24(8): 1127-1147.

Li Z, Jin X, Guan S, et al. 2018. Path Reasoning over Knowledge Graph: A Multi-agent and Reinforcement Learning Based Method. 2018 IEEE International Conference on Data Mining Workshops (ICDMW): 929-936.

Liagouris J, Mamoulis N, Bouros P, et al. 2014. An effective encoding scheme for spatial RDF data. Proceedings of the VLDB Endowment, 7(12): 1271-1282.

Liu B, Li D, Xia Y, et al. 2015. Combinational reasoning of quantitative fuzzy topological relations for simple fuzzy regions. Plos One, 10(3): e0117379.

Liu K, Yang C, Li W, et al. 2011. The GEOSS clearinghouse high performance search engine. 2011 19th International Conference on Geoinformatics: 1-4.

MacKenzie C M, Laskey K, McCabe F, et al. 2006. Reference model for service oriented architecture 1.0. OASIS Standard, 12(S18): 1-31.

Magno R, De Filippis T, Di Giuseppe E, et al. 2018. Semi-automatic operational service for drought monitoring and forecasting in the Tuscany region. Geosciences, 8(2): 49.

Matheus A, Herrmann J. 2008. Geospatial extensible access control markup language(geoxacml). Open Geospatial Consortium Inc. OGC.

Menasce D A. 2002. QoS issues in web services. IEEE Internet Computing, 6(6): 72-75.

Miller G A. 1995. WordNet: A lexical database for English. Communications of the ACM, 38(11): 39-41.

Oh S C, Lee D, Kumara S R T. 2006. A comparative illustration of AI planning-based web services composition. ACM SIGecom Exchanges, 5(5): 1-10.

Parasuraman A, Zeithaml V A, Berry L L. 1985. A conceptual model of service quality and its implications for future research. Journal of Marketing, 49(4): 41-50.

Peterson J L. 1981. Petri net theory and the modeling of systems. Upper Saddle River: Prentice Hall PTR.

Piccinelli G. 1999. A process decomposition technique for distributed workflow management. IFIP International Conference on Distributed Applications and Interoperable Systems, Boston: Springer.

Platzer C, Dustdar S. 2005. A vector space search engine for web services. Third European Conference on Web Services(ECOWS'05): 9.

Ponnekanti S R, Fox A. 2002. Sword: A developer toolkit for web service composition. Proc. of the Eleventh International World Wide Web Conference, 45.

Qi K, Gui Z, Li Z, et al. 2016. An extension mechanism to verify, constrain and enhance geoprocessing workflows invocation. Transactions in GIS, 20(2): 240-258.

Rodríguez M A. 2000. Assessing semantic similarity among spatial entity classes. The University of Maine.

Rust R T, Oliver R L. 1993. Service quality: New directions in theory and practice. Thousand Oaks: Sage Publications.

Scannapieco M, Missier P, Batini C. 2005. Data quality at a glance. Datenbank-Spektrum, 14(14): 6-14.

Shang J, Liu L, Wu C. 2013. WSCN: Web service composition based on complex networks. 2013 International Conference on Service Sciences(ICSS): 208-213.

Shen S, Zhang T, Wu H, et al. 2012. A catalogue service for internet GIS services supporting active service evaluation and real - time quality monitoring. Transactions in GIS, 16(6): 745-761.

Shi B, Weninger T. 2018. Open-world Knowledge Graph Completion. New Orleans: Proceedings of the AAAI Conference on Artificial Intelligence.

Sirin E, Parsia B, Wu D, et al. 2004. HTN planning for web service composition using SHOP2. Journal of Web Semantics, 1(4): 377-396.

Studer R, Benjamins V R, Fensel D. 1998. Knowledge engineering: Principles and methods. Data & Knowledge Engineering, 25(1-2): 161-197.

Sui D, Elwood S, Goodchild M. 2012. Crowdsourcing Geographic Knowledge: Volunteered Geographic Information(VGI)in Theory and Practice. Berlin/Heidelberg: Springer Science & Business Media.

Sun Z, Di L, Burgess A, et al. 2020. Geoweaver: Advanced cyberinfrastructure for managing hybrid geoscientific AI workflows. ISPRS International Journal of Geo-Information, 9(2): 119.

Sun Z, Di L, Gaigalas J. 2019. SUIS: Simplify the use of geospatial web services in environmental modelling. Environmental Modelling & Software, 119: 228-241.

Tang H, Zhong F, Yang C. 2008. A tree-based method of web service composition. 2008 Third International Conference on Pervasive Computing and Applications, 1: 204-209.

Tay Y, Tuan L A, Phan M C, et al. 2017. Multi-task Neural Network for Non-discrete Attribute Prediction in Knowledge Graphs. Singapore: Proceedings of the 2017 ACM on Conference on Information and Knowledge Management.

Tomai E, Kavouras M. 2004. From "onto-geonoesis" to "onto-genesis": The design of geographic ontologies. Geoinformatica, 8: 285-302.

Ukey N, Niyogi R, Singh K, et al. 2010. A bidirectional heuristic search for web service composition with costs. International Journal of Web and Grid Services, 6(2): 160-175.

Van der Aalst W, Weijters T, Maruster L. 2004. Workflow mining: Discovering process models from event logs. IEEE Transactions on Knowledge and Data Engineering, 16(9): 1128-1142.

Vilches-Blázquez L M, Villazón-Terrazas B, Corcho O, et al. 2014. Integrating geographical information in the Linked Digital Earth. International Journal of Digital Earth, 7(7): 554-575.

Wang S, Zhong Y, Wang E. 2019. An integrated GIS platform architecture for spatiotemporal big data. Future Generation Computer Systems, 94: 160-172.

Wang Y R, Madnick S E. 1989. The inter-database instance identification problem in integrating autonomous systems. ICDE: 46-55.

Wang Y, Wang S, Zhou D. 2009. Retrieving and indexing spatial data in the cloud computing environment. Cloud Computing: First International Conference, 2009: 322-331.

Wang Z. 2001. Internet QoS: Architectures and Mechanisms for Quality of Service. Burlington: Morgan Kaufmann.

Weske M, Vossen G, Medeiros C B, et al. 1998. Workflow management in geoprocessing applications. Proceedings of the 6th ACM international symposium on Advances in geographic information systems. 1998: 88-93.

Wu H, Li Z, Zhang H, et al. 2011. Monitoring and evaluating the quality of Web Map Service resources for optimizing map composition over the internet to support decision making. Computers & Geosciences, 37(4): 485-494.

Wu H, You L, Gui Z, et al. 2015. GeoSquare: Collaborative geoprocessing models' building, execution and sharing on Azure Cloud. Annals of GIS, 21(4): 287-300.

Xia J, Yang C, Liu K, et al. 2015. Forming a global monitoring mechanism and a spatiotemporal performance model for geospatial services. International Journal of Geographical Information Science, 29(3): 375-396.

Xie I. 2008. Interactive Information Retrieval in Digital Environments. Hershey: IGI Global.

Xie R, Liu Z, Jia J, et al. 2016. Representation Learning of Knowledge Graphs with Entity Descriptions. Phoenix: Proceedings of the AAAI Conference on Artificial Intelligence.

Xiong W, Hoang T, Wang W Y. 2017. Deeppath: A reinforcement learning method for knowledge graph reasoning. arXiv preprint arXiv: 1707.06690.

Yang C, Wu H, Huang Q, et al. 2011. Using spatial principles to optimize distributed computing for enabling the physical science discoveries. Proceedings of the National Academy of Sciences, 108(14): 5498-5503.

Yang J H, Chen C M, Wang C J, et al. 2018. HOP-rec: High-order proximity for implicit recommendation. Proceedings of the 12th ACM Conference on Recommender Systems: 140-144.

Yue P, Zhang M, Tan Z. 2015. A geoprocessing workflow system for environmental monitoring and integrated modelling. Environmental Modelling & Software, 69: 128-140.

Yue S, Chen M, Wen Y, et al. 2016. Service-oriented model-encapsulation strategy for sharing and integrating heterogeneous geo-analysis models in an open web environment. ISPRS Journal of Photogrammetry and Remote Sensing, 114: 258-273.

Yue S, Wen Y, Chen M, et al. 2015. A data description model for reusing, sharing and integrating geo-analysis models. Environmental Earth Sciences, 74: 7081-7099.

Yun G, Shunliang J, Famao Y, et al. 2018. Remote sensing image retrieval using pre-trained convolutional neural networks based on ImageNet. Geomatics and Information Science of Wuhan University, 43(1): 67-73.

Zhang C, Zhao T, Li W. 2010. The framework of a geospatial semantic web-based spatial decision support system for digital earth. International Journal of Digital Earth, 3(2): 111-134.

Zhang F, Chen M, Ames D P, et al. 2019. Design and development of a service-oriented wrapper system for sharing and reusing distributed geoanalysis models on the web. Environmental modelling & software, 111: 498-509.

Zhang M, Jiang L, Zhao J, et al. 2020. Coupling OGC WPS and W3C PROV for provenance-aware geoprocessing workflows. Computers & Geosciences, 138: 104419.

Zhang M, Yue P. 2013. GeoJModelBuilder: A java implementation of model-driven approach for geoprocessing workflows. 2013 Second International Conference on Agro-Geoinformatics(Agro-Geoinformatics): 393-397.

Zhao P, Di L, Yu G, et al. 2009. Semantic Web-based geospatial knowledge transformation. Computers & Geosciences, 35(4): 798-808.

Zhou C, Chen Z, Liu Y, et al. 2015. Data decomposition method for parallel polygon rasterization considering load balancing. Computers & Geosciences, 85: 196-209.